Gesammelte Schriften,

von

J. M. R. Lenz.

Herausgegeben

von

Ludwig Tieck.

Dritter Band.

Berlin, 1828.
Gedruckt und verlegt
bei G. Reimer.

Inhalt.

Die Landplagen.

Ein Gedicht in sechs Büchern.

1769.

Ode
an
Ihro Majestät
Catharina die Zweite,
Kaiserin von Rußland.

Die Du weis' und gerecht stets in demselben Glanz
Herrschst, Anbetung verschmähst, anbetenswürdig seyn
Ohne Lorbeer voll Bluts, thörichte Helden lehrst,
Hin, hinauf zu Dir fleugt mein Lied.

Furchtsam weihet es Dir dieses bethränte Bild
Durch der Mitternacht Graun schlängelnder Blitze, Bluts,
Das durch Blumen und Gras rinnt, wie die Quelle rinnt,
Und des Sterbtages der Natur.

Mit des Frühlinges Pracht, mit seinem ersten Schmuck
Kränzt' ihr glückliches Haupt, schmückte die stolze Brust
Meine Muse, wenn Dir, wenn auf dies Bild, wenn Dir
Eine göttliche Thrän' entfiel.

Denn Du hassest den Krieg, hassest den prächtgen Mord,
Winkst dem Hunger zu fliehn, betest zu Gott fürs Land
Und Dein Flehen verscheucht Abbadon, daß das Schwert
Aus der bebenden Hand ihm sinkt.

Kann er hart genug einst, Dich uns zu rauben, seyn?
Solch ein Lächeln wie Deins sehen und tödten? Traurt,
Bebt sein Innerstes nicht, wenn er ein Bild von Gott,
Catharinen entseelen soll?

Lebe, Mutter der Welt! siehe, der Völker Wohl
Fleht, es fleht Ihr Gebet, still in die Nacht geschluchzt:
Lebe! die Du an Huld gleichest der Gottheit, sey
An Unsterblichkeit auch ihr gleich.

Denn ich seh es im Geist, um Deine schwarze Gruft
Drängt ein sprachloser Kreis; Schluchzen und Seufzen trennt
Die nachhallende Luft, Schluchzen und Heulen tönt
Von dem Belt bis zum schwarzen Meer.

Trostlos raufet der Greis das ihm gebliebne Haar,
Wirft sein heiliges Haar ausgerauft auf Dein Grab:
Dreimal küßt er den Staub der Deine Leiche deckt,
Dreimal weinet er laut und ruft:

„Warum zeugtest du mich, du, der du mich gezeugt?
Warum zeugete ich, du, den ich zeugte, dich?
Daß mein Auge soll sehn, Sohn, daß dein Auge soll
Catharinen erblasset sehn?"

Erstes Buch.

Der Krieg.

Junge traurige Muse! besinge die schrecklichen Plagen,
Die unerbittlich der Todesengel aus Schaalen des Zornes
Ueber die Länder ausschüttet, wenn frech gehäufete Schulden
Wider ein ganzes Volk vom Richter Gerechtigkeit heischen.

Wechselnde Scenen voll Grauen, stellt euch den furchtsamen Sinnen
In eurer ganzen Abscheulichkeit dar. Entkleidete Felder!
Rauchende Mauern und Thürme! Boßhaftig schleichende Lüfte!
Menschliche Schatten, nicht Menschen mehr, mit todtblassen Gesichtern,
Mit blutthränenden Augen! Auf winselnde Kinder und Frauen!
Streitende, gegen einander erhitzete Festen des Weltbaus,
Erd' und Feuer und Dampf und Wasserfluthen und Stürme!
Gebt mir den furchtbaren Stoff zu meinem ernsten Gesange.

Und ihr, denen ich singe, mein Preis ist, fühlet und weinet!
Weinet edle Menschlichkeit auf meine klagenden Saiten,
Weinet Thränen des Danks zu dem, der göttlich erbarmend
Noch die Gewitter der Rache, (sie brausten, wütheten, eilten
Ueber euch gräßlich hinauf) von euren Häuptern zurück hielt.

Du zuerst, der Landplagen Vater, mit Donner und Feuer
Ueber die Erde stürmend, durch Menschenopfer und Blut nicht,
Nicht durch Verödung und Wimmern der ganzen Natur zu versöhnen,
Krieg! oder nenn' ich dich lieber den ehrlich gemachten Todtschlag?

Pflanze mir Schwerter vors Auge, färbe mit Blut meine Laute,
Daß meiner Brust voll Schrecken kein zärtlicher Seufzer entfliehe,
Oder ein sanfter Ton von meinen Saiten nicht irre.

Was für ein dumpfes Prasseln erwacht aus jener Entfernung,
Welches von schwatzenden Bergen der Widerhall dumpfer zurücktönt?
Ach ihr seyd es, Boten des Kriegs, Herolde des Todes,
Ihr lautkrachenden Trommeln, von Mordgesängen begleitet.
O wie flieget das Herz des erblassend lauschenden Landmanns!
Schnell entfällt den starren Händen die Sichel: er eilet
Mit oft sinkenden Knien zum Dorf und verkündigt den Nachbarn:
„Fliehet! der Feind ist da." Sie hörens, erblassen und rennen
Männer und Weiber unsinnig mit fliegendem Haar durcheinander:
„Ach, was sollen wir thun?" und keiner rathet dem andern:
„Wohin sollen wir fliehn?" und keiner flieht vor Bestürzung.

Zögert nur! Seht ihr, wie nicht vom Himmel genährete Blitze
Jene Nebel zertrennen und hört ihr den Donner der Stücke? —
Seht ihr den Berg mit Wolken weissagenden Staubes bedecket?
Jetzo senkt sich der Staub ins Thal. Hellleuchtende Waffen
Decken wie Aehren die Hügel. Mit stampfenden Fußtritten eilet
An ihrem Abhang der Krieger hinab. So stürzen die Ströme
Im schneeschmelzenden Lenz von steilen Felsen und machen
Ruhige Fluren zum wilden See. Schon seufzet der Acker
Unter gewaffneten Schnittern, oder die nährenden Halme
Werden von frechen Füßen im schlechten Sande begraben.

Plötzlich erhebt sich ein banges Geschrei. Vor brennenden Hütten
Heulet der nackte Landmann. Mit Händeringen und Seufzen
Sieht, in Lumpen gehüllt, die trostlose Gattin der Glut zu,
An der scheue Kinder sich hängen. Im dunkeln verlaßnen

Furchtbaren Walde opfert ein blödes unſchuldiges Mädchen
Winſelnd der Brunſt des Verführers die zu ohnmächtige Tugend.
O wie wird der Vater mit thränenbetröpfelten Schritten
Seines Alters Troſt verzweifelnd ſuchen und finden
In eines Wütherichs Arm. Mit ſeinem erſchrockenen Enkel
Eilet der ſchwache Greis hinweg; in den Runzeln der Wange
Schleichen bekümmerte Thränen: Da, ach! eine ſchnelle Fauſt reißt
Aus den Armen des Vaters den weinend ſich ſträubenden Knaben,
Ewig zum Sklaven: o hätte ſie ihn dem Leben entriſſen!

Jetzo rückt die lebendige Mauer der Krieger zur ſichern
Nahgelegenen Stadt, und ſchicket ſich, ſie zu belagern.
Alles wird Furcht in der Stadt: die hohen offenen Thore
Werden krachend verſchloſſen und Trommeln raſen wie Donner.
„Gott! wie wird es uns gehen?" rufen die bleichen Bewohner,
Die wie geſcheuchte Schafe in dummer Verwirrung umher fliehn.
Bald verirrt ihr kläglicher Blick auf die Weiber, die Kinder:
Zitternd ergreifen ſie ſie und ſtürzen nieder mit ihnen
In die dumpfigſten Höhlen, wo ewige Dämmerung ſchleichet.
So ergreift mit ängſtiger Hand den Beutel, in dem ſein
Herz ruht, wenn über ihm ſein Dach in Funken davonfliegt,
Der halb todte Wuchrer. Schon hört man das trotzige Schmettern
Auffodernder Trompeten. Mit nicht zu erſchütterndem Muthe
Spottet der Feſtung Beſchützer der tönenden Drohung. Der Bürger
Hörts, wankt mit gezwungenem Schritte zur Wohnung und hänget
Schaudernd die roſtigen Waffen um ſich. Beklemmet um-halſ't er
Dann die ohnmächtige Gattin und die erbleichende Tochter,
Kann nicht ſprechen und weint. Dort rüſtet den Jüngling die Braut aus:
Mit unzähligen Küſſen heften die ſchönen und blaſſen
Lippen ſich auf ſein brennend Geſicht, voll wallender Thränen
Schluchzend tröſtet der Troſtloſe ſie: „Verzag' nicht, Geliebte
Gott wird mich ſchützen: verzag' nicht!" aber ſein ängſtli-ches Tröſten

Ritzet die tödtliche Wund' in ihrem Busen nur tiefer.
Plötzlich entreißt er sich ihren an ihm klebenden Armen:
Stumm und leblos, als wär' ihr Herz dem Busen entrissen,
Steht sie, ihr krystallenes Aug' auf ihn gekehrt und
Da er nun unsichtbar wird, und da sie statt seiner sein Bildniß
Nur noch zu sehen glaubt, und da er ihr Ach voll Verzweiflung
Nicht mehr hören kann, sinkt sie, athemlos, ohne Sinnen
In verbergende Kissen und schluchzt, bis auf die siegreichen
Augenlieder voll Thränen der Schlummer mitleidig hinabsinkt.

Und nun sind schon die Wälle mit Vätern und Gatten und Söhnen,
Die für Mütter und Weiber und Kinder kämpfen, besetzet.
Brennende Kugeln stürzen aus zornig brüllender Stücke
Ehernem Rachen umsonst auf die langsam sich nähernden Feinde;
Alle Gassen sind öd' und nur aus hohlen Gewölben
Tönet die wechselnde Stimme der Angst, das dumpfe Gemurmel,
Und das Aechzen der Kranken und der Säuglinge Schreien.
Plötzlich fliegen in zischenden Bogen funkelnde Bomben
Ueber die Stadt dahin, in itzt noch stehende Thürme —
Jetzt gesunken; würgen in bangen Versammlungen oder
Tödten ein munteres Kind, um welches erschrockne Geschwister
Zitternd betrachtend stehn. Auf hartem Strohbette wälzt sich
Ein Todtkranker und weint, so oft er den schütternden Knall hört.
Jetzt entbrennet ein Haus. Vergeblich schlüpfen mit schnellen
Schritten die hurtigen Greise aus ihren Gewölben zum Löschen:
Der wahrnehmende Feind schießt in das lodernde Feuer,
Dort herum sinken die Retter von springenden Bomben zerschmettert,
Und die Flamme wird Glut. Die zagende blasse Besatzung
Kömmt in Verwirrung, beängstigt vom Heulen der Weiber und Kinder,
Die mit zerstreuten Haaren die rauchenden Gassen durchirren
Und vom Brande gejagt auf Wäll' und Thürme sich retten.
Schnell bedient der Belagerer sich des erhascheten Vortheils,

Stürmt mit wildem Geschrei, besteigt die Mauern und öffnet
Die gesperreten Thore durch die er blutdürstig hereinzieht.

Wie die Wolke, die lang an der Stirne des blauen Olympus
Schwarz und schwefelgelb droht, von uneinigen Winden gehindert:
Endlich platzet sie los, verschüttet Donner und Feuer
Und den peitschenden Hagel in hülflose Haufen der Aehren,
Die er, nicht achtend des stetigen Bückens grausam zerknicket:
Also würget der Feind in wehrlose Schaaren der Bürger,
Die mit gebogenem Knie nicht können die Wohlthat erflehen,
Länger das Licht des Tages, das Würmern gegönnt wird, zu trinken.
Blut besprenget das Pflaster: verworrene kreischende Stimmen
Tödtender und Getödteter steigen zum zürnenden Himmel.
Von dem Schrecken ergriffen gebähren schwangere Frauen:
Unbändig stürzen die Krieger in ihre Kammern und reißen
Den bekümmerten Ehemann hinweg von der Seite der Liebsten
Und vor ihren Augen ermorden sie ihn. Ach! vergeblich
Strebt der Gebährerin matte Hand, zum Himmel zu ringen,
Ihr Mund stammelt und stöhnt vergeblich: sie sieht ihn durchstochen
Und eine tiefe Ohnmacht verlöscht ihr glimmendes Leben.
Bräute bitten und schluchzen für die bedrohten Geliebten:
Mörder sind taub dem Girren der Liebe. Geschändete Jungfrauen
Opfern dem schrecklichen Stahl ihr schönes Leben, nachdem sie
Viehischen Lüsten die Tugend geopfert. Es rauchet des Säuglings
Eingedrückteter Schädel; in seinen goldgelben Locken
Klebt Gehirn. Wie zersprang das Herz der verzweifelnden Mutter,
Als ein Wüthrich ihr sie umhalsendes furchtsames Kind mit
Plumper Faust ihr entriß! Sie fiel vor ihm nieder; die Rechte
Griff ins gezückete Schwert, die Linke versuchte den Mårt'rer
Zu entreißen; sie jammerte, bat, beschwur ihn, versprach ihm
In der sie ängstenden Todesangst Geld, ihr Haus — ihre Tugend.
Aber er lacht' ihrer Wuth: so lachen nächtliche Blitze,

So lachen Flammen der Hölle durchs sie umwölbende Dunkel.
Zischend stieß er den Stahl durch den unschuldigsten Busen,
Da fiel das zarte Kind mit Zappeln zur Erde; die Wange
Ward mit zunehmender Bläße und purpurnem Blute gefärbet.
„Mutter! Mutter!" erscholl noch von den bebenden Lippen,
Als ihm das Leben entwich: es streckte die Hände, die Füße
Von sich und blieb, ohne Rettung todt, zu den Füßen der Mutter.
Ganz bleich, mit verwildertem Auge, zerrungenen Händen,
Die sich ausgeraufte Locken fülleten, flog sie
Wie eine kindberaubte Löwin, auf den Barbaren,
Raubt' ihm das Schwert und tödtete ihn und sich mit dem Schwerte.

Wie aus dem toderfüllten Eden die Satane zogen,
So, auf Verwüstung stolz, ziehn aus ausspeienden Thoren
Ueber mit Schutt und Leichen gefüllte Gräben die Barbarn.
Schwarz von Rauch, voll wartender Blitze, schauet der Himmel
Auf die Verruchten hinab und winkt dem feindlichen Heere
Wider sie anzuziehn und Henker den Henkern zu werden.
Schnell pflanzt auf dem weiten, zertretenen, stäubenden Acker
Sich ein blitzender Zaun von Schwertern, es toben die Trommeln
Und die Fahnen flattern bedeutend, wie Abbadons Flügel,
Ueber die Haufen dahin, die stumm zum Tode sich ordnen.
Brust gegen Brust gekehrt stehn die geweiheten Mörder,
Frech, gedankenlos, doch heimlich voll Sorgens und traurig.
Wie ein Wandrer erschrickt, wenn er unvermuthet den Rachen
Des zerreißenden Löwen vor ihm aufgesperrt siehet
Und nicht fliehen mehr kann: so beben sie, da die Geschütze
Gegen sie angeführt, mit offenem Schlund' ihnen drohen.
Jetzt ertönt die Trompete: sie sendet Schrecken auf Schrecken
In die Gebeine des Kriegers hinab. Jetzt rufet die Stimme
Der Hauptleute zum Streit. Man streckt die blanken Gewehre —
Blitz auf Blitz und Knall auf Knall verwunden und tödten.
Menschen sinken wie Mücken, die ein gewaltiger Schlag stürzt,
Taumeln betäubt darnieder, betäubt, bis eisernes Krachen
Sich eröffnender Thore der Ewigkeit sie aus dem Traum weckt.
Mit verdreheten Augen entstürzt der verwundete Frevler
Dem unter ihm wegstreichenden Roß. In umspannender dunkler

Todesangst suchet die starrende Hand die andre, sie noch zum
Richter zu falten: umsonst! zu kurz ist die Zeit seiner Buße,
Da er die längere frech, mit leichtsinniger Boßheit versäumet.
Ihr, die eure Pflicht aufruft, den winkenden Fahnen
In tausendfache Gefahren zu folgen, erbebt vor dem Tode,
Eh er noch auf der drohenden Spitze des feindlichen Schwertes
Vor eurem Busen steht: schaut ihm ins furchtbare Antlitz
Werdet vertraut mit ihm, gewöhnt euch zu seinen Schrecken,
Eh sein abscheulich Geripp euch unvermuthet umhalset.

Zagen und Schauder verbreitendes Bild! Aufdampfende Ströme
Menschenbluts rinnen auf dem untern ehernen Fußtritt des Heeres
Donnernden Acker, der jetzt zum harten Wege getreten,
Sie nicht bergen mehr kann. Entstellete Leichen, Waffen,
Kleider, unkenntliche Fahnen, Aeser geschlachteter Rosse,
Liegen unter den Füßen der Reiter zerstampft und verwirret.
Rauch und Staub verdunkelt die Gegend. Kugeln und Flammen
Fahren schrecklich umher: das Schwert wird wüthend geschwungen
Durch die seufzende Luft, und Blut trieft herab von der Schneide.
Knallen, Schreien, Wiehern und Winseln ertönen vermischet
Und die kläglichen Stimmen Verwundter und Sterbender werden
Fürchterlich unterbrochen von jauchzenden Siegesposaunen.
So viele Völker hier kämpften, so viele Zungen und Sprachen
Flehn von verschiedenen Gottheiten oder von Märtrern Erbarmen.
Hier eröffnet den Mund ein weicherzogner Jüngling;
Aber der Schall seiner Stimme verschwindet im wirbelnden Lärmen.
Dort streckt flehend ein Gatte die Hand aus, der sich der Gattin
Und der unmündigen Kinder erinnert und gern dem Getümmel
Noch entränne, noch lebte: aber die schnaubenden Rosse
Stürmen über ihm weg und ersticken den Funken des Lebens.
Damon, ein Vater und Held, der an der Seite des ersten
Des geliebtesten Sohnes voll Staub und Blut lag, erblickt' ihn:

Als er ihn sah, da schob er sich näher zu ihm, umarmt' ihn:
„O dich segn' ich, Geliebter! daß deine ehrende Wunde
Blut fürs Vaterland strömt. Sey getrost! die Kämpfe des Todes
Endet unsterblicher Lohn: laß uns mit Freuden sie kämpfen!
Freue dich, Sohn, und stirb!" Der sprachlose Jüngling
Zärtlicher, furchtsamer von Empfindung, hörte den Helden
Nicht. Sein trübes Auge tröpfelt' unzählige Thränen
In das Blut seiner Wunde und sein Herz brach seufzend.

Indeß end't sich die Schlacht. Ein Theil der Siegenden eilet
Den schnell Entfliehenden nach, von welchen ein plötzlicher Regen
Abgeworfener Kleider und Waffen den Boden bedecket.
Fliegend wiehern die Rosse. Wolken von Staub verhüllen
Laufende Fußgänger ihren Verfolgern. Feigere Sieger
Plündern die Leichen in ihrem Blut. Abscheulicher Anblick!
Menschlicher sind die, die mütterlich Erdreich den Todten eröffnen
Und unter schönen Blumen Helden zu ruhen vergönnen,
Die der Großsprecher Glück durch stumme Wunden erkauften.

Flecken der Menschheit, vom wildsten der höllischen Geister ersonnen,
Krieg, Zerstörer der Freuden, Verderber friedseliger Staaten!
So erschrecklich du bist, sind schrecklicher oft deine Folgen,
Die Jahrhunderte durch dein Andenken wieder erneuern.
Schallet nach langem Kriegesgeschrei die tröstliche Stimme
Der Posaune des Friedens an fröhlich nachhallenden Ufern:
Ach dann nahet der Landmann mit stillen unschuldigen Thränen,
Sucht sein verlassenes Dorf und findet glimmende Asche,
Sucht sein wallendes Feld, die Auen voll hüpfender Schafe
Und die Berge voll Reben: und find't unkenntliche Wüsten.
So fand Noah die vormals lächelnde Erde verschlemmet
Als er aus dem schwimmenden Sarge neugierig heraustrat.
Tiefer gebeugt betrachtet die ihm jetzt drohenden Mauern
Seiner einst zierlichen Wohnung der Bürger. So stumm und erschrocken
Sah der mäonische Held die vorigen Freunde, mit jeder
Tugend des Lebens geschmückt, auf Circens bezauberter Insel

Ihn als zottigte Bären mit wildem Schnauben bedräuen.
Ganze Geschlechter ziehn hülflos umher. Dort kriechet ein Alter
An dem dürren Stecken: ihm folgen mit langsamen Schritten
Seine entstellten Kinder nebst ihrer wehmüthigen Mutter:
Alle in Lumpen, alle vom Gipfel des Glücks und des Reichthums
Zu der tiefsten Tiefe der Dürftigkeit niedergesunken.
Stolz geht der niedrige Reiche der sie geplündert, vorüber,
Hört, umwickelt mit Tressen, bekannt mit Seufzern und Flüchen,
Nicht das stete Gewinsel der nackten hungrigen Knaben,
Noch das Stöhnen des Greises, der sie zu trösten versuchet.
Schändliche Sieger! die wehrlose friedengewöhnte Geschlechte
In ihren Häusern bestürmen und aus den Wällen voll Reben
Mit bepanzerten Händen verscheuchen: die köstliche Weine
Nicht aus Helmen entwaffneter Helden, aus gottlosem Raube
Und dem Heiligthum sonst geweihten Gefäßen verschlucken.
Ists Verdienst ein Räuber zu seyn, ists Lorbeeren würdig?
Oder lispelt sie nicht in eurem Busen, die Stimme
Die allmächtige Stimme der Menschlichkeit und des Erbarmens?
Oder erschrecket euch nie der fluchende Seufzer des Bettlers,
Einst ein glücklicher Bürger? Weigert die Hand sich nicht, bebt nicht,
Zu berühren ein Gut das fremdes Mühen verdiente?
Eure Kinder und Weiber, (ich sehe die rächende Zukunft)
Irren verlassen umher von einem Wuchrer gedrücket:
Thränen bahnen sich Wege auf ihre trostlose Wangen
Und ihr Busen gewöhnt sich zu bittern und heimlichen Seufzern.

Gräßlicher sind der Muse die Tigerseelen, die Morden
Und Unschuldiger rinnendes Blut zum Labsale wählen,
Lachen zu Flammen der Dörfer und jauchzen ins Schreien der Märtrer.
Einst wenn der sein Opfer aufsparende Tod euch hinwirft,
Sollen thränende Augen, thränlose Augen, weit offen,
Um euer Lager blinken, ein stetes Winseln und Heulen
In eure Ohren schallen und aller der Elenden Flüche
Wie ein hoher Berg auf eurem ringenden Busen,
Der unter fruchtloser Müh sie von sich zu wälzen, hinstirbt,
Ruhen. Höret und bebt: Es ist für Teufel ein Gott da.

Alles ist jetzt öd' und Handlung, Gewerbe und Handwerk
Unterbrochen. Einsam zerstreuet seufzen die Menschen
Nach den besseren Zeiten, doch seufzen sie lange vergeblich.
Selten tritt nicht der magere Hunger, gefräßige Seuchen
Und weiterndtende Pest in die Fußtapfen des Krieges.
Oft erobern Tyrannen die schon verheereten Länder
Und ihre Herrschaft ist ewiger Krieg: sie pressen beraubten
Und erst schwach emporstrebenden Bürgern armselige Güter,
Schiffbrüchigen den Schiffbruch ab und nennen sich Väter.
Oft müssen die Ueberwundnen den scheuen Nacken hinbeugen
Dem unerträglichen Joch der Gefangenschaft. Grausame Ketten
Klingen an ihren unschuldigen Händen; umschränkende Blöcke
Muß ihr müder Fuß, als wären sie Räuber, fortschleppen.

Noch einen Blick, empfindliche Muse! vergönne mir, die du
Schon der Thränen satt bist, die in dein Saitenspiel fallen.
Laß unsre Augen mit den gebrochenen Strahlen des Tages
Dämmernde Höhlen, die Gräber lebendig modernder Sklaven
Durchirren, laß uns die dunkeln Thränen auf ihren blassen
Gelben Wangen zählen (so krümmt zwischen Ufern von Schwefel
Sich der schwarze Styx); laß uns des Tunischen Räubers,
Oder des grausamen Türken, des viehernidrigten Tartarn
Wilde Aecker durchwandern, wo lärmende Ketten harmonisch
Tiefe Seufzer gleich Rindern pflügender Christen begleiten.

Dort im furchtbaren schwarzen Hain, vom Strahle der Sonne
Selten nur angelacht (wie tröstet dies Lächeln die Seele!),
Arbeitet Silvius einsam. Er war ein blühender Jüngling,
Als er die trostlose Braut, mit nicht zu stillenden Thränen
Ahndungsvoll verließ, für seine Brüder zu kämpfen.
Aber wie hat der Gram jetzt in seine Wangen voll Rosen
Tiefe Furchen gezogen! Wie fließen vom Kinn, den die Schöne
Oft mit sanfter Hand gestreichelt, die eisgrauen Haare!
Ach! und hätt' er kein Herz, das nur für Liebe geschaffen,
Nur für sanfte Triebe gestimmet wäre, wie glücklich
Wär' er! Aber bei jedem Stoß der klingenden Schaufel

In den felsharten Boden, hart wie seine Bewohner,
Fällt eine Thräne mit nieder. „O Gott!“ ruft er oft und hält die
Braunen Arme lange verzagend zum Himmel gebreitet.
Auch der scheinet ihm unbarmherzig: dann wirft er sich nieder
Strecket sein Haupt in den Staub, bedecket mit Thränen die Gräschen
Betet und ächzet und schreit. Verborgen lauschende Barbarn
Eilen herzu und färben mit Blut die betenden Arme.
Keine Wiesen reizen sein Aug': er ist wie ein Todter:
Stumm schleicht er aufs Feld, stumm eilet er weg zu der Höhle,
Die ihn schrecklich erwartet; doch segnet er sie, denn das Dunkel
Das nie Phöbus noch Luna besucht, verbirgt seine Thränen
Und die bemoosten Gewölbe hallen des nächtlichen Flehens
Flüstern tröstlich zurück, gleich einer Antwort der Gottheit.
Selten verschließt ein kurzer verräthrischer Schlaf ihm die Augen,
Müde zu weinen: dann schaun die furchtbarthürmenden Mauern
Wie mitleidig nieder auf ihn: so siehet ein Kirchthurm
Auf die umher Begrabnen herab. Und wenn kaum der erwachte
Morgen noch auf den Hügeln umherglänzt und Thäler durchschleichet,
So entschließet sein Blick sich dem traurigen Lichte schon wieder,
Irrt verwildert umher, erkennt das alte Behältniß
Und der erneuerte Tag erneuert das Maaß seines Kummers.
Unterdeß gehen der Braut die Jahre gedünkten Tage,
Jeder von Thränen durchweint vorüber. Im ängstenden Traume
Sieht sie oft den Geliebten von Ungeheuern umgeben,
Oder umarmt ihn in düstern Höhlen, an welchen das Heulen
Wüthender Wasserfälle herauftönt. — Bis an dem Himmel
Der sie erhört, ein glücklicher Tag zur Erde hinab lacht,
Da den geliebten Sklaven sein Freund sein Damon erlöset.
Athemlos rennt er zu ihm: der staunet ihn an und spricht nicht.

Ihre zitternden Arme umschlingen sich, ehe die Brust kann
Worte herausarbeiten, umschlingen sich, gleich als wären
Beide ein Körper. Wie rollen die freudigen redenden Thränen
Des Unglücklichen Wangen hinab, wie drückt er den Liebling
Ans laut schluchzende Herz! So hoch empfindet kein Seraph
„Folge mir, spricht der, du bist befreit.“ So rühret kein Donner,
Schrecket kein plötzlicher Blitz, wie dieses Wort die versunkne
Muthlose Seele aufschüttelt. Noch ist sie nur ganz Staunen,
Und verzweiflungsvolle Hoffnung: doch bald wird die volle
Freude des Herzens Wunden heilen, die tiefgegrabnen
Runzeln des Antlitzes eben machen und Blüthe drauf pflanzen.
Und nun folgt er mit ungewissen Tritten, die magre
Hand in die Hand des Freundes geheftet, die Stirne, aus der die
Ganze Seele leuchtet, auf seine Achsel gelehnt, dem
Edlen Retter und weint und kann ihm nicht danken: „Damon!“
Lispelt er manchmal (die Stimm ist ersäuft in Thränen), und drückt ihn
Fester an seine Brust und letzt ihm die Wange mit Küssen.
Unsichtbar stehn ihre Schutzgeister, lächeln sich ihre Entzückung
Und umarmen sich zärtlicher bei dem Anblick der Freundschaft
Ihrer Beschützten. — Und jetzt, versuche die Muse, Wonne
Die nur fühlen sich läßt, zu schildern. Er eilet, er flieget
Zu seinem andern Leben. Sie sitzt, die welken Arme
Unter das Haupt gestützt: ihre bleichen reizenden Wangen
Schmücken küssenswürdige Thränen, wie Thautropfen Lilien.
Also in Gram versunken sitzt sie: sieh! da eröffnet
Schnell sich die Thüre des Zimmers. Ein Mann, (noch rauh sind die Züge
Des einst männlich schönen Gesichts in dem seinen verstecket)
In ungewöhnlicher Kleidung, mit wild herabfallendem Barte
Und entzündeten Augen umarmt lautweinend die Schöne.
Gleich als hätt' ein mitternächtlicher Schatten mit kaltem
Schrecklichen Arm sie umschlungen, bleibt sie, vom Gefühle verlassen.
Doch bald öffnen ihr seine unzähligen Küsse das blaue
Himmlische Aug', es strömt von Zeugen ihrer Empfindung
Eh sie noch deutlich empfindet. Er spricht ihren Namen mit Stammeln

Tausend-

Tausendmal aus, drückt ihre kraftlose Hand an die Lippen,
Wäscht sie in seinen Thränen. „Geliebteste, theuerste, beste,
Theuerste Doris!“ Sie zittert, betrachtet ihn, und erkennt ihn:
„Silvius! — Bist du es, Silvius? Bist du es, theurer Geliebter?
Ist es ein täuschender Traum, der dich mir schenket? Wie oder
Seh ich vielleicht im Todesthale dich wieder? — Du bist es,
Ja, du bist es!“ — Jauchzen erfüllt die Gegend und Freude
Ist der Liebenden Seele, die sie belebet und fortreißt,
Daß sie Handlungen üben, der Einfalt und Kindheit sich nähernd,
Die der gelehrte Vater am staubigten Pulte belachet.

Dann wenn die rauschende Freude vorbeigerauschet ist, kann sie
An dem werthen Geliebten nicht satt sich sehen, dann kann er
An der theuren Geliebten nicht satt sich küssen: dann trennt sie
Nimmer sich von ihm. Er muß tief in dem einsamen Haine,
Der ihm wieder Ruhe zulispelt, am gleitenden Bache,
Des unablässiges Murmeln ihm nicht mehr Schwermuth erwecket,
Seine Geschicht' ihr erzählen. Sie trocknet dann zärtlich die Thränen
Die die Erzählung begleiten, und muß auch ihm ihren Kummer,
Ihre Geschicht' erzählen; dann küßt er die reizenden Thränen
Von ihren Wangen weg, die ihre Erzählung begleiten.

Zweites Buch.

Die Hungersnoth.

Dich will ich singen, du bleicher Hunger, mit allen den Schrecken
Die dich begleiten, dich will ich den satten Sterblichen singen
Die die brütende Sonne und träufelnden Segen aus Wolken
Und der Erde Bereitwilligkeit und den göttlichen Geber
Schmähen durch Wollust und Ekel und Murren, wie die Wüsten.

Senkrecht strömet die Sonne Feuer auf Fluren und Haiden,
Daß auf Sümpfen Staub liegt, Ströme zu Sümpfen vertrocknen
Laub und Zweig ermatten: ein tödtlich Blaß überzieht sie;
Eingeschrumpft und verdorret stürzen beim Wehen des kleinsten
Zephirs, des sie sonst spotteten, sie nun rauschend zu Boden.
Himmel, wo sind deine Wolken, und Nacht deine fließenden Thaue?
Schickt nicht das Meer seinen Dampf empor und die Flur ihre Dünste?
O vergilt ihre willige Gab', unerbittlicher Himmel,
Laß dich zu ihr in Tropfen hernieder, erfreue die Aehren
Die ihre schwarzen erstorbenen Häupter zu dir erheben,
Da sie sonst fröhlich beschwert dem Landmann entgegen sich bückten.
Ach die Natur ist vergiftet. Die farbenspielenden Wiesen
Liegen jetzt falb ausgebreitet, und Pharaonische magre
Kühe suchen dort Nahrung, und füllen die Mäuler mit Staub an.

Auch scheint die Erde nicht mehr dem Landmann gehorchen zu wollen
Der verzweiflungsvoll hinter den Pflug tritt. Was säest du, Sämann?
Eh ihn der Acker empfängt ist schon dein Saamen ersticket.
In hartnäckiger Ohnmacht liegt die Natur: ein Bild des
Todes der Welt, des letzten Verderbens, wenn in das Chaos
Dieser Ball, von unsinnigen Würmern bewohnet, hinabstürzt.

Dort ist ein einsames Haus, ganz einsam, mit müßigem Schornstein:
Die umliegenden Ställe sind alle stumm von den Heerden
Die sonst muthig dort brüllten: nicht Enten wackeln und schnattern
Mehr durch die Pfützen, kein Huhn lockt goldgefiederte Jungen
Unter die warmen Flügel, noch springen dummblökende Schafe
Im anlachenden Klee. Ein Schwarm von gierigen Raben
(Einzige Freunde der Theurung) fällt auf die in dem Hofe
Häufigen Aeser und krächzt die Todesgesänge der Schöpfung.
Jetzo schlüpft ein dürrer Mann am leitenden Stecken
Aus der knarrenden Thür; eine Schaar von unmündigen Kindern
Eilt mit Geschrei ihm nach und kann nicht den Vater erreichen
Der die Hand vors Gesicht hält und fliehet: „Kann ich der Kinder
Winseln nach Brot noch länger hören, noch länger sie ansehn
Wie sie täglich verwelken, sehn die einsinkenden Wangen?"
So spricht er und wanket und hinket zum nackenden Walde
Und am nächsten Baume hängt er sein lebend Gerippe auf,
Daß der Versucher hohnlachet und die Raben drob jauchzen.

Auf den Landwegen seufzt kein schwerer Wagen voll Korn mehr;
Und in den lärmenden Wäldern erhebt sich ein Brüllen und Kreischen
Streitender Bestien, die, da Ställe und Weiden entblößt stehn,
Untereinander sich würgen. Es schießt der Jägerhund keichend
Ueber Fluren und durch den Forst: dann steht er und winselt,
Daß er kein lauschendes Wild mehr aufspürt. Lange schon waren

Die Harmonien des Waldes verstummt. Mit schlaffem
Gefieder
Liegt über ihre Jungen erstarrt Philomele gebreitet.
Mit weitausgespreiteten Flügeln, die selten nur in der
Luft sich bewegen, das Gleichgewicht haltend, (wie Ruder, wenn mit dem
Strom ein Boot schwimmt) gleitet der tückische Habicht; einzeln
Abgebrochen ertönt sein Feldgeschrei: aber vergebens
Schießt sein räubrischer Blick in Höhlen der Bäume, vergebens
Sucht er unter dem Hausdach in stillen Nestern den Raub auf:
Ihm ist der Hunger zuvorgekommen, und wird ihn bald selber
Fressen. Käfer und Mücken schwirren nicht mehr in den Lüften
Und an erstorbenen Waldrosen hängt die vertrocknete Biene:
Schönes Grab! So stirbt am Busen der Liebsten ein Jüngling.
In den versiegten Teichen wühlen mit forschendem Schnabel
Hungrige Störche vergebens und ziehn statt Fröschen und Fischen
Schlamm und Moos aus der Tiefe hervor. Nur im Bauche des Hirsches,
Den jetzt leichte Beine und Waffen des Haupts vor dem Tode
Retten nicht konnten, wimmeln gesättigt die frohen Gewürme.
Wie, wenn ein Sohn des Goldes von Schmeichlern und Schuldnern gestürzt wird,
Dann die neidischen Nachbarn in seinen Ruinen sich theilen.

Dort liegt Zadig ein Greis am Weidenbaum, der mit entlaubten
Zweigen vergeblich strebt ihm gewohnten Schatten zu reichen.
Auf seinem müden Knie sitzt der ihn anlallende Enkel,
Sieht oft nach ihm hinauf und weint nach Nahrung und Labsal.
Ach wie zerschneidet dies Weinen das Herz des zärtlichen Greises!
Hundertmal hebt er sich auf, zu fliehn, und hundertmal sinkt er.
Ueber ihm schwebet in Wolken höllischer schwarzer Verzweiflung
Satan, und strömet ihm Sünde ins offene Herz, und versucht ihn
Wie den in der Wüste, der nie von Sünde was wußte.

„Ich, so schwärmen Gedanken in seiner Seele, muß langsam
Sterben! den langsamen Tod des Knaben sehen! Er winselt:
Und ich kann ihm nicht helfen! Ich, der ich sonst ihm mit offnen
Armen väterlich zärtlich zueilte, der ich entzücket
An meine alte Brust ihn drückte, ich kann ihm nicht helfen —
Und muß sterben: Greisen selbst schreckliches Wort! — — Wie oft hat
Seine unschuldige Hand mit meinen silbernen Locken
Schmeichelnd gespielt? — Wie soll ich ihm helfen, wie soll ich die lange
Pein von ihm wenden, die ihn wie fressend Feuer verzehret?
Tod, komm schnell über ihn: dann segn' ich dich. Stürzet ihr Hügel!
Und begrabt ihn, daß ich sein letztes Girren nicht höre. —
Aber ich selbst muß mich seiner erbarmen; der Himmel ist eisern,
Und die Erde ist eisern: ich selbst muß mich seiner erbarmen! —
Ich will ihn schlachten, eh Hunger ihn tödtet. Wie Abraham seinen
Isaak schlachtete, will ich ihn schlachten. Vielleicht daß in jenen
Hecken sich dann mir ein Bock entdecket, wie jenem: dann wollt ich
Froh ihn nehmen, den Bock, ihn würgen und meinem Enkel
Niedliche Bissen bereiten und mit seinem Blute ihn tränken;
Denn der Fluß ist vertrocknet und Seen und Teiche sind Sümpfe."
Und nun sitzt er und sinnet. — Nun hebt er den dürren, entnervten
Arm und durchbohret das Herz des Enkels — doch schleunig von innrer
Heftiger Reu ergriffen, zieht er mit bebenden Händen
Bleich, den Dolch aus der Brust des Kindes und wirft ihn weit von sich.
„O verfluchtes Eisen!" ruft er und rauft sich die weißen
Haare aus dem Haupt, und heulet mit furchtbarer Stimme.
Aber der Knabe sinkt hin, fällt von seinem Schooß auf die Erde
Zappelt im Blut und schreit nicht, nein ersticket im Schreien.
Grausamer Stoß du bist geschehn. Umsonst stürzt der Alte

Auf das durchstochene Herz des Ermordten und hält mit blassen
Lippen das gewaltsam aussprudelnde Blut auf. Noch einmal
Schreiet das Kind, noch einmal zuckt es den Mund und wirft die
Schon erstarrende Hand mit Angst der röchelnden Brust zu;
Da entflieht seine Seele, und bald wird Hunger und Ohnmacht,
Reu und Wuth und Verzweiflung auch seinen Mörder entseelen.

Nahe dich Muse! der Stadt, dem Sammelplatz schändlicher Thaten,
Dieser Geburten der harten und menschenfeindlichen Herzen,
Wenn die Noth sie beklemmt. Von unabsehbaren Heeren
Schrecklich umzingelt liegt sie; in ihren Mauern verbreitet
Hunger und um sie von außen der Feind, ein anhaltendes Sterben.
Göttin Aurora, so sahst du, so oft du dein Zelt an dem Himmel
Aufschlugst Jerusalem ehmals von außen mit Spießen umpflanzet,
Und inwendig voll schwarzer entstelleter Leichen. —
Schaut! wie hier Nebukadnezare, gierig entbrannt sind die Blicke,
Auf den Aesern liegen und selbst halb Aas sie verzehren.
Ueber sie flattern neidische Krähen und scheltende Raben
Stehlen sich oft hinzu, und theilen mit ihnen die Beute.
Jünglinge nagen die Zähne stumpf an Sätteln, und Greise
Füllen mit stinkendem Mist den ekellosschmachtenden Schlund an.
Aus jenem dumpfen Gewölb erwacht eine klägliche Stimme,
Und ich gucke durchs äußere Gitter. — Entsetzliches Schauspiel!
Würdig die Hölle zu zieren! Vom schrecklichsten Dunkel beschattet,
Schlachtet ein wüthendes Weib ihr Kind. Umsonst fällt es nieder,
Dreimal nieder aufs Antlitz und flehet mit heißen Thränen
Mit erblaßtem Gesicht und lautem Zittern und Schluchzen
Um sein jugendlich Leben; vergeblich schlingt es die Aermchen
Um die stampfenden Füße der Mutter. Oft zwar empöret
Sich das Muttergefühl, es schwillt der abscheuliche Busen
Der das unschuldige Opfer genährt, von erschütterndem Schmerze,

Und der ausgestrecktete Arm weicht kraftlos zurücke;
Aber ihn lenket die Macht der Höll' er vollführt, er vollführet,
Er vollführet den schrecklichsten Streich. Sie schreit, sie mordet und knirschet,
Rauft ihr Haar mit der Linken, und tödtet ihr Kind mit der Rechten.

Bebst du, Muse? Verlaß sie, verlaß die verfluchteste Scene!
Laß die Höll' ihre That mit gräßlichem Heulen besingen!
Stimme die silbernen Saiten die solch ein Thema erniedrigt!
Sieh, dort ruft eine edlere Mutter die hungrigen Kinder
Traurig zusammen; sie hat vom kleinen Reste des Mehlkorbs
Und des Oelkrugs das letzte nothdürftige Mahl zubereitet:
„Kinder, die ich mit Schmerzen gebar, mit größerem Schmerze
Seh ich euch sterben. Kommt! erquicket die schmachtende Zunge!
Dann, mit brechendem Herzen will ich euch segnen, ihr Satten!
Und will sterben." Nun pflanzt sich das magre Geschlecht um die Schüssel —
Schnell ist sie leer. Mit Wangen auf welchen die Thränen vor Hitze
Stehn blieben, schlang die Jugend eilfertig die sparsame Kost ein:
Und nun sitzet sie sprachlos; noch tobt der müßige Magen
Und der Gaumen vertrocknet, wie heißes Eisen, auf welches
Wenige Tropfen fallen; die Thränen rollen von neuem.
Aber die Mutter, sie hat für ihre Kinder gefastet,
Hebt die Augen zum Himmel, ihr mütterlich Herz ist in Aufruhr:
Bald sinkt sie, zu heftig von Schmerz und Liebe bekämpfet,
Von ihrem Sitz zu Boden. Erschrocken stürzen die Kinder
Auf sie: „Mutter, stirb nicht! stirb nicht geliebteste Mutter!"
Aber ihr Geist verläßt sie. Der letzte Blick ihrer Augen
Ist noch mitleidig zärtlich auf ihre Kinder geheftet;
Zwar sie kann nicht Worte stammeln, nicht Seufzer erpressen,
Denn die Zung' ist gebunden, ihr sterben die Seufzer im Busen;
Aber inwendig rufet ihr starkes Geschrei zu dem Höchsten,
Zu dem Höchsten, der Raben ernährt und krümmenden Würmern

Auf ihrer langsamen Reise die Speis' entgegen führt. Und der
Herr, der Erbarmer hörts und spricht: — es feiern die
Himmel —

„Ich will aufhören, sie zu plagen. Sie sind meine
Kinder,
Ihr Geschrei ist zu mir gekommen. Ich hörte dich röcheln!
Stimmen des Todes, ich hört' euch. — Flieh, verderbender
Hunger!"

Wie ein räubrischer Adler, wenn hetzende Stimmen
der Jäger
Und das schmetternde Hüfthorn weit durch die lauten
Gesträuche
Tönen: er lauschet und regt die schwarzen Fittige, hebt sich
Und beschattet die Wipfel der Linden; dann fliegt er zur
nächsten
Eiche, schwingt sich empor, durchschiffet die seufzenden Lüfte,
Wird dicht unter den Wolken zur Lerche — und verschwindt
dann:
So schreckt den gierigen Hunger der Ruf des allmächtigen
Vaters;
Ungern verläßt er die Erde. Da regnet der eiserne Himmel.
Dankbar richten die Blumen sich auf; die schwimmenden
Wiesen
Und die Hügel und Haine beginnen zu lächeln; die Teiche
Schwellen empor und die stillen Flüsse murmeln von neuem,
Wie dem Ohnmächtigen, wenn ihn ein Balsam erfrischet,
das Auge
Wieder entwölkt wird, die Glieder sich regen, und langsam
zum Herzen
Durch die schlaffen Adern sich das belebete Blut drängt.
O wie sammeln die Menschen den nassen Regen des Himmels
In Gefäßen auf, und löschen die brennenden Schlünde!
So drangen einst die Hebräer mit offenen Mäulern und
Krügen
Zu dem strömenden Felsen, wie hier die lechzende Menge
Unter geöffneten Wolken harrend stehet und Wasser
Einerndtet, dann ihre Beute liebkosend und jauchzend ins
Haus trägt,
Wo sie sich labt, erquickter als Funchals Fürst bei Pokalen.

Bald winken die Früchte von wieder umkleideten Bäumen,
Und in den leeren Vorrathskammern der Hülsen der Aehren
Keimt der Segen des Landes. Doch kennt die heiße Begierde
Keine Geduld, noch läßt sie der wohlthätigen Erde
Und dem Thau des Himmels und den nun fruchtbaren Strahlen
Zeit die Körner und Früchte zu reifen. Heimlich unmuthig
Ueber den Lauf der Natur entreißen zahllose Hände
Die vom angestammeten Gift nicht befreite, unzeitge
Nahrung den sträubenden Halmen: und sieh! die verderbende Seuche
Schwebt, ein weitausgebreitetes Ungeheuer über die satten
Städte, und droht mit scheußlichlächelndem Antlitz den Schlemmern,
Die von neuem an Tafeln, beladen mit Mißbrauch und Wollust,
Den verkennen, der Thau an Spitzen der Gräschen und Tropfen
An die Kronen der Aehren hängt und die Erde befruchtet.

Drittes Buch.

Die Pest.

Stärke dich, schüchterne Muse! gebückt schau tiefer hinunter
In die dunkle Tiefe der Zeiten, wenn Rache des Schöpfers
Durch die ganze Schöpfung allmächtiges Grausen verbreitet.
Kommt ihr Diener des Todes, furchtbarer als euer Beherrscher,
Fräßige Seuchen und Schmerzen und tückische Krankheiten, zeiget,
Alle zeigt mir die knirschenden Zähne, die würgenden Klauen,
Den blutschäumenden Schlund: umhüpft in scheußlichen Tänzen
Das erschrockene Auge der Phantasie, die sich sträubet,
Weiter auf den Gefilden erfüllt mit Jammern und Abscheu,
Fortzugehn und zu sehn die Natur verunstaltet durch Plagen.
Dennoch will ich mit heiterer Stirn und gesetzten Blicken
Eure Verheerungen singen; denn, wer die Ruhe im Busen
Hegt, verhöhnet die Unruh auf sturmbedeckten Gebirgen,
Horcht auf die brüllenden Wolken und lächelt der eiligen Blitze.

Aus einer Mitternachtwolke ließ auf die schlummernden Hügel
Jüngst ein Todesengel sich nieder. Da floß durch die Schatten
Der blauflammende Strahl seines Schwerts. Gleich nächtlichen Blitzen
Füllt' er das brennende Thal, durchdrang widerstehende Wälder,
Machte Palläste und Strohhütten fürchterlich hell. Auf einmal
Breitete sich eine fremde Luft ums Antlitz der Erde;
Menschen die schnarchend in ihr den Lebensbalsam geathmet
Athmen jetzt Gift ein: Tod ist ihr Element.
Mancher dehnet sich noch im mördrischen Schlaf und stößet

Dumpfes Röcheln hervor, oder winselt von grausen Phantomen
Warnend umgeben; erwacht dann, blickt starr umher, kann nicht sprechen,
Sinket abermal hin, und schläft sich ums ringende Leben.
So leicht mähet der Tod die nichts befahrenden Halme.
Blüht und prahlet ihr Blumen, ihr seyd beim Morgenlicht Asche;
Oder du stärkere Staude! und hättest du eiserne Wurzeln,
Dennoch seufzest du bald, ein zweigloses Holz, in den Flammen.
Hirnlose Narren! die ruhig und ohne Sterbegedanken
Täglich sich in den Vorhof des Todes, ins Schlafgemach wagen;
Diese stumme Stille, voll schwarzen heiligen Grauens,
Dieser horchende Himmel aufs Flehn einsamer Gerechten,
Dieser gegenwärtige Gott, mit dem sie allein sind,
Wecket sie nicht. Wie Besessene, auf dem Abhange des Felsen,
Der über wartende Wogen sich bückt, ganz sicher entschlafen;
Eine Bewegung stürzt sie herab: so entschlafen sie täglich.
Glaubt ihr, ewiger Stoff umschließ' eure felsene Knochen,
Oder euch werde aus Furcht, aus Güte der Mörder nicht morden?
Lebt dann, Würmer eines Tages! und unter dem Hügel
Der euch der Welt auf ewig entzieht, umwimmelt von Maden,
Lernt den zu späten Gedanken an Tod und Ewigkeit denken.

Jetzt steigt Phöbus hinter Gebirgen empor. Mit Entsetzen
Sieht er durch schwerfällige Nebel, die nächtlichen Lager
Mit unzähligen Leichen bedeckt. Es schlüpfet sein scheuer
Strahl durch des Lustschlosses Fenster: und sieh! der Herrscher des Landes
Liegt, ein blasser Körper, auf seidnen Küssen: noch hält ihn
Mit dem erdrosselnden Arm der Tod hohnlachend umschlungen.
Um ihn liegen die Wächter, jetzt Aeser. Furchtlispelnde Stille
Schwebt weit über dem öden Pallaste.

Dort liegt eine volkreiche Stadt; ein dumpfes Gemurmel
Schallet von außen, hinter den sie versteckenden Wällen,
Wo die Spitzen der Thürme hinübergucken. Die Märkte
Und die Thore und Gassen wimmeln wie Ameisenhaufen.

Ehe man sieht, hört man schon Geräusch: das Schallen der
Hämmer
In den Schmieden, das Wiehern der Rosse, das Rollen
der Kutschen
Und die wilden Stimmen des hungrigen Pöbels am Fischmarkt.
In der dämmernden Kammer sitzt früh der Bürger, von
Sorgen
Dunkler wie von der weichenden Nacht umhüllet, und sinnet
Auf unermeßlichen Vorrath, als hätt' er ewig zu leben.
Aber schon sperrt seine Gruft im nahen Kirchhof den
Mund auf,
Und in den Schatten des Winkels steht mit erhabener Hippe,
Ihn zu mähen, der Tod bereit. Schnell warnet vom
Kirchthurm
Ihn die klagende Sterbeglocke. Er höret sie, seufzet,
Frägt nach dem Todten, und kehrt zurück zum Wucher.
Doch plötzlich
Ruft die warnende Freundin zum andernmal das Entsetzen
In seinen Busen hinab. Zwar noch scheint dies Sterben
ein Zufall:
Aber bald schallet ununterbrochen das ängstliche Rufen
Dieser ehernen Predigerin. Nun fühlen sich sterblich,
Die sich Unsterbliche dünkten. Die Gassen werden entvölkert.
In den verschlossenen Häusern herrscht zunehmende Stille —
Todesstille herrscht nunmehr. Die einsamen Glocken
Heulen allein durch die giftigen Lüfte. Mit Schaufeln
bewaffnet
Wandeln die Todtengräber stumm einher, wie Gespenster,
Machen das Pflaster zum Kirchhof, verscharren bei Haufen,
und sinken
Oft statt der Decke des Grabes auf ihre Begrabnen hinunter.

Vor ihm sieht ein vergnügter Vater die spielenden Kinder
Ohne Leben hinfallen. Vergeblich schreit er nach Hülfe,
Nach dem gewohnten Arzt: er hört ihn nicht mehr. Da
erblickt er
Unvermuthet die eigene Beule, das Zeichen des Todes,
Fühlet die Angst sein Herz umklemmen, wird ohnmächtig,
sinket
Auf die Leichen der Kinder. Zwar um ihn blitzet das Silber,
Das er ängstlich gesammelt, die langen Spiegel, die seidnen

Mahlerischen Tapeten, die marmornen Säulen stehn um ihn,
Aber sie helfen ihm nichts: sie sind unthätig. Er schmachtet
In dem Reichthum begraben umsonst nach dem Kruge des Landmanns
Mit der reinen Quelle gefüllt, seine Hitze zu lindern.
Lange schallt seine sterbende Stimme durchs einsame Zimmer
Und giebt in dem gewölbten Saal ein schreckliches Echo:
Bis der grausambarmherzige Tod, allein zu errufen,
Zwischen ihm und der leeren Welt den Vorhang schnell zuzieht.

Ein verreiseter Sohn kehrt heim zu den wartenden Eltern,
Schmeckt den süßen Kuß des frohen Vaters zum voraus
Und der weinenden Mutter. Indem er der Wohnung sich nahet,
Schwebt die Ahndung ihm nach: sie wendet die giftige Urne
Ueber sein Haupt um, beströmt ihn mit Angst und leitet vom Antlitz
Das wie Rosen geglühet, das Blut hinunter zum Herzen.
Schnell behüpft er die Treppe, öffnet die Thüre mit Zittern,
Guckt ins Vorzimmer, schlüpft in den Saal: find't alles öde.
Kindliche Thränen stehen bereit im blitzenden Auge:
„Wie ist alles hier öd'!" Er steht, sieht um sich und rufet
Mit erbebender Stimme: Mein Vater! Wo bist du, mein Vater?
Mutter! Geschwister, wo seyd ihr?" Indem siehet vom Hofe
Eine magre Gestalt von außen durchs Fenster. Er flieget,
Stürzet hinzu und erkennt in kläglicher Stellung den Vater.
Schnell will er hin, seine dürren Füße gerührt zu umschlingen:
Aber der winkt mit der Hand und rufet hohl und gebrochen:
„Flieh, Geliebtester! flieh! Mein Hauch wird dich tödten: entweiche!
Sieh, dort liegt deine Mutter! Dort wo ich den Sand aufgethürmet,
Liegen in einer Grube all deine Geschwister und itzo
Werd auch ich hinsinken zu meinen Begrabnen. O wohl mir,
Daß mein brechendes Auge noch dich gesehen! Verlaß mich!
Flieh! O wohl mir, o wohl mir!" Hier sinkt er stolpernd aufs Antlitz.
Ohne Besinnung stehet der Sohn da. Bald wird er die Leiche

Mit seinen Thränen salben und mit wiederfoderndem Aechzen,
Daß es die Einöde hört, und ihm die Wälder nachwinseln,
Mit zerrissenem Herzen und kraftlosen Händen begraben.

O der furchtbaren Plage! der ganze Mensch empört sich
Bei ihrer Vorstellung. Muse! auch du fühlst Schaudern: so schaudert
Ein mitleidiger Herold wenn er dem bangen Gefangnen,
Der mit thränenschwellendem Auge sein Urtheil erwartet,
Seltne Martern verkündigt. Doch laß die Hand noch nicht sinken,
Noch an der Harfe hinunter nicht sinken, bis alles vollführt ist,
Wozu du Feuer und Muth in meinen Busen gesenket.

Wenn das starre Auge, das im Begriff ist zu brechen,
Freunde unkenntlich bemerkt, die um mich bekümmert herumstehn,
Die mir die kalte letzte Thräne, den Todesschweiß sänftlich
Von meinen Wangen wischen, und mein halbtaubes
Ohr hört weit in dem Zimmer zärtliches Lispeln und Schluchzen:
Ach dann fühlt das stehende Herz im Tode noch Labsal,
Und mein dunkler Blick ist dankbar auf die geheftet
Die mir ihr Mitleiden gönnen. Doch wenn ich, ach! wenn ich auf hartem
Lager nun liege, und meine Zunge vertrocknet, mein banges
Auge irret nach Helfern umher, die kalte verdorrte
Hand streckt flehend sich aus: und alles um mich ist öde;
Keiner steht um mein Lager, versteht mein Aechzen und mildert
Durch des Arztes bittere Stärkung die Wuth meiner Schmerzen:
Tod wie fürchterlich wirst du dann! dann würd' es selbst Weisen
Schwer, zu sterben.

Hier ist ein liebliches Feld mit grünem Teppich bezogen,
Daß der Säemann sich der reichen Erndte schon freute:
Aber nun ist sie gemein; ihn hat das Grab eingeerndtet.
Hier will ich wandeln und lauschen, ob ich Lebendige finde. —
Ach schon wandert mein Fuß den Morgen, den Mittag, den Abend,

Wandert in Wüsten. Die Thäler die sonst so fröhlich erschollen
Von dem wilden Jauchzen der Hirtenflöten, den Stimmen
Weidender Heerden, dem Plaudern des geselligen Landmanns
Hinter dem furchenden Pfluge, stehn verlassen. Aus jenem
Dichten Gebüsche heulet der Wasserfall nur und das Wehen
Furchtbarer Zephire, gleich dem Wehn herzueilender Flügel
Eines Todesengels. Die Rosen unter dem Schatten,
Hängen, von keinem bewundert, verwelkt von giftigen Lüften
Die sich entwickelnden Knospen verblichen zu Boden. Auch schweigen
Die Bewohner der Zweige: sie flohn in dunkelen Schaaren
Bessern Gegenden zu. Auf silberwallenden Teichen
Dampft undurchsehbarer Nebel: die Bürger der Fluthen versenken,
Aus ihrem Elemente verjagt, sich tief in dem Schlamme.
Alles trauret. Wohin soll ich fliehn? Ein Grausen befällt mich,
Da ich allein und verlassen die öden Fluren durchstreiche.
Dort der treue Bekannte, der inniggeliebte Verwandte
Ist nicht mehr. Schwarzer Gedanke! doch welch ein plötzliches Murmeln
Schallet von jener Hütte, die hinter dem buschvollen Hügel
Scheu ihr moosiges Haupt erhebet. Heil mir! ich höre
Menschliche Stimmen. O eilet, zitternde Füße, ihr werd't dort
Menschen finden. O hindert mich nicht, ihr Steine des Ackers,
Und du wallendes Korn! Allein was seh ich? nicht Menschen:
Nein es sind wilde Thiere in menschliche Glieder gehüllet.
Ach sie schleppen schändliche Beute aus trauernden Thoren;
Selbst der heiligen Leichen hat ihre Faust nicht geschonet.
Tod wird dir folgen, abscheulicher Geiz! der noch dem Gewinne
Fröhnt, wenn alles um ihn schon Buße predigt, der noch an
Tand und gestohlnem Puppenspiel klebt, wenn die ernste Stimme
Des Allmachtigen schon die Todesengel herabsendt.
Um die Erde zu säubern und Sünder zum Richtstuhl zu rufen.
Und wozu scharrest du, Unsinn! und häufest dir Lasten, die tiefer

Nur ins Grab, in die Hölle dich niederdrücken? Sind Vögel,
Denen das Messer die Kehle berührt, auf Würmer noch gierig?

Aber laß uns, o Muse, die stille Hütte besuchen!
Schon eröffnet sich uns die furchtsam knarrende Thüre.
Welch ein Anblick! Gestreckt, mit halbgebrochenen Augen
Liegt ein Ehrwürdiger. Die einzelnen eisgrauen Haare
Stehn in wilder Verwirrung emporgesträubt, und die Mienen
Seines blassen Gesichts verrathen Kummer und Hoheit.
Neben ihm mit zerstörter Schönheit ein unschuldig Mädchen!
Blaue geöffnete Lippen zeigen die marmornen Zähne:
Jetzt ein schrecklich schöner Anblick! ein Schleier dunkeler Locken
Deckt die in Todesblässe noch reizenden Wangen: die zarten
Hände ruhn auf dem Busen, gefaltet, als wären sie, noch zum
Letzten Gebet erhaben, schlaff herunter gesunken.
So durch den plumpen Nord vom zersplitterten Stocke gerissen
Liegt eine aufgeblühete Rose: so reizt ihre Schönheit
Selbst wenn die hochrothen Blätter unter den spottenden Disteln
Einsam zerstreut glimmen und zusehends verblassen.
Also sind sie nun hin, die Bewohner des ländlichen Hauses
Und die Freunde der Tugend, der sanften unschuldigen Freuden.
Siehe die Wohnung selbst scheint den Verlust zu betrauern
Und die Linden umher, sie stürzen ihr Laub von den Wipfeln
Und stehn nackend, vermissend die wartende Hand ihres Pflegers.

Ach wo bin ich? Wie klopfet mein Herz! Ich fühle die Wange
Naß von strömenden Thränen; ich fühle die Lippen erzittern.
Flieht, flieht schreckliche Bilder! von meinem verirreten Auge:
Flieh, entsetzlicher Traum! aus der geängsteten Seele.
Vater der schwachen Sterblichen, der du aus Thon sie gebildet
Und sie dir ähnlich gemacht, der du zum Thon sie zurückhauchst,
Noch, noch wank' ich nicht einsam um die giftdampfenden Gräber

Hin-

Hingesunkener Brüder, noch segn' ich das liebliche Murmeln
Belebter Straßen, das frohe Gedränge der Märkte. O
wohl mir!
In den schallenden Hain will ich gehn und die traurige
Harfe
An einen Buchbaum hängen, ich will die sanftere Flöte
Von dem freundlichen Schäfer leihen und mit den Bergen
Und mit dem Wiederhall scherzen, und Doris Namen ihn
lehren:
Denn noch wank ich nicht einsam um die giftdampfenden
Gräber
Meiner Brüder, der Menschen, die, mir zum Trost, eine Erde
Mit mir bewohnen, die mit mir der Sturm trifft, der
donnernd daherbraust,
Mit mir der Veilchen schmeichelnder Duft im Sonnenschein
labet.

Viertes Buch.

Die Feuersnoth.

Schon verbreitet die Mitternacht das schwarze Gefieder
Ueber den stillen Erdkreis. Nun herrscht, von dienstbaren Schaaren
Gaukelnder Träume umflattert, der Schlaf auf den reizenden Bogen
Die das Auge sanftschmachtend ruhender Schönen umwölben:
Oder er fesselt auf hartem Lager den schnarchenden Landmann,
Der im verwirreten Traume dem langsamen Pflugochsen fluchet.
Schwärzre Stille wohnet im Thal. Von rauhen Klippen
Kochen Wasserfälle hinab, beständig eintönig,
Und aus dem schaurvollen Wald ist der Vögel Stimme verschwunden.

Doch welch blutiger Glanz steigt plötzlich am finsteren Himmel
Wechselnd empor, wird größer, verliert sich, wächset von neuem:
Jetzo wallet er hoch auf. Mit gräßlichen Fittigen fliegen
Rauchwolken bei ihm vorüber. Ein Sturmwind erhebet sich ostwärts
Und sprüht feindliche Funken auf die umliegenden Dächer.
Zitternd eilet mein Fuß dem wilden Schauspiele näher. —
Ach ein wüthendes Feuer in der entschlafenen Stadt frißt,
Wie ein entfesseltes Unthier, was ihm begegnet. Die Häuser
Stehn und können nicht fliehn, und bücken ihr Haupt aus den Wolken
Nieder in Asche. Wie brauset der Nacht entweihete Stille!

Ueber die Flamme bläht sich der Dampf: die bleicheren Sterne
Schwinden: den gläsernen Himmel wölkt ein irdisch Gewitter. —
Plötzlich erschallt die dumpfe Stimme der rasselnden Trommeln
Durch die traurig erleuchteten Gassen; sie scheuchet urplötzlich
Den so sichern Traum vom Lager des Hausvaters. Aengstlich
Fährt er empor und wecket die zitternde Gattin: auch färbet
Blässe die Wange des zärtlichen Mädchens, des weinenden Knaben.
Von dem falben, fürchterlich wiederscheinenden Kirchthurm
Brüllet die Feuerglocke hinunter: und alles wird rege.
Menschen, in der Dämmrung unkenntlich, stehen von ferne,
Ringen die Hände und rufen laut: Da ist keine Hülfe!
Die entlegensten, schwärzesten Gassen durchmurmelt ein hohles
Und verwirretes Sprechen: man klaget die Elenden, deren
Häuser das flammende Monstrum verschlingt und fürchtet den Rachen.
In den näheren Gassen zerstreut, verwirret, zerbrochen
Liegt ausgeworfener Hausrath. Es wacht beim kleinen Vermögen
Die tiefseufzende Hausfrau und sieht mit sehnlichem Blicke
Ihrem Manne nach, der mitten ins Feuer sich waget
Seiner Nachbarn Habe zu retten; die Kinder stehn um sie,
Zittern vom nächtlichen Frost und blicken kläglich zum Himmel.
Unterdeß schwitzet und arbeitet ängstlich ihr größerer Bruder
Auf dem zischenden Dach es vorm Entbrennen zu schützen.
Schnell steigt wildes Geschrei zum Himmel, da ein Gebäude
Krachend einstürzt. Es heult die kaum gerettete Gattin
Um den vermißten Gemahl, und fragt mit ausschweifendem Schmerze
Jeden, den sie erblickt: „Hast du ihn gesehen?"
Aller Trost verstummt. Mit aufgelöseten Haaren
Eilt sie die dunkle Gasse hinauf: — da sieht sie ihn stehen,
Bloß, im Kleide der Nacht, ihr Kind an der bebenden Rechte,
Ohne Empfindung steht er, an eine Mauer gesunken.
Schnell, mit lautem Schrein, ganz außer sich fällt sie ihm um den
Hals: „Bist du es, Geliebter, o lebst du, o bist dus?"
Ohnmächtig sinken sie beide im Finstern dahin, bis ihr Freund sie
In sein Haus nimmt und erquickt, daß sie weinend sich freuen.

Aus der brennenden Hütte wird auf dürftigem Lager
Ein Todtkranker getragen. Er sieht mit dämmerndem Auge
Furchtsam nach dem blutrothen Himmel. Die einzelne Thräne
Starrt, mit kaltem Schweiße vermischt, auf dem bleichen Gesichte.
Unvermögend zu sprechen, dankt er mit sehnlichen, starren
Blicken seinen Errettern und wimmernde Seufzer entfliehen
Dem schon röchelnden Busen für seine leidenden Brüder.
Ach wie zittern die magern, verwelkten, knöchernen Glieder
In der Kälte der Nacht, da sie kaum Lumpen bedecken.
Jetzt setzt man ihn draußen nieder. Dem brechenden Auge
Schimmert die Flamme noch: er erhebet noch einmal
Die gefaltene Hand und stirbt.

Eine Gebährerin liegt noch kaum von der Bürd' entlastet,
Die sie trug, betäubt und kraftlos. Alles verläßt sie
Und vergißt die hülflose Kranke der Glut zu entreißen.
Ach sie hört das hohle Brausen des Feuers: schon dringt es
Durch die platzenden Fenster ins einsame Zimmer. Dreimal
Hebt sie die sinkenden Arme empor: „Erbarmt euch! erbarmt euch!"
Aber die eilende Flamme naht. Gestärkt durch des Todes
Ihr nicht fremde Angst, rafft sie die unwilligen Glieder
Auf und eilt bis zur Thüre des Zimmers: hier weichen die letzten
Kräfte, sie sinkt und ächzet und stirbt, eh Flammen sie tödten.

Ach nun hat sich das Feuer schrecklich verbreitet. Die hohen
Palläste stehen entdeckt, gefüllet mit Glut; die dem Himmel
Nachäffen wollten, sind Höllen geworden. Durch prächtige Fenster
Schlagen wilde Flammen hinaus: die güldenen Leuchter
Und die langen Spiegel tröpfeln von brennenden Wänden,
Japans Schätze zerspringen. Geweihete Häuser und Tempel
Schonet das wüthende Element nicht. Hoch in den Lüften
Steigt es die Spitzen der Thürme hinan: der erschrockene Wandrer
Zittert von fern bei dem Anblick. An Pfeilern kriecht es hinunter
Und die Chöre fallen zu Boden. In gräßlichen Tänzen

Hüpfen auf trauerndem Altar Flammen umher; und vom Lehrstuhl
Predigt die Feuersäule in der sich der Herr offenbaret.

Auch vermehrt sich die Stimme der Angst, die Stimme des Weinens
Um den Sohn, um Vater und Mutter, die rauhere Stimme
Sich zurufender Retter. Arme vernunftlose Schaaren
Menschlicher Bestien rasen umher und jauchzen: sie hat das
Feuer dem Haus' entrissen, das die lebend'gen Ruinen
Unsers stolzen Geschlechts an warnenden Ketten bewahret.
Schon kehrt auf ätherischer Bahn die treue Sonne
Zur in Todesschatten verlassenen Erde zurücke
Und entdeckt sich zuerst dem Gipfel des frohen Gebirges:
Da erblickt sie die schreckliche Morgenröthe; die Gegend
Dampft von Schwefeldünsten und gräßliche Rauchwolken wollen
Bei dem Einzug des Morgens der Finsterniß Herrschaft behaupten.
Und nun verbirgt sie ihr tröstliches Licht: der blaue Himmel
Trauert, weit umher trauert die Flur. Schwarzströmende Flüsse
Rauschen gewaltig, und bieten ihr zu entferntes Gewässer
Laut den rathlosen Rettern dar. Auch flüchten die Vögel
Ohne Morgenlied, schüchtern in die verborgensten Büsche.

Aber laß uns, o Muse! die unglückseligen Mauern
Die die Glut verödet, noch nicht verlassen; denn bängre
Jammervollere Scenen müssen sich dort noch eröffnen.
Damon, ein zärtlicher Gatte fährt, vom Schauder ergriffen,
Plötzlich im Arm seiner Lesbia auf, und lauschet und höret
Das Geprassel der Flammen. Er rennt entkleidet, halb träumend
Sprenget die Thür, und sieht sich schon mitten im Feuer. Schnell stürzt er
Die verbrannten Stiegen der steilen Treppe hinunter.
Aber ein grauser Gedanke fliegt wie ein Blitz in die Seele.
„Lesbia!" — und nun will er zurück den Trost seines Lebens
Seine treuste Geliebte zu retten. Zu langsamer Retter!
Schon ist die Decke des Zimmers in welchem sie ruht, eingesunken

Tödtendes Unglück! er steht erstarrt, versteinert, noch zweifelnd
Ob kein scheußlicher Traum ihn schrecke: ach! da ertönet
Ihm die sterbende Stimme seiner gemarterten Gattin
Und ihn dünkt seinen Namen zu hören: jetzt rufet sie matter
Bis sie nicht rufen mehr kann. „O Lesbia!" brüllt er, die Hände
Und das verwilderte Auge gen Himmel, aus dem eine kalte
Langsame Thräne herabirrt; „Lesbia! Lesbia!" Plötzlich
Stürzt er ihr nach in die grausame Glut.

Dort ergreift die erschrockene Mutter, umzingelt von Flammen
Ihr geliebtes Kind und wirft es mit zitternden Händen
Von dem hohen Stockwerk hinab. O Gott! daß ihr Auge
Es hinstürzen sehen muß, ihr schwimmendes Auge,
Daß es sehn muß das zarte Haupt zerschmettert am Eckstein
Und das rinnende Blut in seinen goldgelben Locken!
Stumm, verzweiflungsvoll, sinnlos und stumm, mit verbreiteten Armen
Bleibt sie stehen und läßt sich gern von den Bränden begraben.

O erbarme dich, Himmel! Weinet mitleidige Wolken,
Weint in die wüthende Glut, die wie das Feuer zu Sodom,
Schon viel Tage durch raset. Schaut der Menschen Bemühung
Ist ermattet und der Löschenden Arme gesunken. —
Ja dort eilt er vorüber, der Bote des Friedens, das schwangre
Schwarze Gewölk, der Retter, den Gott vom Himmel uns sendet.
Jauchzt! er schüttet die Urne voll von kräftigen Wassern
In die thürmenden Flammen. Vergeblich flattern sie scheußlich
Oft noch empor. Auch ergießt sich der irdische Regen von neuem
Und unterdrücket den feurigen Strom. Bald liegt er gedämpfet
Wie ein übermanneter Bär. Die lodernden Brände
Sprühen die letzten Funken. Ein dampfender Feuerheerd scheinet
Jetzt die verwüstete Stadt. Die nackenden Schornsteine drohen
Und Elisäische Palläste sind zerrüttete Mauern.
So liegen fleischleere Beine des schönsten Körpers, unkenntlich

Bei durchlöcherten Schädeln, in denen vormals die braunen
Siegenden Augen brannten, jetzt hohl und ein Abbild des Todes.
Wie der Hölle entronnen irren die Dürftiggewordnen
Nur mit Lumpen bedecket um das Grab ihrer Häuser,
Suchen zerschmolzenes Silber, erzählen mitleidigen Fremden,
Oder flehen sie an. Dort, schrecklich Geschäfte! dort suchet
Die Gebeine des Weibes ein trostloser Mann: sie hatte
In die verschonende Flamme sich wieder verwegen gewaget:
Grausamer Hang zu untreuen Gütern der Leben und Freude
Für ein Linsengericht hinopfert, du machst deinen Sklaven
Selbst den Hunger nicht schwer und selbst die Flamme nicht schrecklich.
Dir flucht auch des Ehemanns Seufzer. Er kann ihn nicht seufzen,
Kann nicht mehr weinen: dem Auge schimmern die Gegenstände.
„Theurer Märtrer, so denkt die Wehmuth in ihm, was hilft mir
Dein gerettetes Gold, da du der beste der Schätze
Nicht mehr bist, da ich dein blasses holdseliges Antlitz
Und dein gebrochenes Auge sogar nicht sehn darf, der Freude
Auch der bitteren Freude mich nicht erfreuen kann, deine
Kalten verschlossenen Lippen an die meinen zu drücken!"
Oft am schlechten Kittel zupft ein neugieriger Reicher
Ihn und forscht was ihm fehle. Er suchet fort, dann blickt er
Gleichgültig auf, und sieht ihm lang ins Gesicht: mit erzwungner
Schluchzender Stimme bricht er dann aus: „Sie starb! Ach sie such ich,
Ach ich suche mein Weib." Nun fährt er fort in der Asche
Und im Schutte zu graben und findt, (o traurige Freude!)
Findt die schwarzen Gebeine, und indem Ströme von Thränen
Aus seinen Augen stürzen, liebkoset und drückt er sie an das
Blutende Herz: „O Gott!" da verstummt er, bis sein Vertrauter
Mitleidig zu ihm eilt, mit ihm den Ueberrest sammelt
Und ihn mit tröstenden Freundschaftszähren dem Sarge vertrauet.

Lange herrschet die Armuth, auf dem dürftigen Throne
Von Ruinen erbauet über die schüchternen Bürger.

Steter Fleiß erhöht sie kaum zum vorigen Glücke
Und wenn seltene Edle ihnen die Güter nicht liehen
Die ihnen Gott erhalten, so würden sie nimmer dem Staube
Sich entschwingen. Wie beben sie jetzt den flammenden Richter,
Der Elemente Vater zum strengen Eifer zu reizen;
Aber bald vergißt ihre Schwachheit der strafenden Allmacht
Und mit emporgesträubtem Haupt, (o Greuel der Menschheit!)
Spottet der krümmende Wurm der Ferse die ihn zerquetschte.

Fünftes Buch.

Die Wassersnoth.

Liebliche Weide, bestreut mit bunten balsamischen Blumen,
Wo sich kleine Hügel, gekränzt mit höherem Grase
Ueber die blaßgrüne Fläche erheben, wo schüchterne Veilchen
Unter den purpurnen Blättern der wilden Rosen versteckt stehn:
Wo der muthwillige West in den gelben einfachen Blättern
Saftiger Wiesblumen schwärmet und wie Wellen sie forttreibt,
Daß der nächtliche Thau, noch drauf zitternd, blitzend herabfällt:
Wo allenthalben simple Natur und kunstlose Schönheit
Mir entgegenlächelt und seichte wollüstige Thränen
Aus dem Auge lockt, indem schauervoll der entfernte
Strom mit dunklem Gewässer in mäandrischen Krümmen
Seitwärts vorbei durch Blumen und Laub rauscht: seyd mir gegrüßet,
Seyd mir paradiesische Scenen gegrüßet. Auf weichem
Rasen will ich hier sitzen und alle Gerüche des Frühlings
Einziehn, hier soll mein forschendes Auge von Gegend zu Gegend
Irren und lernen: hier will ich den angenehmblökenden Lämmern
Und den einfältigen Tönen von groben Händen geschnitzter
Flöten aus Rinden, zulauschen. Ganz in die Sinne versenket,
Ganz Gefühl entschlummere hier meine Seele, entlastet
Von der tiefen Betrachtung oder der drückenden Sorge.
Alles ist Wonne um mich. Die Sinne ermüden zu trinken.
O wie hauchet der Abend Düfte und Ruh! wie schläfrig
Murmelt und rauscht das Gewässer. Die Blumengöttin selbst drückt

Mit in Balsam getauchter Hand das geblendete Auge
Mir sanftlächelnd zu. Ich schlafe, wie Adam geschlafen,
Als vom Liliengewölk zuerst die schmeichelnde Binde
Auf sein müdes Augenlied sank.

Aber welch schrecklich Geräusch, gleich schwefligen Donnern entzündet,
Tödtliche Angst in meinen wach gerüttelten Gliedern!
Welch ein Anblick! Ich sehe die aufrührischen Wasser
Ueber die niedergebückten Häupter der Blumen hinwegfliehn,
Und die Gesträuche verschlingen, die sie sonst friedlich getränket.
Trauriger Frühling, ist dies dein Werk? Empörest du also
Ruhige Flüsse, die Phöbus mit seinem Bildnisse zierte,
Daß sie wie gezähmete wilde Thiere uns schmeicheln!
Aber die Wildheit kehret zurück; mit plötzlichem Schnauben
Fallen sie über uns her und spotten des Eifers zu fliehen. —
Ach wohin rette ich mich! — von jenem hüglichten Berge
Winkt mir der sichere Nachbar. Von seiner luftigen Spitze
Will ich die Schrecken ansehn, die die Ueberschwemmung verbreitet.

Junges Grün, wo bliebst du und ihr abwechselnden Farben?
Alles ist eine dunkelspiegelnde Fläche geworden.
Weidende Stiere werden empor gehoben und rauschen
Aengstig über das Wasser dahin — und finden kein Ufer.
Furchtsame Lämmer arbeiten muthig. So werth ist dies Leben
Selbst dem vernunftlosen Vieh: es kennt die rasende Kühnheit
Elender Weisen noch nicht, die mit widerstrebendem Herzen
Dieses Himmelsgeschenk aus schwarzem Leichtsinn verderben,
Und mit dem eigenen Wesen die bebenden Fäuste beflecken.
Aber stündlich wächset die Fluth: der Vater des Stromes
Der weit ausgestreckete See entschwillet von Klumpen
Eises, die sich zerstoßen, und sucht den gewöhnlichen Ausweg,
Daß der Fluß und die ganze Gegend See wird. Auf Böten und Flössen
Fliegen die Menschen umher, oft ohne Ruder, dem wilden
Schuß des Stroms anvertraut, und scheitern an Felsen und Wipfeln
Halb ersäufeter Eichen, die sie erhaschen und warten

Bis ein mitleidiger Wind das Ufer wieder emporruft
Und die unbändigen Wogen in ihre Höhlen zurückjagt.

Siehe, dort reiset ein Haus. Die unvermuthet entführten
Einwohner strecken vergeblich die Arme und schreien nach Hülfe:
Indem stürzt eine Wand von kämpfenden Wellen verschoben,
Und zerquetschet die Kinder des jämmerlich brüllenden Vaters.
Dort trägt die Fluth eine Wiege. Des erschrockenen Säuglings
Blasse Wangen sind voll von Thränen. Mit fliegenden losen
Haaren schwimmet die Mutter ihm nach: aus dem nackenden Busen
Stöhnen gebrochene Töne herauf: „Mein Kind! — o mein einzig,
Mein geliebtestes Kind!" — Jetzt greift sie mit zitternden Armen
Nach dem schwimmenden Moses. Unglückselige Retterin!
Ach er entfällt ihrer Hand. Wie wüthet der Schrecken in ihren
Wild verzogenen Mienen! Kein Wort! Keine Thräne! Mit lautem
Schreien sinkt sie ihm nach in die weitzirkelnden Fluthen.

Aber welch ein anhaltendes Seufzen durchdringet die Lüfte! —
Trauriger Anblick! Die schönste der Bräute mit ihrem Geliebten
Auf einem wankenden Brette. Bei jedem Anfall des Sturmes,
Jeder schleudernden Woge heften sie thränende Blicke
Auf einander: die Worte fliehn die beklemmte Zunge:
„Thirsis!" — „Selinde!" so lispeln sie manchmal bei ruhigerm Wasser.
Und jetzt reißt eine fliegende Welle, gejagt vom Orkane,
Ihr mastloses Schiff mit sich fort. Mit lautem Geschreie,
Hocherhabenen Händen sieht die erstarrte Geliebte
Ihren Geliebtesten von dem schwankenden Brett herabtaumeln.
„Rette dich! Stirbst du? Rette dich!" zittert die holde Stimme.
Er arbeitet verzweifelnd; starr, wie der zagende Krieger
In der Schlacht nach dem Feldherrn blickt, so blicket sein Aug' im

Mißlichen Kampf mit dem nahen Tod' auf seine Selinde.
Schwarzes graunvolles Schrecken das mit den Wellen daherströmt
Färbt seine aufgeblasenen Wangen mit wechselnder Blässe.
Wie haucht er so gewaltig die auf ihn eindringenden Ströme
Von sich! Wie zappeln die Füße, wie ringen die nervigen Arme!
O ihr Felsen zeigt ihm eure moosigen Spitzen,
Daß er da anlanden kann! Ihr Bäume dort, schwimmet ihm näher
Daß er euch zitternd ergreife. Ach schon ermatten die Kräfte!
Ach, er sinkt! — Selinde, er sinkt! Sie schreiet, sie stammelt,
Umsonst suchet sie Worte; sie fliegt ihm nach und umschlingt ihn: —
Lange nachher wird ein irrender Weiser auf einsamem Gange
An dem schlammigen Ufer sie finden. Er öffnet der Erde
Den mitleidigen Schooß, begräbt die treuen Geliebten,
Pflanzet Rosen aufs Grab und singt mit ewigem Liede
Von Orpheischen Saiten die betrübte Geschichte.

Dieser altvätrische Berg ragt noch mit dem kahlen Rücken
Ueber die Fluthen empor. Wie von bewachsenen Felsen
Weidende Ziegen ängstlich auf hinanklimmende Wölfe
Niedersehen, so blicken hier Menschen mit klopfendem Herzen
Auf das Gewässer hinab, das stündlich höher emporsteigt.
Dort auf thürmenden Eichen, deren vermoderte Wurzel
Schon in der schlammigen Erde wanket, drohend den Umsturz,
Lauschen andere. Indem sinkt eine trügende Stütze,
Mit ihrer Last. Weit umher ertönt ein verzweifelndes Schreien
Und der brausende Grund verbirgt den Elenden auf ewig.

Aber noch sind nicht die Schrecken erschöpft, womit sich die schwarzen
Ehernen Wellen bewaffnen, wenn sie den wehenden Himmel,
Der nur ein Wind zu seyn scheinet, wie Titanen bestürmen.
Komm, getreue Muse, eh du voll Schrecken hinwegfliehst,
An den nackten Seestrand, von salzigen Fluthen bespület,
Die mit majestätischem Rauschen, gehäufet wie Klöße,
Die der Pflug treibt, sich überwälzen, und in dem Sande
Schäumend zerfließen. Schau! ein plötzlicher Wind erbaut hier

Thürm' und Städte aus Wasser, die er im Augenblick
einreißt.
Wie ein gezerreter Löwe sein eisern Behältniß erschüttert,
Und durch sein gräßliches Brüllen das Blut in den Adern
empöret:
Also hüpfen und klatschen und toben die rasenden Wogen,
Scheuchen die Sonn' unter Wolken, und fordern Orkane
zum Krieg' auf.
Wehe dann dem hülflosen Schiff, der Höh anvertrauet,
Ueber welche sich siebenfältige Dunkelheit breitet!
Wehe dann deinen Kindern! du, der du, verdrießlich zu leben,
Dich zuerst auf Brettern in einen Tartarus wagtest
Und dem Tod in den Rachen sprangst, du, den nicht die
fremden
Warnenden Wind' erschreckten, noch die ausscheltende Tiefe.
Komm herauf, du, des ersten Schiffers verwegener Schatten!
Rette dein zagend Geschlecht, von allem Lebendgen getrennet,
Und in dem Maule des scherzenden Todes, der seine Lust hat
An ihrem Winseln und sie vielleicht noch aus Muthwillen
losläßt.
Höre hier rasche Wellen, die Donner unter den Wellen
Und die Stimmen der Sterbenden unter den krachenden
Donnern.
Laut erseufzet der Mastbaum, der kaum die Stirn noch
emporhält,
Von allen Winden des Himmels bekämpft. Jetzt sinkt er,
jetzt streckt er
Die gewaltige Last in die gepeitscheten Fluthen.
Was für blasse Gesichter zeigt der erleuchtende Blitz uns,
Wenn er über die Scene dahinfährt. Gesichter voll Thränen!
Bebende Hände gen Himmel erhoben! zerstreuete Haare,
Die vom Meerwasser triefen! — Laß uns erweichte Muse!
Laß uns sie hören, die Klagen, die von dem zerrissenen Schiffe
In die dunkle ungeheure Einsamkeit tönen. —
Doch die brausenden Wogen lassen des Jammers Stimme
Unser Ohr nicht berühren. Wolken und Elemente
Stehen im schrecklichen Bündniß wider ein schwaches Leben,
Das auf löchrigen Brettern umherschwimmt. So tobte
das Chaos,
Eh mit besänftgendem Fittig der Athem des Herrn drüber
schwebte:

Wie sich das Meer bald empört, um die zerstreuten Elenden
Näher zu bringen dem Donner, der aus den Wolken herab-
brüllt;
Bald sich wieder eröffnet, sie in die einsamsten Höhlen
In der Seefische schlammigte Wohnungen niederzustürzen.

Ein Kind schlingt die verwundernd ausgebreiteten
Händchen
Um die halbtodte Mutter: sie sinkt; da klimmet es furchtsam
An sie. Dereinst wird die Fluth an fernen Ufern sie ausspein
Um ein herztödtendes Schauspiel dem sichern Vater zu zeigen.
Unerschrocken, gelassen, wie unter nächtlichen Stürmen
Der stillwandelnde Mond, liegt dort ein Greis auf den
Knieen:
„Zwar du hast uns dein Antlitz, Vater! mit Wolken ver-
hüllet;
Aber doch flehen wir zu dir hinauf: dein göttliches Ohr weiß
Mitten unter den lauten Wettern die Stimme des Menschen
Zu unterscheiden: Vater! nimm unsre Seelen, ach nimm sie
In deine Hände, wenn Fluthen den Leib zum Eigenthum
fodern."
Schrecklicher ist das Ende des Wuchrers, der Dürftige aussog,
Und die Thrän' unterm Trauerflore nie trocknete. Dunkles
Haar steht aufgesträubt um seine knechtische Stirne:
„Hätt' ich, stöhnet die Todesfurcht aus ihm, ach hätt' ich,
verfluchte
Schätze! nie euch gesammelt! Wär' ich auf sicherem Hofe,
Den die streifigen lächelnden Fluren umringten, geblieben!
Ich verdiente dein Lächeln nicht, buntfarbiger Frühling,
Drohende Wogen weit um mich her, die hab' ich verdienet.
Und nun seyd mir verflucht, verräthrische Schätze: ich
sucht' euch,
Säete Thränen und Blut aus, um Gold zu erndten; jetzt
werdet
Ihr zur Hölle mich niederdrücken: jetzt fluch' ich euch, fluch
euch! —
Gott erbarme dich meiner!" Da reißen die Wellen den
Wuchrer
Schnell erbarmungslos fort, und knallende Donner beläuten
Ihn zur Tiefe hinab, die ihn mit Brüllen empfänget.

Sechstes Buch.

Das Erdbeben.

Jetzo schickt sich die Muse, die ernsten tiefen Gesänge
Mit den furchtbarsten Tönen zu schließen. Jetzt flüchtet, ihr Freuden,
Und ihr gefälligen Scherze, flüchtet weit weg, wo das
Bild der entsetzlichsten Scenen nie von zärtlichen Augen
Mit der Thräne der Menschheit benetzt wird. Flieh auch du, Ruhe!
In deinem weißen unschuldgen Gewande die strahlende Stirne
Tief verhüllt. Erhebet die scheußlichen Flügel, ihr Schrecken!
Wilde Phantome! naht euch aus euren Klüften, umringt mich,
Zeigt mir die knirschenden Zähne, daß ich beängstigt und traurig,
Würdig der Plagen letzte besinge. Schleiche mit langsam
Drohenden Schritten mir nach, du blasser ächzender Tiefsinn,
Daß ich die Scenen voll Graun und Verzweiflung würdig besinge.

Ein Orkan reißt plötzlich vom Sturm gepeitscheten Weltmeer
Wüthend sich los, und treibt verderbenschwangre Gewölke
Ueber das Antlitz der Erde zusammen. Die Göttin des Tages
Blicket aus dem Gewitter nur selten mit zitterndem Strahle
Nieder. Anhaltend raset der Wirbel. Holdselige Blüthen
Stürzen von Zweigen hülflos hinab und färben den Boden:
Und die Luft füllt schwimmender Staub, der untreu der Erde
In die Wolken vergeblich sich zu schwingen versuchet.
Auch in den tiefsten Höhlen rotten verschworener Winde

Fesselentlaßne Heere sich zusammen, sich Wege
Durch die Erde zu öffnen. Ein unterirdisches Donnern
Kündigt entsetzliche Schauspiele an. Stummdräuende Klippen,
Graue, ehrwürdige Felsen, schütteln die Häupter und schelten
Mit erschrecklicher Stimme die Gegend umher. Schon entstürzen
Hüpfende Thürme den wankenden Tempeln. In sprachlos-erschrocknen
Schaaren eilen die Menschen, die Mutter, die Erde zu fliehen,
Die sie nicht tragen mehr will. Der schwarze Himmel sieht zornig,
Wie der rebellische Boden sein Eingeweid gegen ihn ausspeit,
Seine breite Stirne runzelt; unwillige Wolken
Krachen unter den Sturmwind, der aus dem Maule der Erde
Wild heraufheult, und flatternde Flammen weit um sich her bläst.
Auch der Ocean tobt, es drängt sich Welle auf Welle
An das erschütterte Ufer, die gräßliche Scene zu sehen.
Die untergehende Sonne beschleunigt den Abzug. Des Mondes
Bleiches Antlitz gucket scheu in die tönenden Thäler
Und den aufrührischen Wald. Aus niedergestürzeten Eichen
Schießt der nistende Adler schrecklich empor und erfüllet
Weit die Lüfte umher mit Schreien um verlorene Kinder.
Wurzellos rauschen die seltsam umhertanzenden Linden,
Deren Laub, wie Fluthen im Meer, sich wälzet: und über
Sich erhebende Hügel flüchten die brüllenden Thiere
In ihr Grab. Meilenhohe Berge wanken: langsam
Sinkt ihr himmlisches Haupt dem tiefen Thal zu; die Lüfte
Weit umher werden Staub, und selbst des Himmels Gewölke
Weicht erschrocken seitwärts und vergisset zu donnern.

Dort erhob eine zierliche Stadt die winkenden Thürme
Hoch in die Lüfte. Kleinere Sonnen spiegelt' ihr glänzend
Dach, wenn senkrecht der Strahl des Mittags sie traf, in die Fluren.
Prächtig liefen hier Reihen von Häusern: Säulen aus Marmor
Stützten die Tempel und Palläste, die der eiserne Kriegsgott
Nie noch hatte mit Händen voll Bluts und Feuers bekämpfet.
Drei Augenblicke! — Nun ist sie nicht mehr. Der Rachen der Erde
Schlang sie hinab. Zehntausend Stimmen des Todes drangen

Auf

Auf einmal durch die vom Schutt verfinsterte Sphäre.
In den bewegten Gassen hob, sich empörendes Pflaster,
Menschen und Thier empor; dann sank es unter; des nahen
Stromes Quellen von drückenden Bergen befreiet, entstürzten
Ihrem zerstörten Gefängniß mit plötzlicher Wuth, und fielen
Ueber die Untergesunknen her: so, wenn er die mürbe
Kette zerrissen, stürzet ein hungriger Bär auf das zarte
Tändelnde Kind im Grase. Selbst aus den Brunnen empor schoß
Ihr sonst ruhig Gewässer, und netzte mit irdischem Regen
Wolken. Die berstende Erde füllt' ihre Wunden mit Menschen,
Die oft halb begraben umsonst die flehenden Arme
Hoch zum Himmel rangen. Oft auch (unglaubliche Mächte!)
Spie der verschlingende Boden an fernen Orten die Todten
Wieder von sich, verbrannt, mit Erd' umhüllet, kaum kennbar.
Schiffe wurden vom schwellenden Meer ans Ufer geschleudert
Und warfen Anker auf sandiger Flur. Wo Berge gestanden,
Glänzten jetzt blaue Seen und manch entronnener Landmann
Fand seinen blumreichen Garten vor sich, der mit ihm entrückt ward.

Siehe, da liegt nun das Wunder der Zeit, das Erstaunen der Enkel!
Ewige Pracht in Schutt versenkt! unzerstörbare Schlösser
Ueber einander gewälzt! und kleine Götter begraben!
Wie ist das Antlitz der Erde verzerrt! die traubenbedeckten
Höhen lieblicher Berge umgekehrt! und die erhabnen
Stämme des dunkeln Waldes weit auf dem Boden verbreitet!
Auf Arbelens Gefilden lagen so Leichen der Perser
Deren emporgerichtete Spieße, die Lüfte sonst schwärzten.
Dunkelwallendes Roth deckt den noch nicht ruhigen Himmel,
Gleich einem glühenden Ofen. Auch ward manch erschüttertes Ufer,
Tief in den Schooß des Meeres hinabgerissen, zur Insel:
Ein halbtodtes Geschlecht eröffnet jetzo die Augen,
Und sieht auf ungebaueter Arche sich aus dem Rachen
Der Verwüstung gerissen: denn Gott, dessen wankender Finger
Unserer Erde Umsturz ist, noch ist seine Rechte
Nicht verkürzt, und täglich thut er unerkannt Wunder.

Jener marmorne Pallast, der umgekehrt da liegt, von Eulen
Und gesättigten Raben bewohnt, erklang noch vom wilden
Rauschen entweiheter Saiten und vom nächtlichen Lärmen
Schwärmender Larven: indem erbebte der glänzende Boden
Unter den tanzenden Füßen; die Spiegel schmetterten nieder
Und die Corinthischen Pfeiler sanken. Mächtiger Schrecken
Schlug auf den dünstenden Stirnen und blassen bebenden Lippen
Buhlender Tänzer den kalten Thron auf: sie stürzten die Stiegen
Stumm hinunter; mit loßgerissenen Haaren durchströmten
Blühende Jungfraun die beweglichen Gassen; auch eilten
Hinkende Greise an hülfreichen Stecken, weit hinter geblieben.
Lamon, ein edler Jüngling, sah die grausame Erde
Ihre Kinder verschlingen, die sie lang mütterlich nährte,
Und gedachte zu fliehen, doch ein einstürzend Gebände
Ueberdeckt' ihn; die Trümmer, vom sorgsamen Schutzgeist geleitet,
Formten sich ihm zur Höhle: da lag er von Menschen und Geistern
Gleich entfernt. Vergebens durchdrang seine heisere Stimme
Die aufgethürmten Lasten. Noch hört' er das Schelten der Tiefe
Und die Donner des Himmels und die Stimmen der Menschen,
Die ein barbarisches Haus erdrückt! und pries mit Gedanken
Seinen Erretter: ihm wars verwehrt die Hände zu falten,
Denn auf zertrümmerter Rechte lag ein spitziger Felsen
Und die erstorbene Linke deckt' ein Ruinengebirge.
Kaum konnt' er Augen voll Thränen öffnen, kaum durft' er bisweilen
Die gepressete Luft in sich athmen: bei jeder Bewegung
Seines unsanft ruhenden Hauptes, oder der seufzend
Sich erhebenden Brust, bebt' er, die untreue Wölbung
Werd' ihn mit schnellem Gewicht zerquetschen. Sein Schreien und Winseln
Hörte hoch über ihm das Ohr der Gottheit: sie sandte
Von dem stürmenden Himmel auf einer unsichtbaren Wolke
Stärkenden Schlaf von liebkosenden Träumen begleitet, hernieder,
Daß sie den bangen Sterblichen tröstlich erquickten: da sah er,

Leise schnarchend (so schnarcht im Arme der Mutter ein Säugling),
Seinen Schutzgeist vor sich. Mit ausgebreiteten Armen
Schwebt' er über ihm, stützte die ihn bedrohende Decke,
Und flößt' in sein verzagendes Herz einen Himmel von Ruhe.
Plötzlich erhob er lächelnd die undurchsehbare Wölbung,
Warf die Steinhaufen ab, und zog mit mächtigen Händen
Ihn aus der Grube hervor. Von Freud' und Dank hingerissen,
Stürzt' aus den schlafenden Augen ein Strom von Thränen; er stammelt'
Im Erwachen: „o Gott! o heiliger Engel!" und sah sich
(Unbeschreibliche Wonne!) in den umschlingenden Armen
Seines Vaters. Der hatt' ein tiefes sterbendes Wimmern,
Als er den Sohn zu suchen die schrecklichen Scenen durchirrte,
Leises Wimmern hatt' er vernommen. Athemlos rannt' er
Hin zu dem jüngern Bekannten, und bat ihn, mit gütigen Händen
Jene Berge von Schutt abzuwälzen: „denn tief unter ihnen,
Sprach er, girrt eine schauererweckende Stimme; mein klopfend
Herz schlug höher empor, als ich sie hörte. Wo nicht dies
Ahnende Herz zerspringen soll, wo nicht dieses heiße
Wallende Blut vor deinem Antlitz sich durch die gedrungnen
Augen den Weg bahnen soll und rothe Ström' auf die Wangen
Gießen, so komm und hilf mir! Bei Gott, der mit mächtiger Liebe
Liebt, beim schrecklichen Schicksal unglücklicher zärtlicher Väter,
Die auf die Leichen der Kinder ihr Herz in Thränen ausgießen:
Bei deinem künftigen Tode und bei dem winselnden Röcheln
Deiner die Seele aushauchenden Brust, beschwör' ich dich, hilf mir!"
Und er half ihm. Ein abgehobener Felsen entdeckt' ihm
Eine zersplitterte Hand; da wandt' er das starre Auge
Zum erhörenden Himmel und sank ohnmächtig; doch bald
Weckt' ihn das Freudengeschrei des Freundes: die zitternden Arme
Schlangen sich um den Sohn, noch eh er ihn zu erkennen
Fähig war. „Mein Sohn!" — die Freude wehrt' ihm die Sprache:

Und mit frohem lauten Weinen wurden sie beide
Unter ihr Dach getragen. — Täglich wölkete nachher
Sich vom beglückten Geschlecht ein rauchendes Opfer zum Himmel,
Ein Dankopfer von Seufzern und Jauchzen und Thränen der Freude.

Doch welch fernes Zischen durchdringet das Ohr, zischet stärker,
Und wird schreckend Geräusch. Der Himmel verfinstert sich plötzlich.
Schaut! ein glühend Gewölke wälzt sich in rauchenden Lüften:
Aus seinem Schooße regnet flimmernde Asche hernieder.
Jetzo brüllet ein Berg und speit seine Felsen weit um sich,
Tausend Elenden traurige Grabsteine. Langsam ergießen
Sich aus dem Rachen der Hügel dampfende Ströme von Schwefel:
Kochend wälzen sie sich durch die hinsterbenden Wiesen,
Und um sie her stürzen Linden und Eichen mit lodernder Wurzel.
Aber die Thiere flüchten mit schmerzhaftem Heulen; die Vögel
Scheuchet die Glut weit weg: an den entferntesten Ufern
Werden schwatzende Dohlen und Störche die Wunder erzählen.

Jetzo laß uns, o Muse! über jenes Gewässer,
Das niegrünende Küsten, von Eisgebirgen umschanzet,
Mit den kalten und schwarzen Wogen netzet, den Blick hin
Werfen aufs rauhe fruchtleere Land. Zwar herrscht hier allmächtig,
Und wie in seiner Heimath der Nord mit beißendem Wehen:
Aber dennoch bisweilen schüttelt die steinharte Erde
Die unzerbrechlichen Bande (so schütteln verzweifelnde Mörder
Auf dem Gerichtsplatz das schwere Eisen). Die schneebehäuften,
Mit dem neblichten Himmel vermischeten Gipfel der Berge,
Werfen die Lasten von ganzen Jahrhunderten ab, und öffnen
Schlünde voll blauer Flammen. Dann fliegt auf spiegelndem Eise
Zitternd der Wilde hinweg: so floh Gebula und Zama

(Beide hatt' Amor mit seinem schärfsten Pfeile getroffen)
In ihre Felle gehüllt, mit pochendem Herzen, als Güsse
Funken senkrecht sie trafen. Vergebens spähte ihr Auge
Nach dem löschenden Schnee: die rauhen Hüllen entglommen:
Brennend umschlang Gebula die Gattin: „Zama! ich sterbe!
Schau, die Hölle speit marternde Flocken! So hab' ich noch niemals
Schmerzen empfunden." Er sprachs und sank auf den zischenden Boden.
Zwar mit hohlen Händen bracht aus dem nächsten Thale
Seine Geliebte Schnee und deckte den jammernden Liebling:
Aber indem durchschnitt ein Felsstück rasselnd die Lüfte
Und zerquetschte die treue Zama. Mit weiblichem Schreien
Blies sie den Geist im Augenblick aus, den lang erst gequälet,
Mehr durch brennenden Schmerz als brennende Funken verzehret,
Auch nachher Gebula aufgab.

* * *

Die ihr sicher in Sünden dem Zorn des Ewigen trotzet,
Zittert, hartnäckige Thoren! Er spricht, dann wandeln die Plagen
Ueber das Antlitz der Erde; er winkt, dann fliehn Elemente
Aus ihren Grenzen, zerstören und tödten. Vergebens, vergebens
Ringen dann freche Hände zum Himmel; vergebens erschallet
Heuchlerisch Seufzen aus gottlosem Busen; das Auge, das niemals
Unter ruhenden Stürmen Thränen gekannt, erhebet
Sich umsonst zu ihm, geblendt durch sein göttliches Blitzen;
Eures Gebetes Geplärr' antwortet ein stärkerer Donner.
Zwar der Mensch verlacht die Gefahr der Zukunft, glaubt, ewig
Werde die Sonn' ihm scheinen, der friedsame Frühling ihm lächeln:
Aber er spotte des nahen Gewölks, der erhobenen Rechte
Des anziehenden Richters; Beelzebub höhnte die Allmacht
Des Allmächtigen also, rottete Geister zusammen
Und empörte sich: plötzlich fühlte sein Nacken die Donner
Und sein sinkendes Haupt die Ferse des ewigen Sohnes.

Wie die unlöschbare Glut, wenn eine Wolke zerberstet
Und in sie hinströmt, dampfend noch einmal emporschwillt, dann plötzlich
Sinkt und mit gräßlichem Heulen am Boden kriechet, so stürzte
Jesus (beugt euch, Frevler! wie Rohr vor reißenden Winden,
Vor dem Namen des Richters!), so stürzt' er die Fürsten des Abgrunds.

Und ist das Ungewitter der Plagen zu wenig, die Felsen
Zu erschüttern, die hoch emporschwellenden Herzen zu dämpfen,
So erschrecke du sie, sich jährlich nähernde Zukunft
Des, in dessen verwundeter Hand der Gerechtigkeit Waage
Tönt und Thaten wäget, mit Ewigkeiten sie aufwägt.

Schaut! ein schwarzes Gewölke belastet die seufzenden Lüfte
Und die Finsterniß decket das Land. Es tönen die Stimmen
Des Entsetzens, des Zagens, des lauten Erbebens erschrecklich
Durch die Nacht. Doch schnell wird das zehnfältige Dunkel
Von einem schrecklichern Tag' erleuchtet. Zehntausend Blitze!
Ihnen folgen zehntausend, und zehnmal zehntausend erfüllen
Die sie schleudernden Hände der Todesengel. Unzählbar
Steigen entzündete Flammen empor: ein gräßliches Krachen
Stürzender Städt' und Schlösser und des hohlen Donners,
Der, nur ein Schlag, von einem Ende des Himmels zum andern
Ununterbrochen umherkriecht, erschüttert den Boden. Von fernher
Schallt die geweissagt gefürchtete Stimme der hohen Posaune:
Siehe, er kommt!
Und die plötzlich zerspringenden rasselnden Gräber antworten:
Siehe, er kommt!
Und der Pole Axe drehet sich nicht mehr; die Klüfte
Stürzen zusammen; die Pforten der Hölle fallen aus ihren
Angeln. Es sinken die Geister des Pfuhls mit schnellem Entsetzen
Jeder unzählige Klafter tiefer in die Tiefe;
Plötzlich werden sie wirbelnd emporgehoben, ein Donner
Schlug sie empor. In furchtbare Reihen ordnen die Engel
Jetzt die verworfenen Geister und verzweifelnde Menschen:

Ihnen entgegen jauchzet die heilige Schaar und siehet
Mit emporgerecktem Haupt den Vater, den Richter
In unnachahmbarem Glanz auf lichten zerfließenden Wolken,
Mit dem ganzen feiernden Heer des Himmels daher ziehn.
So (wenn der unedle Vergleich zu wagen ist) ziehet
Unter mystischem Sternentanz, der Nächte Beherrscher
Still majestätisch daher. Jetzt werden die Bücher des Rechtes
Losgewälzt und gerichtet. Zwar wagt es die Rotte der Linken
Ihren Mund aufzuthun zur Vertheidigung: aber ein grauser
Donnerschlag stößet antwortend sie alle hinab, mit Entsetzen
Und mit lautem Jammern hinab in den offenen Rachen
Des feuerstürmenden Pfuhls. Da nun in grundlose Gründe,
Jeder vergeblich arbeitend hinabsinkt, schließen sich donnernd
Die unbarmherzigen Pforten der Höll' auf ewig, auf ewig —
Sagt es mir nach, ihr Donner des Himmels, damit es den Sündern
Tief in den Busen sich ätze, sagts, unersteigliche Klippen!
Im erschrecklichen Nachhall: auf ewig! auf daß der Verworfnen
Einer nicht etwa sich ferner erkühne, zu besseren Welten
Rachsüchtig aufzusteigen, und ihre ätherischen Lüfte
Mit dem höllischen Hauch zu vergiften. Indessen erheben
Perlenwolken die Edlen, die Freunde des lächelnden Richters,
Mit seinem Kleide bekleidt: sie singen in wirbelnden Lüften
Nie gehörete Jubel. O Wonn'! o lautes Entzücken! —
— — — — — — — —
Schweigt, gefiederte Bürger des Waldes! du steigende Lerche!
Und du, emsige Schwalbe! die höher aufsteigende Seele
Wird durch euch wieder zur Erde hinabgerissen. — Doch schweigt nicht!
Auch ihr singt Loblieder dem Herrn, der mit fröhlichen Donnern,
Prächtig lachenden Blitzen sein Volk heimholen wird, schweigt nicht,
Auch ihr singt Loblieder dem Herrn!

Anhang einiger Fragmente.

I.

Fragment eines Gedichts

über

das Begräbniß Christi.

Untergehend küßte die niedrige Sonne die Klippen
Des westlichen Gestades traurig. Ihr rauschten die Wellen
Furchtsam entgegen, und, da sie mit matterem Strahle
Ihnen zuwinkt': er starb! da flohen sie schäumend vom Ufer
Tief in den Schooß des Meeres hinab und rauscheten hohler. —
Ehrerbietige Dämmrung umgab den großen Entseelten,
Dessen holdselige Wangen Todesbläss' entstellte.
Doch, wie die scheidende Sonne noch erquickende Röthe
An dem Abendhimmel zurückließ, so war auf dem Antlitz
Jesu, die göttlicherbarmende menschenfreundliche Miene
Noch nicht gestorben. —

Plötzlich wandte Maria ihr weitoffenes Auge
Von dem Kreuze hinweg, schlug in die bebenden Hände,
Konnte Seufzer dem vollen Busen nicht mehr entpressen,
Thränen nicht mehr dem Auge. Nun eilte sie, unwissend, wo sie
Ihre ohnmächtigen Füße hintragen würden: ihr dunkler

Blick sah den Himmel nicht mehr, sah nicht mehr die Erde; hoch über
Dem starr vor sich schauenden Haupt die Arme gerungen,
Eilte sie fort. —

Indem war sie zu einem einsamen Thale gekommen,
Das ein Hügel des Golgatha bild't. Eine schlängelnde Quelle
Tränkte die lieblichen Blumen, die hier den Boden durchkreuzten;
Deren melancholisches Rieseln klang harmonisch in ihr
Abgebrochenes Stöhnen. Außer sich sank sie am bunten
Ufer nieder. Zirkelnd empfing das trübe Gewässer
Ihre einzelnen Thränen. Und sieh! die frommen Schafe,
Die hier weideten, nahten furchtsam zu ihr; blickten
Starr mitleidig sie an, und blökten und weidten nicht ferner. —
„Sohn! — o göttlicher Sohn! — du bist mir entrissen — entrissen!"
Dann blieb sie lange sprachlos, schlug an die Brust, dann sprach sie:
„Er ist dahin! — Mein Stolz dahin! — Nun bin ich nicht Mutter
Des Allerheiligsten mehr, ein sündiges Weib bin ich jetzt nur."
Nun fiel sie auf ihr Antlitz: „Du, der du starbst, o erhabner
Göttlicher Mann, nicht Sohn mehr — klaget ihr Mütter, die ihr mich
Selig prieset, nicht Sohn mehr, darf die elende Maria
Die du nicht würdig mehr hieltest von dir den seligen Namen,
Den herzerhöhenden Namen der Mutter länger zu hören,
Darf sie hinaufflehn zu dir? Zuletzt noch, bittre Erinnrung!
Nannte dein blasser Mund mich mit diesem göttlichen Namen:
Ach! nun hör' ich ihn ewig nicht mehr. — O Sohn, o Geliebter!
Der du hoch über dem Staube zu dem ich verstoßen bin, über
Dieser Dämmrung in der ich weine, umringet von Engeln
Sitzest und leuchtest und zählst meine Thränen, sie alle versammelst,
Sende Trost in diesen geöffneten blutenden Busen,
Dem der Sohn entrissen ist, unter dem du einst geschlafen. —
Göttliche Stunden, ihr seyd entflohn, ihr besucht mich nicht wieder,
Da ich ihn trug den Großen, Erhabenen, Größten der Söhne. —

Tröste mich Sohn! Jehovah! tröste du selbst mich! —
Ich kann deinen der Gottheit beraubten, leblosen Leichnam,
Diese Hülle, die ich gebar, die allein mir zurückbleibt,
Jene blutrünstigen Locken, jene noch freundlichen Lippen,
Jene strömenden Hände, ich konnte sie länger nicht ansehn. —
Meines trostlosen Mutterherzens, ich kann sie nicht sprechen,
Kann seine Martern nicht aussprechen. Tröste, tröste,
Du mich Sohn! Jehovah!"

Hier ward ihr Sprechen ein Schluchzen;
Ihre Seele ganz Schmerz vermocht nicht Gedanken zu denken.
Aber bald dämmerte ihr eine Morgenröthe von Hoffnung,
Die Verzweiflung milderte sich, und stiller Kummer
Breitete wermuthtriefende Schwingen über sie. Seufzend
Hub sie sich auf vom thränenbenetzten Boden; da hörte
Sie in der Stille der Dämmrung wie eines Sterbenden Stöhnen.
Und sie näherte sich der dumpfen angstvollen Stimme,
Und sah — Petrum schlafend. An eine ächzende Eiche
Hatt' er sein Haupt gelehnt, die Händ' auf dem Busen gefaltet,
Und der Todesangst Tropfen blitzten auf seiner feuchten
Traurig gerunzelten Stirne; sein Herz schlug sichtbar: sie sah ihn
Mitleidig an: „Welch schrecklicher Traum verkündigt dem Treusten
Seiner Jünger sein Schicksal?" —

Aber furchtbare Bilder täuschten die Sinne des blöden
Reuerfüllten Verleugners. Am Ufer des tobenden Weltmeers
Stand, so träumt' er, ein hoher abhängiger Felsen mit dünnem
Dürren Gesträuche bekleidt: er theilte mit eisgrauer Scheitel
Das Gewölk. An diesem Felsen klimmte der bange
Petrus, schon war er hoch hinangeklimmt — da verließen
Ihn die Kräfte auf einmal, die Reiser flatterten plötzlich
Aus seinen blutig gestreiften Händen, er haschte vergeblich
Nach ihnen, sich an sie zu halten, und stürzte den schroffen
Felsen hinunter, den Tod in der Brust — da ergriff aus der Wolke
Ueber dem Felsen eine glänzende Hand ihn, und hob ihn

Auf den Felsen empor, und eine Stimm' aus der Wolke
Nannt' ihn Bruder, und herrlich breitete himmlische Freude
In seiner Seele sich aus. — Doch plötzlich veränderte sich die
Scene. Am Fuß des Felsen stand er und sah — (er bebte,
Seine Empfindung war grenzlose Furcht, hinreißendes Staunen)
Sah in ihrer ganzen Größe blutroth die Sonne,
In ihrer ganzen Größe, umwälzend, die Feuerwelt vor sich:
Tausend wüthende Meerstrudel hätten (so brauste sie) mehr nicht
Als das Schwirren der Mücke bei diesem Getöse die Ohren
Fernher berührt. Und nun, o himmelerschütterndes Wunder!
Sank sie langsam verlöschend in die versiegenden Wogen
Des Oceans. Sein schlammiger Grund ward sichtbar. Ein Rauchdampf
Wie von zahllos kämpfenden Meteoren bedeckte
Den mit sträubendem Haar hinfallenden Jünger: es stürzte
In ihm von Ader zu Ader das kochende Blut. Wie vom Tode
Ein Beseßner erwacht, um sich den erschlagenen Vater
Und der Mutter rauschend Geblüte von mördrischen Fäusten
Rinnen sieht: so erschrocken, so ganz außer sich, schlug jetzt
Petrus ein wildes Aug' auf, schaute — sprang auf — sank zu Boden,
Röchelte Seufzer: — spät erst erblickt' er Maria, da füllte
Blut sein Angesicht, Thränen sein Aug', er wandte sich plötzlich.
„Warum fliehest du Jünger? Hör' erst die schreckliche Botschaft,
Die mein Haupt wie ein Wetter belastet, höre sie! flieh dann
Jesus verschied." — Er hört's, stand starr, schlug laut in die Hände,
Stöhnete laut, floh schneller, verlor sich dem Auge und suchte
Wüsten. —

Auch Maria ward jetzt von neuen Aengsten ergriffen
Unwissend wohin sie eilte, nahete sie durch das dunkle
Thaubefeuchtete Gras an einen duftenden Hügel
Von dessen moosiger Stirn' ein Hain ehrwürdiger Tannen
Sich ins Thal hinabzog. Nie empfundener Schauer
Drang ihr durch die Gebeine und verschlang ihre Thräne.

„Gott, wie heilig muß dieser Ort seyn! Hier ist des Himmels
Haus, des Allerhöchsten Wohnung. Vielleicht ward ein Weiser,
Ein Prophet, ein Gerechter, dem Göttlichen gleich, hier begraben,
Daß die Tannen so heilig rauschen, und süßer Schauer
So die beschatteten Gänge dieses Hügels durchlispelt.“
Aber plötzlich durchdrang ihr Ohr ein hohles Gemurmel
Menschlicher Stimmen: — ihr Herz schlug heftiger. Ahndungsvoll eilte
Sie um den Hügel herum, und sah auf der östlichen Seite
Ein Gedränge von Menschen. Mit beflügelten Schritten
Lief sie hinzu und schaut' und fragte die rauschende Menge.
Alles stand betrachtend. Wie auf aufschwellendem Meere
Sich des beängstigten Fischers Ruder vergeblich bemühet:
So erhub sie umsonst beschwörende Fragen. Jetzt theilte
Sich eine Wolke von Pöbel: sie drängte sich näher und sah ein
Hohes Grab in den Felsen gehauen, sah Joseph den Rathsherrn,
Und Nikodemus den Pharisäer. Nun ward eine Leiche
Niedergesenkt. Sie richtete hoch sich über die Häupter
Der Umstehenden auf, und sah — (ihr Auge ward dunkel,
Schnelle Thränen entflohn ihm): es war Jesus. Da reckte
Sie die zitternden Arme hoch empor: „Es ist Jesus!
Es ist Jesus mein Sohn: wehrt nicht der Thräne der Mutter
Ihn zu beträpfeln, wehrt nicht den brennenden Lippen den letzten
Theuren Kuß ihm zu geben.“ Sie sprach es: aber die Hüter
Schlossen schnell einen Kreis ums Grab; sie sah ihn nicht ferner.
Wie die rathlose Henne, der ein grausamer Knabe
Die unschuldig schreienden Kinder entreißt, mit schneller
Kriegerischer verzweiflungsvoller Wuth auf ihn losstürzt:
So drang stürmisch Maria durch alle aufhaltende Haufen
Und die barbarische Wache der Kriegsknechte, die ihrer Stärke
Voll Verwundrung und Ehrfurcht auswichen. Inbrunstvoll warf sie
Dann vor der Leiche sich hin, und weinte über der Leiche. —

II.

Schreiben Tankreds an Reinald;

den Rittern, die ihn ins Lager vor Jerusalem herabholeten, mitgegeben.

Weine, kriegrischer Held! wofern deine männlichen Wangen
Je ein warmes Mitleid und Liebe mit Thränen gefeuchtet.
Meinem Munde sind Klagen versagt, denn Krieger stehn um mich:
Aber die Hand darf bereun und tiefe Schmerzen erklären,
Denn durch sie ist das Licht des schönsten Lebens verloschen.
Ach wo ist sie, wo ist sie, die Seele des trostlosen Tankreds,
Meine Clorinde? — Hier sinket der Kiel, hier hebt sich der Busen,
Hier entfliehn die Gedanken und werden zu zahllosen Thränen.

Freund! — Doch nein, ich belüge dich, nein, ich empfand keine Triebe
Als für sie, ich werde für keinen jemals empfinden
Als für sie. Nun hab' ich kein Herz: sie hatt' es geraubet,
Hatt' es der ganzen Welt geraubt: ihre kalte, schöne
Gar zu schöne Hand hält's mit erstarreten Fingern,
Hat's in ihr Grab mitgenommen, nun hab' ich für Freunde kein Herz mehr;
Doch ihr habt Herzen für mich, o fühlt, o werdet mitleidig,
Werdet weinende Kinder wie ich, ihr stählernen Helden! —
Oder verachtet mich, haßt mich, tödtet mich! — Grausames Schicksal!
Warum zwingst du den Mörder zu leben? Asträa, so bist du
Denn von der Erde geflohn? Wie, oder — oder erblaßtest
Du mit meiner Clorinde? Warum verweilet die Rache,
Einen höllischen Wüthrich zur Hölle nieder zu schlagen?

Ach du weißest, Clorinde war standhaft und edel und tapfer,
All' ihre Triebe waren zu großen Thaten gespannet.

Wie ein höheres Wesen sah sie verächtlich hernieder
Auf den kriechenden Geiz und auf den blähenden Hochmuth
Der mit Wind sich aufbläht, auf die verschmachtende Liebe,
Auf die zärtlichsten Thränen um sie; sie wählte das Rauschen
Strenger Waffen für ächzende Küsse, sie wählte den Harnisch
Für den jungfräulichen Schleier, verschmähte den Sieg ihrer Reize
Für den Sieg mit dem Schwert, verschmähte den elenden Tankred.
Zwar ihr Schwert war furchtbar, doch furchtbarer weit, ihre Blicke,
Ihre allmächtigen Blicke, die meine verhärtete Seele
Wie die Sonnenstrahlen durchdrangen, belebeten, wärmten.
Weißest du nicht, daß ich sie geliebt? Hast du sie gesehen,
Hast du das Feuer des Auges, die Seraphsmiene voll Hoheit,
Hast du die Stirne gesehn, auf der die Tapferkeit thronte?
Mußt' ich die Kriegrin nicht lieben? — Einst focht ich —
Wie? Focht ich? Ich legte
Wie ein gezähmter Löwe mich ihr zu Füßen: sie sah mich
Wie ich da lag und die Seele verseufzt' und die schönsten Arme
Um einen tödtlichen Streich bat: sie sah mich mitleidig und lächelnd,
Und entfloh, wie ein Blitz entfleucht, stolzlächelnd wie Blitze.
Nachmals focht ich nie mit ihr mehr; ich flehte zum Himmel:
Laß mich sie finden, laß mich von ihren Händen erblassen!
Aber ich fand sie nicht, ich lebt' — ich sollte sie tödten.

Schreckliche Nacht! wer hieß dich die grausen Flügel verbreiten
Und meinen Augen das Licht entziehn, meinen trostlosen Augen
Ihren Reiz verbergen? O leiht mir Flügel, ihr Blitze!
Ich will ihr nachziehn, der höllischen Nacht, ich will sie bei ihren
Schwarzen Fittigen haschen, ich will sie mit eisernen Händen
Würgen, ich will sie zur Hölle hinab, zur Höll' hinabschicken:
Denn sie führte Clorinden hinaus, sie führte die Heldin
In unser Lager, sie hieß sie den Thurm der Christen entzünden,
Sie verschloß ihr Jerusalems Thor. Die zum Tode bestimmte
Arme, verlaßne Clorinde irrt' ohne Leitung am Bollwerk
Wie eine schüchterne Taube umher, die die Zuflucht versperrt sieht.
Warum fiel nicht ein Stern vom Himmel und zeigte die schöne

Seele, wie sie da irrte, mir an? Ich hätte mit treuem
Arm sie umfaßt, ich hätte sie in mein Lager geführet;
Tausend Lampen hätten schnell in die Lüfte aufsteigen
Und ihr Feuer keine der Mienen des Engels auf Erden
Mir verheelen sollen. Allein ich verirreter Tankred
Ritt voll Wuth auf sie zu; ich sprach zu ihr: Kämpfe! sie kämpfte.
Ach, noch trag' ich die Zeichen des Kampfs, die werthen Wunden,
Die sie mir schlug. Ich küss' euch, Wunden! ich seh euch, mit Wonne,
Einzige Andenken, die sie mir ließ. Warum wart ihr nicht tödtlich?
Und warum mußte ich siegen? Mein Reinald, mit brechendem Herzen
Muß ich dir sagen: ich siegte. Sie lag vor mir da; mein Schwert war
In ihren Busen gedrungen, und meine Hand fühlte Blut,
Meine verfluchte Hand ihr Blut. Mit leiser Stimme
Rief sie: Taufe mich, Sieger! Da stieß ihre Rede mir auch ein
Schwert in die Brust; ich fühlt' eine Angst, eine Ahndung im Herzen
Die mich erschreckt', ich schöpfte den Helm am Jordan voll Wasser,
Lößt' ihr den Helm vom Haupt und sah — wie ein trüber Himmel
Lag ihr Angesicht da — ich sah Clorilden — und Schwindel,
Graun und Tod benahm mir Empfindung und Sinne. Mit starren
Händen taufte ich sie, und taumelte nieder und bebte
Stumm. Die Zunge, die ihr Gebete vorstammeln sollte,
Stammelte nur ihren Namen. Ach Reinald! ach himmlische Wonne!

Ach! indem ich nun sank und auf sie hinstarb, da fühlt' ich
Daß sie die mördrische Faust mir drückte; sie sprach: Ich verzeih dir.
O sie sprach noch viel. Bedaure mich redlicher Reinald!
Ach sie seufzte noch viel, doch alle Seufzer zum Himmel,
Keinen für mich, kein Wort mehr für mich — doch was red' ich, ich Lästrer?
Ich Verruchter! Sollt' ein sterbender Engel mein denken,

Eines Unmenschen denken? Zu viel ist mir Gnade geschehen.
Hätt' ihr blasser Mund mir geflucht, oder schrecklicher als der
Strengste Fluch! hätt' er: ich liebe dich nicht, mit der letzten
Stimm' in mein Ohr gedonnert: dann wäre mir Recht
wiederfahren.
Höre noch mehr! Sie erschien mir — die folgende Nacht
war ein Himmel —
Schön wie ein heiliger Engel erschien sie. O Schlaf, o
verwünschter,
Vermaledeiter Schlaf! Im Schlaf erschien sie, nicht wachend.
Hätt' ich gewacht, ich hätte das bloße Schwert auf die Brust mir
Drohend gesetzt, ich hätte mit einer verzweifelten Stimme
Sie gefraget: Liebst du mich? oder ich hätte mit starken
Armen an mein Herz sie gedrückt, ich hätte den theuren
Schatten nicht los gelassen, bis er in der heißen Umarmung
Vor mir zerflossen wäre; dann wär' ich mit ihm zerflossen.

Aber nun erscheint er nicht mehr. — Erhabene Seele!
Lächerlich Sehnen, daß ich dich in die Welt zurück wünsche,
Die du wie einen Punkt, wie einen Ameisenhaufen
Unter dir siehst. Der Himmel wird seine Schätze nicht missen,
Noch geläutertes Gold in vorige Schlacken versenken.
Wie! Ich wag's dich zu lieben, die du von höherem Wesen,
Höherem Stoffe nun bist und sterblich Lieben verachtest?
Seraphim' müssen dich jetzt mit himmlischer Freundschaft
umschweben
Und des thörichten Sterblichen lachen, der zu dir hinaufwünscht.

Ach der unsinnigen Hand die dich der Erde geraubet,
Dich so früh der auf dich bewundrungsvoll hoffenden Erde
Mördrisch geraubt. Unsinnige Hand, empfandst du nicht in dir,
Daß du wider dich selber strittest? Du warst nicht die meine.
Ich will von meinem Leibe dich reißen: du warst nicht die meine,
Du warst die Hand eines Satans, der wider die Himmlischen
wüthet.

Weine Reinald! Du, den jetzt die Helden zum Kampf
herabholen,
(Denn meine Stärke ist hin, ich bin ein ächzender Knabe)
Weine männliche Thränen um deinen gefallenen Helden,
Oder wenn mehr Erbarmen noch deinen Busen durchglühet,
Bete um meinen Tod!

III.

Gemählde eines Erschlagenen.

Blutige Locken fallen von eingesunkenen Wangen;
Furchtbar, zwischen Hülfe rufend geöffneten, schwarzen
Lippen laufen zwei Reihen scheußlicher Zähne: so ragen
Dürre Beine aus Gräbern hervor; die gefalteten Hände
Decket Blässe, die unter zersplitterten Nägeln zum Blau
wird:
Denn im einsamen schreckenden Walde hat er sich ängstlich
Mit verlarvten Mördern gerungen; es hallten die Wipfel
Von seinem bangen Rufen und dem mördrischen Murmeln
Seiner Gegner; bald erlagen die Kräfte des Kämpfers,
Schlaffe Arme streckt' er vergeblich, die tödtenden Aexte
Von seinem Haupt abzuhalten; sie, die sonst schüchterne Vögel
Aus den gefällten Bäumen verscheuchten, spalteten itzo
Grausam die gehirnsprützende Scheitel des sterbenden Mannes,
Dessen Seele ungern vom röchelnden Busen emporstieg. —
Streifende Jäger fanden den zerzerreten Körper
In dem See von eigenem Blut, aus welchem die Gräschen
Ihre befleckten Spitzen scheu erhoben: sie brachten
Ihn der untröstbaren Wittwe, die sein dunkeles Auge
Noch zu bedauern schien: noch sichtbar war auf der Wange
Der sonst freundliche Zug, auf der verunstalteten Stirne
Die kennbare Runzel, die oft ein ahnender Kummer,
In melancholischen Stunden drauf pflanzte. —

Der Dichter dieser Versuche, der ein Liefländer ist, hält für nöthig, denjenigen Kennern, die reife Kenntnisse mit einem wahren Eifer für die Ausbreitung des guten Geschmacks verbinden, (denn für die schreibt er nur) zu versichern, daß er nicht mit denselben geeilet. Er hat das größere Gedicht etlichemal ganz umgearbeitet, und würde der Verbesserungen nicht müde geworden seyn, wenn ihn nicht die Stelle Quintilians, Lib. II. Instit. Cap. IV. ad init. „Audeat etc. die ihm von ungefähr in die Hände fiel, fürjetzt gegen seine eigene Critik mißtrauisch gemacht. In Wahrheit sind bei poetischen Gemählden die ersten Zeichnungen oft die glücklichsten, und er besorgt vielleicht nicht ohne Grund, durch eine zu anhaltende Strenge gegen seine Arbeit manches Bild geschwächt zu haben, das sich seiner Einbildungskraft getreuer dargeboten, als alle Kunst zuwege bringen können. Er wird indessen nicht verabsäumen, einer zuverläßigeren Critik als der seinigen folgsam zu seyn, und wie er Muth genug gehabt hat, ganze Seiten, die ihm verdächtig waren, zu unterdrücken, so wird es ihm auch nicht schwer fallen, dem Beifall der Kenner etwas aufzuopfern. Uebrigens wird er auch zufrieden seyn, wenn man sein ganzes Gedicht für nichts als eine Rhapsodie halten, und dasselbe etwa mit den Empfindungen lesen wollte, mit denen man eine groteske hetrurische Figur betrachten würde.

Menalk und Mopsus.

Eine Ekloge nach der fünften Ekloge Virgils.

1775.

Πολλοι γὰρ δη τλημεν ὠλυμπια δωματ᾽ ἐχοντες
Ἐξ ἀνδρων χαλεπ᾽ ἀλγε᾽ ἐπ᾽ ἀλληλοισι τιθεντες.

Homer.

Ein Mahler ohne Falsch, Menalk genannt,
Der Grenze seiner Kunst auf Dosen fand,
Vorzüglich gern geheime Deckel mahlte,
Die hier ein Priester, dort ein Weib bezahlte,
Sein Lieblingsstück, der Fall vom ersten Paar,
Nahm ihm die Augen. Heva nackend war
Ihm, was Pygmalion Elise. Wie vollendet
Der Busen! alle Kunst war an der Schaam verschwendet.
Welch göttliches Genie verrieth die Katze nicht,
Die bei ihr lag als Merkmal! Was geschicht?
Mit dem Verbessern an der Schaam, dem Feilen,
(Wies allen geht, die sich dabei verweilen)
Kam er um Aug' — und Ohren hätt' ich bald
Gesagt — kurz er ward blind und alt.
Gerächt war Adam; denn schon damals hatten
Die Albertiner all in ihm den Sitz *). Im Schatten
Zerstörter Trieb' und Kräfte saß Menalk
Wie Milton jetzt — allein ein ärgrer Schalk.
Mit Reimlein sucht' er nun das zu erreichen,
Was seinem Pinsel unerreichbar blieb. Das Zeichen
Von einer großen Seele, die durch nichts
Aus ihrem Gleis gerückt, des Tageslichts
Mit Freudigkeit entbehrt, kann sie von Idealen
Die Genitalien nur mahlen.
Sein Nebenbuhler Mopsus hatte nie
Erfahren in dem Stück, als mit der Phantasie.
Doch hatt' er von den frühsten Knabenjahren
Gelesen und studirt, was andere erfahren.
Vom Naso zur Pücelle alles excerpirt

*) So pflegt Herr Goethe scherzweise alle kalte und doch dabei eifersüchtige Ehemänner zu nennen. Und nach der Orthodoxie steckte in Adam das ganze menschliche Geschlecht.

Was nur verboten hieß, dann schön filtrirt
Zum Ofen dann lauwarm hineingeschoben
Giebt einen Crem den Alt und Junge loben.
Von allen Orten her verschrieb man sich
Aus seiner Küche; Herrn und Grafen schlich
Das Ding so süß vom Mund in die Culotte,
Sie machten ihn zum Koch, das Volk zum Gotte.

Zu diesem hatt' in einer Sommernacht
Der lustige Menalk im Traum sich aufgemacht,
Gelockt durch seinen Ruhm. Nun Leser stehe,
Daß dein geweihtes Aug den Aufzug sehe.
Agrippa sagt *), es geb' ein Medium,
Wodurch die Geister sich im Traum mittheilen: Krumm
Von Mutterleib, die Hände vorwärts hangen;
Kurz, Rousseaus Quadrupes mit glatten Wangen.
Doch nicht so glatt, ein käsefarbner Bart
Hielt die Trenscheen drauf sehr wohl verwahrt.
Sein Schlafrock zugeschnallt, sein Bund gleich dem von Mosen,
Und unaufhörlich zog er sich die Hosen.

Derweil lag Mopsus da, wie der Kanonikus,
Den Despreaux beschreibt, den ich citiren muß **).
Der seidne Vorhang rauscht, er sieht Menalken stehen,
Glaubt fest den Anti-Seladon zu sehen
Und bebt. Sey ohne Furcht, ich bin dein Freund:
Umarmet ihn Menalk, der fast vor Freude weint.
Ich bin von deinem Handwerk; laß uns eilen
In jene Grotte, wo Driaden heulen,
Und singen Wettgesang von Amors Macht.
Der Mond scheint hell und dunkel ist die Nacht.
Uns ruft die Nachtigall.
Abt Mopsus eilte,
Weil ihm das Medium den Stoß ertheilte,

*) De philosophia occulta.

**) Im Lütrin. Dieses unschätzbare Gedicht verdient von all unsern Lesern und Leserinnen gelesen zu werden. Wir empfehlen es daher jedermann.

Unwillig in die Grotte, wo sein Gegenmann
Voll Selbstgefühls, troz ihm, begann.

Menalk. Ich sing den Wald, die Jagd, die Schmelz
und Schmiede *).
Komm, Muse! leite mich, und werde nur nicht müde.

Hier hielt sich Mopsus schon die Ohren zu,
Und gähnte noch einmal um die gestörte Ruh.
Ist das ein Anruf? sprach er.
Wenn's belieben,
Versezt Menalk, der Anruf kommt erst drüben.
Driaden, Faunen, Pan! steht meiner Schwachheit bei,
Und helfet, daß mein Lied vom Wald vernehmlich sey.

Verdammte Rauhigkeit, sprach Mopsus gähnend;
Zur Probe hört einmal (sich lange dehnend,
Derweil Menalk die Ohren aufgespizt,
Wie eine Katz' im Donnerwetter sizt):

Ihr Grazien! wenn mein Dienst euch je gefällig war **),
So laßt bei diesem Gesang mich euren Einfluß empfinden;
Wie könnt' ich sonder euch der Gefahr,
Die uns bevorsteht, mich und meinen Helden entwinden.
Die Wahrheit, so schön die Weisen sie unbekleidet finden,
Wird allzuoft dadurch den Schwachen ärgerlich.
Erlaubt ihr, Sokratische Grazien! sich
Vor Cynischen Faunen und kritischen Zwergen
In euren Schleier zu verbergen,
Und ist noch Raum — so deckt auch mich.

*) Siehe Galimatisches Allerlei, oder Stadt-, Land- und Waldgedicht, bei Macklot in Carlsruhe herausgekommen 1774. Wir können in der That unsern Lesern dieses Gedicht um so viel eher empfehlen, da der Verfasser gewiß mit einer in unserm Jahrhundert seltenen Bescheidenheit sich unter keinem andern Titel dem Publikum aufzudringen sucht, als den ihm jedermann zugestehen muß Mit ein wenig mehr Geschmack würde er sein Buch goldenen Galimathias genannt haben.

**) Siehe den neuen Amadis, das in seiner Art einzige Buch unsers Jahrhunderts, aus welchem diese Stelle wohl scheint mehr als nachgeahmt zu seyn; wohin wir denn unsere Leser verweisen.

Menalk. Das ist ja schön. Hum! das ist besser drum,
Beinah als meines.
Mopsus. Ein Palladium,
Mich gegen die Kritik zu decken.
Menalk. Drauf hab ich auch gedacht, die Kritiker zu schrecken.
Was mir zu Händen kommt, bring ich in mein Gedicht *),
Und darum kehr ich mich an keine Regel nicht:
Könnt' ich das Wahre gleich vom Falschen unterscheiden,
Thät ich doch solches nicht —
Mopsus. Halt ein, beim Jupiter!
Was ist das für Gewäsch?
Menalk. Hört nur den Anruf, Herr!
'S ist an den Liebesgott:
„Begeistre meine Sinnen,
„Entzünde meinen Trieb und laß mir nichts entrinnen!"
Mopsus. Was Teufel schwatzt Ihr da?
Menalk. Ich sing die Hochzeitsnacht
Von meinem Gönner — gebt nur Acht!
Auf ein Vermählungsfest soll ich ein Loblied singen **);
Jedoch bin ich im Stand, es würdig zu vollbringen?
Wie fang' ich solches an? Stoff hab ich zwar genug;
Allein, die Kunst fehlt mir. Ich bin mir selbst nicht klug:
Drum helfet mir dazu, ihr kleinen Liebesgötter! ***)
Auch Hymen höre mich! sey heute mein Erretter;
Begeistre meinen Sinn; flöß Feuer in mein Blut;
Entzünde meinen Trieb —
Mopsus. Halt ein — es ist schon gut.
Hört, wenn ihr hören wollt, wie man von solchen Sachen
Sokratisch reden muß — und lieber Noten machen,
Wenn man uns nicht versteht.
(Menalk hört ehrfurchtsvoll).

*) Siehe oben.

**) Siehe die zweite Auflage des Galimatischen Allerlei im siebenten oder neunten Gesange, die gegenwärtig unter der Presse ist.

***) Hier können wir nicht umhin, die Leser auf den Anfang des Tristram Shandi und seine Theorie von den homunculis zu verweisen, welches Buch wir auch bestens empfehlen.

Mopsus (nachdem er sich geräuspert): Und endlich kommt die Nacht herangeschlichen *),
In der das große Werk vollendet werden soll;
Schon steht mit fliegendem Haar um ihren weißen Nacken
Die Tochter Bambos hoffnungsvoll
Im magischen Kreise, schon blasen aus vollen Backen
Die Sonnengeister in die Gluth **),
Hier mach ich eine Note.

Menalk. Das ist besser drum
Beinah als meins.

Mopsus. So steht doch nicht so krumm,
Ihr macht mich fast mein Lied vergessen
Vor Lachen; hört doch grad!
Das Fräulein mag indessen
Im Schutz der Solarischen Geister und ihrer Unschuld stehen,
Wir werden zu rechter Zeit schon wieder nach ihr sehen.

Menalk. Was sind mit Verlaub das für Geister?

Mopsus. Hört den Zusammenhang —
Kaum trat der Neger in den grünen Gang,
Der an die Terrasse führte, wo Amadis kürzlich gestanden,
So sah er die fremde Dame und unsern Helden, so lang
Sie waren, ihn auf die Nase, sie rückwärts niedersinken
Et cetera.

Menalk. He, he, was machten sie denn da?

Mopsus. Dies alles zu rechnen, vom Fall der keuschen Schatouillöse,
Der unsers Helden Fall nicht ohne mancherlei böse
Vermuthungen nach sich zog, begab aufs längste sich
In zwanzig Sekunden.

Menalk. So? dauert das so lang?

Mopsus. Ich weiß nicht. Hört doch nur auf den Zusammenhang
— Doch plötzlich aufzustehen,
Läßt nach der Sache Gestalt der Wohlstand nicht geschehen,
Und unter uns, es war nicht falsche Schaam,
Er hatte von zwanzig Sekunden zum mindesten sechszehn von nöthen,

*) Siehe oben.
**) Siehe die vorhergehende Note.

Dem kleinen Zufall, worin der Neger ihn betreten,
Abhelfliche Maaß zu geben.

Menalk. He he he, ha ha ha!
Das heißt sokratisch scherzen. Nun das ist beinah
Doch besser drum als meins. Fast meine Ode
Vom Tode gäb ich drum *). Welch eine Periode!
Wie man voll Ungeduld sich drin verirrt,
Und doch am Ende nichts gereichet wird.
Wie wißt Ihr doch das Ding so zierlich zu verstecken,
Und witzig den Priap bald auf bald zuzudecken.

Mopsus. Das ist nun mein Talent. Und schußfrei doch zu seyn,
So kleid ich all das in Moralen ein **).
Der Weiber Unbestand, das ist die güldne Lehre,
Die aus der Fabel fließt.

Menalk. Das macht euch Ehre;
Sankt Augustinus schon stellt so die Weiber vor,
Chrysostomus nennt sie des Teufels Thor;
Tertullian den Teufel selber.

Mopsus. Freilich.
Doch unter uns der Leichtsinn ist verzeihlich.
Ich säh sie nicht gern anders. Ginge dann
Für unser einen nicht die lange Weile an? —
Doch die Moral ist das, was Schwefel bei den Weinen:
Verdirbt sie zwar, doch macht sie besser scheinen,
Und blendt dem Volk die Augen.

Menalk. Grade das
Gedacht' ich einst, als ich bei Even saß.
Gefällts manch einem nicht, die Nacktheit durchzugehen,
Dacht' ich, der kann derweil nach ihrer Katze sehen.
Nur Möpschen seyd ihr doch ein wenig zu versteckt.

Mopsus. Das ist das Heiligthum der Kunst. Nur das erweckt
Begierden in dem Bauch, die meine Leser brauchen;
Soll all mein Witz für sie, wie Riechsalz, nicht verrauchen,

*) Siehe die neue Auflage vom G. A.

**) Siehe des Herrn Schmidt, Professors der Moral, Entdeckungen über die komischen Erzählungen, in den kritischen Nachrichten vom deutschen Parnaß.

Da, da steckt das Geheimniß. Nur gewinkt —
Wie kitzelts ihren Stolz, Einbildungskraft, Instinkt,
Sich Sachen, die mein Pinsel nie kann mahlen,
Selbst zu erschaffen, mir dann zu bezahlen.
Ha ha ha ha.

Menalk. Ihr habt gut Lachen drum;
Doch meint nur nicht, ich sey auch gar zu dumm.
Mein Hochzeitlied ist drum nicht zu verwerfen;
Zwar braucht man nicht den Witz erst lang zu schärfen,
Es zu verstehn: doch ists natürlicher.
Hört einmal zu!

Mopsus. Macht bald, beim Jupiter!

Menalk (zieht sich die Hosen). Nun hört nur zu: Ich schenk euch auch die Hosen
Für Euer Lied. Sie sind von einem Virtuosen,
Mit dem ich um die Wett' ein Dosenstück gemahlt,
Das mir ein Pfarr mit zwölf Car'lin bezahlt.
Es war ein Sündenfall.

Mopsus. Ich schenk euch diese Ruthe.
Sonst war den Kritikern vor ihr nicht wohl zu Muthe *).
Bedient euch deren nur; ich brauche sie nicht mehr,
Weil ich selbst einer bin.

Menalk (giebt ihm schalkhaft einen Schlag). So setzet Euch zur Wehr.
He he he he. Nun hört! sonst — Ich bin eben
Daran, vorm Brautgemach den Vorhang aufzuheben.

Was jedes hier verspricht, mahlt ein Poet zu matt **);
Nur der begreift es recht, der es empfunden hat:
Denn es ist die Natur nicht immer leicht zu fassen.
Was unbegreiflich ist, kann sich nur fühlen lassen:
Drum laß ich mich nicht ein, wo mir Erfahrung fehlt.
Ich überlaß es dem, der sich so wohl vermählt,
(mit Feuer)
Der Hymens Zauberlust der ersten Nacht empfunden,
Der den verwahrten Schatz der Cypria gefunden,
In Paphos dunklem Hain die Götterkost geschmeckt,

*) Siehe die Vorrede zum Diogenes von Sinope.

**) Siehe die zweite Auflage des Gal. Allerlei, die nächstens die Presse verlassen wird.

(mit dem höchsten Pathos)
Das Jasons goldnes Vließ bekämpfet und entdeckt;
Der in das Heiligthum Cytherens eingedrungen,
Und mit dem Scepter sich auf ihren Thron geschwungen.

* * *

Hier schwieg er — weil die Sonn' ihr schönes Antlitz wies
Und über Bergen sie nach Hause gehen hieß.
Die Nachwelt wird sie spät in gleichen Ehren halten,
Und über ihre Gruft noch Priaps Gottheit walten.

X. Y. Z.

Petrarch.

Ein Gedicht aus seinen Liedern gezogen.

1776.

Vorbericht.

Man wird hoffentlich nicht verlangen, daß ein Dichter den ängstlichgetreuen Geschichtschreiber machen, und den Faden der Geschichte nie verlassen soll. Sollte sich auch für diese Kleinigkeit ein Zoilus finden, so will ich, um ihm die Mühe zu erleichtern, meinen Lesern ins Ohr sagen, daß Colonna, der Freund des Dichters, Bischof, und sein Bruder Cardinal war; daß wir aus dem Leben Petrarchs, welches seinen Werken vorgesetzt ist, nicht haben erfahren können, ob Laura jemals sey verheirathet worden; daß er sie aber überlebt, und noch ein ganzes Buch Lieder nach ihrem Tode geschrieben, unter denen die erste Canzonetta auf ihren Tod ohnstreitig sein Meisterstück ist. Wir wollen sie, wenn wir unsern Leserinnen einen Gefallen damit thun können, im Anhange beifügen.

Noch ist um dererwillen, die unsern Dichter nicht kennen, zu erinnern, daß er von einem sehr guten Hause in Florenz, aber von der Parthei der Bianchi war, die von der Parthei der Neri aus dem Vaterlande vertrieben wurden. Laura war eine geborne von Cabrieres, in der Nachbarschaft von Vaucluse, wo Petrarchens Vater ein Landgut hatte. Er sah sie zuerst am Charfreitage, als sie mit einer Freundin nach Lilla ging, um dorten die Messe zu hören.

Erster Gesang.

Glückseliger Petrarch! den itzt der Tod
Getraut mit Lauren hat; im Abendroth
O du mein bester Freund! komm, steig hernieder,
Und hauche deinen Geist in meine Lieder.
Du Sänger aller Zeiten, jedes Herz,
Fühlt, wenn es glücklich ist, von deinem Schmerz.
Auch meines fühlt ihn ganz — mehr zu beklagen,
Fühlt tiefer ihn, und darf ihn nicht so sagen.

In diesem Thal, das deinem Thale gleicht,
Wo jede Leidenschaft der Brust entweicht;
Denn rund umher seh ich zufriedne Schnitter
Unschädlich flammt das ferne Ungewitter
Vor ihnen hin, des Mondes Lilienschein
Ladt mit dem West zum Ruhgenuß sie ein,
Wo alles Liebe athmet, von der Linde
Die bis im Wipfel zittert, zu dem Kinde
Eins ihrer Blätter, zu der Raupe, die
Als Mücke sie umschwebt voll Sympathie:
In diesem Thal will ich der deutschen Flöte
Vertraun was du gelitten, mein Poete!
Du einziger, der fühlte was er sang,
Und sich dadurch den Märterkranz errang.

Ein junges offnes Herz, ganz dem Vergnügen
Gestimmt, und dieses Herz in allen Zügen
So seh ich ihn gefällig vor mir stehn,
Des Lebens sich erfreun, sich keiner Noth versehn.
Ganz unbewaffnet vor der Liebe Pfeilen
Die Munterkeit im Blick, selbst in den Locken, die sich theilen.
Auf seinen schönen Schultern — welch ein Schlag

Stürzt ihn dahin am großen Leidenstag!
Stürzt ihn dahin, den jungen Baum voll Blüthen;
Ein Blick, ein Blitz: und ewig wird es wüthen
Das unglückselge Feu'r, sein ganzes Seyn
Ward nun Verlängerung der höchsten Pein.

Sie ging um Gottes Leiden anzubeten,
Und ahnte nicht, sie sey bestimmt zu tödten,
Zu peinigen, ach, ein ihr ähnlich Herz,
Sie aller Menschen Lust, sein ew'ger Schmerz.

Sie ging, es war nichts Sterbliches ihr Gehen,
Man konnt' es nicht mit trocknen Augen sehen;
Sie flog, flammt' über Blumen, die ihr Tritt
Erschaffen hatte, Engel flammten mit,
Unzählige in ihren goldnen Haaren,
Die, wie die Sonne, unanschaulich waren,
Unzählige in ihres Schleiers Nacht
Um die darin verheiligthumte Pracht,
Unzählige bis in des Kleides Falten,
Die nach des Himmels Wink sie umgestalten.

Sie dacht' itzt den Geliebten, den sie sich
Von dem erbitten wollte, dem sie glich.
Es sollte seyn, wie sich — Petrarcha zeigte
Als sie zum erstenmal sich gegen ihn verneigte,
Schön wie Apoll, doch so verzückt im Schaun,
Als wärs sein Bild von Phidias gehaun.
Er sollte fühlen können wer sie wäre,
Denn Cypris selbst stieg dazu aus dem Meere.

Er stand erröthend und erblassend da,
Sprach immerfort mit ihr, und hört' und sah
Sie sprechen, ohne daß doch sein Gefährte
Ein einig Wort aus beider Munde hörte.
Stumm sahen sie sich an.

Wo eilt Ihr hin,
Mein Ritter? fragte die Begleiterin
Den Freund Petrarchens, der galant versetzte
Nach der Capelle Lilla.

Als sie schnell die letzte
Verschleierung allgütig sinken ließ,
Und nun ihr Antlitz ganz dem Liebestodten wies.

Jetzt

Jetzt hub er an, derweil die innre Thräne
Sich in die Brust gebrannt, gebrochne halbe Töne
Zu stammeln, die sie besser, als der Mund
Aus dem die Todesangst sie ausgepreßt, verstund.

„Vollkommnes Fräulein! darf der Allerkühnste —
Hier nahm sie seinen Arm.“ Zu diesem Liebesdienste
Versah ich mich von Ihnen. Ach wie ward der Scherz,
Der Blick, der Ton ihm mehr als Folterschmerz.
Er wäre vor sie hingestürzt, hätt' ihre Miene
Ihm nicht versichert, daß er mehr verdiene.
Sie sprachen wenig, desto reichlicher
Befrachteten die Luft die beiden Plauderer.
Vom Türkenblut, vom letzterfochtnen Siege
Und mancher Ursach mißgelungner Züge
Und von Jerusalem und jeder Schlacht
In der der Ritter sich berühmt gemacht.

Wie war die Andacht rein in Lillas Mauern!
Wie betete Petrarch zu seiner Lauren,
Und Laura zu Petrarch. Der Gott der sie
Erschaffen und erlöst, sahs ohne Neid, verzieh.
Was konnt' er würdger's sehn auf diesem Schattenrisse
Von Welt, den er illuminirt, als Küsse
Zwei sich verwandter Seelen, die sein Bild
In ihren Augen wiesen, die sein Geist erfüllt.
Wenn so viel Herrlichkeit demüthig kniete
Vor seinem Leidenspfahl, wenn so viel Güte
Auf ihrem Antlitz lag vor seiner Pein,
Wie konnt' er da ihr mißgewogen seyn?
Entzog sie gleich ihm heut von Männerherzen
Das edelste. Schon fühlt' er seine Schmerzen,
Schon sah er ihn auf seinem Angesicht
Vor Lauren hingestreckt — und ging nicht ins Gericht.

Als auf dem Rückweg sie nun hocherröthet
Petrarchens Arm ergriff, der zitterte: „gebetet?“
Fragt sie und sieht ihn an. „O nur gedankt.“ —
Und dies? —
„Dem Stern der Sie geboren werden ließ“
Nun hüllte sie sich tief in ihren Schleier:
Sehn Sie den grünen Wald im dunklen Feuer?

Wie schön die Sonne untergeht! „Für mich
Unglücklichen verschleierte sie sich" —
Ich bitte, seyn Sie ruhig. „Auf der Erden
Kann nie dies Herz mehr still, dies Auge trocken werden.
Sie werden mich noch sehn mit anderm Haar
Und stets mit den Gedanken." Laura war
Von der Gesellschaft hier zurückgeblieben
Geflügelt sprach sie: Freund! Sie dürfen lieben;
Nur nie ein Wort mehr. — Den Befehl im Blick. —
Und todtenbleich kam er mit ihr zurück.

Ach dacht er bei sich selbst, vielleicht nach tausend Jahren
Beweint ein Auge mich, das gleichen Schmerz erfahren.
Sonst find' ich nirgends Mitleid. Sporne dann
Zu ihrem Ruhm Petrarch! die letzten Kräfte an.

Zweiter Gesang.

Colonna war der Freund und der Beschützer
Von unserm Helden, und dabei Besitzer
Von Titeln, Rang und Gütern. Und sein Freund
Arm wie der Mond, der nur von fremder Güte scheint.
Aus seinem Vaterland vertrieben — fein erzogen —
Und so schiffbrüchig nun — im Herzen Wogen
Der höchsten Leidenschaft, von außen keinen Stern
Und keinen Rath, als seinen Freund und Herrn.

Colonna liebte Lauren. Und vertraute
Dem Dichter seine Glut, der auf den Boden schaute.

Er schaute auf den Boden und stand da
Wie einer, der den Blitz hart vor sich treffen sah.

Dann lief er an den Felsen hin und wieder
Die an Vaucluse gränzten, auf und nieder.

„Ein Mann von vierzig Jahren ihr die Hand!
Und insgeheim, weil ihm sein Ritterstand
Die Ehe untersagt? Um reich zu erben
Soll Laura elend leben, elend sterben?
O tauber Himmel dies für Lauren! — und Petrarch
Nähm' den Gedanken mit sich in den Sarg?
Colonna hat Geschmack — wär' das für sie nicht wenig?
Nein, er verdient sie nicht, wär' er ein König.
Er, der der Schönheit und des Lebens satt,
Nun ausgeliebt und ausgelebet hat.
Er Lauren! — Gott, der du die Demuth ehrest
Gott, ist er ihrer würdig? Du empörest
Dies arme Herz selbst gegen meinen Freund,
Mein Unmuth ist gerecht, so strafbar er auch scheint.
Darf aber ein Vertriebner, ein Verbannter,
Hier nur geduldet, darf ein Unbekannter —?

Ach zehnmal mehr vertrieben, mehr verbannt,
In keiner Brust hat das für sie gebrannt.
Ein Schatz kann nie in schlimmre Hände fallen
Als in des Reichen. Gott du weißts, von allen
Die jemals liebten, härmte niemand sich
Mit tiefrer innrer Sehnsucht ab als ich —
Was schwärmst du, Unbescheidner! was erhöhest
Du die Begierden so? bedenke wo du stehest,
Bist du nicht Irion, der Jupitern
Um seine Göttin neidte, steh von fern
Und fühl' es wer du seyst. — Ach kann ich ringen
Mit meiner Leidenschaft! die seidnen Locken bringen
Mich um den freien Willen. Was kann ich dafür,
Daß diese Nerven ihr nur zittern? War es mir
Beim ersten Anblick doch, als ob für meine Mängel
Und Leiden der Ersatz nur möglich wäre. — Engel!
Wenn sich dein Licht auf mich herunterwälzt,
Wird all mein Unglück Schnee, der an der Sonne schmelzt. —
Zwar ist das Leben kurz und kühn das Unternehmen,
Das kühnste — doch sie selbst spornt mich hinan.
O Grämen
Laß ab! daß ich den Weg, den nie ein Fuß betrat,
Empor an Felsen aufwärts hüpfe. — Hat
Er, der die Sterne lenkt, umsonst geschaffen?
Er weiset mir den Weg, giebt mir die Waffen,
Dies Herz, das er in diese Brust gelegt,
Ist auch sein Werk, wie die, für die es schlägt.
Mit ihrer Reize unermeßnen Schätzen
Soll mein Gesang die Welt in Thränen setzen,
Bis die von Lieb' und Wollust trunkne Welt,
Zum allgemeinen Glück auch mich gesellt."

Derweil Petrarca so mit Furcht und Hoffnung kämpfte,
Stand, fiel und wieder aufstand, lag der abgedämpfte
Colonna schon in Laurens Zauberschloß
Beim ersten Schritt dem Glück im Blumenschooß.

Sobald er das erfuhr, sah unser Dichter
An allen die ihm nahten, Furiengesichter,
Von jedem Menschenblick gepeinigt, schoß der Strom
Ins Meer zurück, er flog ins Vaterland, nach Rom.

Dritter Gesang.

Hier bei dem Bruder seines Nebenbuhlers
Saß der Untröstliche, empfing des Nebenbuhlers
Entzückte Briefe, nur von seinem Wohl
Und spottend unverschämter Freundschaft voll.
Ach! gegen wen sich nun beklagen, gegen
Wen dieses Herz erleichtern? Bäume zögen
Die Seufzer aus den Wurzeln, die er that,
Wenn auf den Knieen er den Tod vom Himmel bat.
Am Ende, als der Schmerz sich in sich selbst verzehrte,
Und wie ein sterbend Feu'r nur noch von Asche nährte,
Schrieb er dem Räuber — ach, dem Mann
Von seiner Laura — fleht' ihn an:

„Ich bin zu weinen müd' Colonna! Deckte
Mich doch der schöne kühle Marmor schon,
Der euch mit mir verew'gen soll. Erschreckte
Mein hageres Gesicht die Welt nicht mehr: — Entflohn
Ist doch so manche Stunde mir, so manche Reihe
Von Jahren, warum zögert denn der ungetreue
Der längsterwünschte Tod, jetzt da mein Schmerz beyfeilt
Mit jeder Sonne ihm entgegeneilt.
Ich muß es dir gestehn, Colonna! — welchen Schaden
Kann es dir thun mein Herz dir zu entladen?
Es gönnet dir dein Glück; treib deinen Scherz
Mit ihm, verbiet' ihm nur nicht seinen Schmerz.
Ich bin zu sehr verwöhnt an — Laurens Blicke,
Ach! ohne die, die Sonne kalt ist, bin
Verwöhnt an ihre Stimme, jetzt dein Glücke,
Die einzigste der Welt, im strengsten Sinn;
Gebannt an jedes Wort aus ihrem Munde
An jeden Morgengruß und gute Nacht

Die ehmals mich erquickten, mir die Arbeit, mir die Stunde
Der Prüfung selbst zur Seligkeit gemacht.
Ich kann nicht leben ohne sie. Der Arm, die Hände,
Der schöne stolze Gang, der angenehme Zorn,
Voll Stolz und Demuth — — ach, es ist zum Ende,
Mit mir — der Himmel, dem mein Glück ein Dorn
Im Auge war, hat mich hieher verdammet
Wo jetzt sein Zorn auf mich ganz ohne Retter flammet,
Von ihrem Auge weg, das alle Mitternacht
In meiner Seele hell wie den Mittag gemacht,
Wohin ich geh, und steh, und flieh, muß ich es missen,
Und fluchen Berg und Thal, die mirs entrissen."

Das arme Herz! sprach als ers las der Mann,
Und sah gelassen auf, und seinen Himmel an;
Das arme Herz, sprach sie ihm nach, doch mit Accenten,
Die Engel selbst zum Weinen bringen könnten.

Noch tiefer grub in ihr geheimes Herz
Ein Brief vom Cardinal Petrarchens Schmerz,
In dem er schrieb vom guten kranken Thoren
Er habe Sprache und Vernunft verloren.

Indeß erholt' er sich, wie an die Noth gewohnt,
Ein Türkensklav, und dann mit neuen Kräften frohnt.
Ein Brief, in dem sie selbst ihn zu sich bat zu kommen,
Sein Wunsch, sein einig Flehn, geneste ihn vollkommen.

Er reiste spät im Herbst, des Himmels Antlitz war
Trübwolkig wie sein Herz, und Sturm zerriß sein Haar,
Er reiste Tag und Nacht durchs pfeifende Gesträuche,
Voll Graun und Finsterniß, fühllos wie eine Leiche.
Bald überwältigte des Aethers Gleichgewicht
Der schweren Wolken Zug, die auf sein blaß Gesicht,
Dem die Verzweiflung längst der Thränen Trost verschlossen,
Auf sein versengt Gesicht des Himmels Thränen gossen.

„Darf ich sie sehn, sprach er zu sich, die Göttliche?
Ich fürchte zu vergehn, wenn ich sie seh.
Je glücklicher er ist, je mehr ers weiß zu schätzen,
Je mehr er sie verdiente — o Entsetzen!
Muß meine Seele denn, so innig allem feind
Was Mißgunst ähnlich sieht, beneiden — meinen Freund—

Verachten was ihn ehrt, o hassen was ihn adelt
Und jauchzend segnen, was man an ihm tadelt?
Unglücklicher! wo ist die Tugend hin,
Die dir das Leben reizend machte — ja ich bin
Voraus bestimmt zum Laster, mein Geschicke
Zwingt mich dazu — im letzten Augenblicke! —
Im Grabe noch, im Grabe Wütherich!
Colonna, falscher Freund! beneid' und haff' ich dich;
Noch übers Grab hinaus — mit kranker Seele
Kehr ich als Geist zu dir zurück, daß ich dich quäle,
Denn du hast mich um Leben, Lieb' und Macht
Um alles — um die Tugend selbst gebracht.
Verdammt hast du mich. Menschheitsloser Richter!
Warum traf deine Wuth den reizbarn Dichter?
Warum nicht einen Wuchrer, einen kalten Mann,
Wie du, den der Verlust nicht schmerzen kann?"

So quälte sich der Arme, und sobald er fassen
Sich konnte, mußt' er dann sich selber hassen.
Des Himmels Innerstes bewegte dieser Krieg,
Und als er nun betäubt herunter stieg
Vorm Schlosse selbst, vom unmitleidgen Wagen,
Der das zerschlagne Haupt noch mehr zerschlagen,
Und Lauren mit Geschrei vom Ritter sich
Losreißen sah und auf ihn zu — — da wich
Der Boden unter ihm, und beide sanken nieder
Mit einem leisen: Gott seh ich Sie wieder?
Da lag das Opfer nun — und Laurens Blick
Schlug feucht bis an die Wolken. — Hättest du dein Glück
Noch eh du starbst gesehn, Petrarca, was die Schaaren
Der Geister um dich her zu sehn geschäftig waren,
Die Thräne, die die schwarze Gluth umzog,
Die aus dem schönsten Aug' erzürnt gen Himmel flog,
Ihn anzuklagen — die für Reue zittern
Ihn machte — laut in klagenden Gewittern
Bezeugt' er seinen Antheil, blitzend Weh
Erschreckte weit die Erde und ein ganzer See
Wälzt' ihm sich nach und schien das Mißgeschick der Seinen
Unaufhaltbar, untröstlich zu beweinen. —

Anhang.

Ein Versuch über die neunte Canzonetta Petrarchs in dem ersten Theil seiner gesammleten Gedichte.

In reimfreien Versen.

Ich wünschte diese Probe machte mir Nacheiferer, die ganze Liedersammlung dieses für die moralischen Bedürfnisse mehr als klassischen Dichters so getreu als möglich zu übersetzen. Es müßte aber auch das ganze Abgebrochene, Stoßweise Seufzende, Nothgedrungene, wahrhaftig Leidenschaftliche des Originals in die Uebersetzung hinübergetragen werden können.

I.

Herrliche Donna mein! ich sehe
In eurer Augen Bewegung süßen Lichtschein,
Der mir geradeswegs zum Himmel leuchtet,
Weil durch die lange Gewohnheit
In diesen Sonnenstrahlen der Liebe
Eure Seele sich sichtbar weis't.
Dies ist das Auge, das mich zum Guten verführet
Und meinem rühmlichen Zweck entgegen geiselt.
Keine menschliche Zunge beschreibt es
Was diese Lichter des Himmels fühlen mich machen
Wenn der Winter Flocken ausstreut
Oder wenn das Jahr sich verjüngt
Die heilige Zeit meiner ersten Wunde.

Oft denk ich wenn droben
Von da der ewige Beweger der Sterne
Von seiner Kunst dies uns zu zeigen gewürdigt,
Wenn droben der Meisterstück' mehr sind
Warum nicht den Kerker eröffnen, der mich einschließt,
Und Weg mir machen hinauf zum ewigen Leben?
Geht dann der innere Streit mit mir an
Und ich segne die Natur und den Tag, und die Stunde,
Die zu so hohem Glück mich aufgespart hat,
Wo sie dies Herz mit der Hoffnung empor hub,
Das sonst unbehelfsam, mir selbst beschwerlich war.
Nur von dem Tag' an gefiel ich mir selber,
Füllt ein großer schöner Gedanke meine Seele,
Zu der ihr Auge den Schlüssel hat

Niemals beschied Liebe oder Glück
Zwei Freunden solche Wonne, die ich nicht hingäb' gegen eine
Bewegung ihrer Augen, von denen meine Ruhe
Wie ein Baum, aus der Wurzel komme.
Heilige selige glückliche Funken,
Die ihr mein Leben entzündt und alle mein Vergnügen,
Die ihr entzückend mich auflöst und langsam tödtet:
Wie jedes andere Licht verbleicht, wo ihr blitzet,
So weicht aus meinem Herzen,
Wenn diese Süßigkeit sich drein herabströmt,
Jeder andere nothwendige Gedanke,
Und ihr allein bleibt darin mit der Liebe
u. s. f.

II.

Was fang ich an? was räthst du Liebe mir?
Zu sterben wär es Zeit. Was zaudr' ich hier?
Madonna todt, mein Herz hinweg genommen,
Und muß ich Mörder seyn, zu ihr zu kommen?
Ja, ja, ich muß, weil ich sie nie
Mehr hoffen kann zu sehn, ach! ohne sie
Was ist das Leben? Tödtendlangsam Sehnen
Nach der Erlösung, was die Freude? — Thränen.

Du weißt es Liebe, kennest das Gewicht
Der grauenvollen Schmerzen alle.
Gescheitert unser Schiff, dahin das Licht,
Das uns geleitet. Diesem Trauerfalle
Vergleicht sich nichts. O Erde! wie entstellt,
Ach wie verwaiset, undankbare Welt!
Dein Reiz ist hin, elende Welt voll Thoren,
Ach, wüßtest du, was du an ihr verloren.
Du trauertest ewig. Nur durch sie noch schön;
Und sahsts nicht ein, du warsts nicht werth zu sehn,
Nicht werth, daß ihre Füße dich berührten,
Die heilgen Füße, die gen Himmel führten.
Der Himmel neidisch auf dein Glück
Nahm sein geliehnes Pfand zurück.
Und ich Verlaßner! der ich ohne
Sie weder Welt noch mich ertragen kann,
Ich sitze hier und weine. Rufe
Vergeblich sie zurück. Trost, daß ich weinen kann.
Weh mir! ihr Antlitz Erde! ihre Mienen,
Auf denen Hoffnungen des Himmels schienen
Die uns allein ihn glauben machten. Nein,
Die göttliche Gestalt kann nicht verweset seyn.
Den Schleier hat sie abgelegt, der ihre Blüthe
Hier eingeschattet, ganz voll Lieb und Güte
Schwebt sie im Paradiese — oder hier
O göttlich süßer Schaur! — unsichtbar neben mir — u. s. f.

Der Landprediger.

Eine Erzählung.

1777.

Erster Theil.

Ich will die Geschichte eines Menschen erzählen, der sich wohl unter allen möglichen Dingen dieses zuletzt vorstellte, auf den Flügeln der Dichtkunst unter die Gestirne getragen zu werden.

Mannheim ward von seinem Vater, einem Geistlichen im Thüringischen, auf die Universität geschickt. Er hatte sich dem geistlichen Stande gewidmet, nicht sowohl um seinem Vater Freude zu machen, als weil er sich dazu geboren fühlte. Von Kindheit an waren alle Ergötzungen, die er suchte, die Ergötzungen eines alten Mannes, und ihm nicht besser als in einer Gesellschaft, wo Taback geraucht und über gelehrte Sachen disputirt wurde. Seines Vaters Predigten schrieb er aus eigenem Trieb nach, und hielt sie insgeheim bei verschlossenen Thüren, nachdem er seines Vaters Perücke aufgesetzt und seinen Mantel umgethan, dem Perückenstock und Kleiderschrank wieder vor. Er fiel halb ohnmächtig nieder, als sein Vater mit einer großen Gesellschaft von Landpfarrern ihn einmal belauscht hatte, und die Thür plötzlich mit dem Hauptschlüssel aufmachte.

Diese Freude aber ward dem guten alten Mann sehr versalzen. Er war ein großer Freund der Dogmatik und der Orthodoxie und hatte sich deswegen mit seinem kleinen Johannes sehr viel Mühe gegeben. Bei unsern leichtsinnigen Zeiten fürchtete er nichts so sehr, als daß sein Sohn, sobald er dem väterlichen Auge entrückt würde, auf den hohen Schulen von herrschenden freigeisterischen und sozinianischen Meinungen angesteckt werden mögte. Denn ob er gleich den Sozinus nie gelesen und nur aus Walchs Ketzerliste kannte, so hatte er doch einen solchen Abscheu vor ihm, daß er alle Meinungen, die mit seinen nicht übereinstimmten, sozinianisch nannte. Er nahm dem zufolge alle mögliche Präkautionen und empfahl ihn zum strengsten den Lehrern, die er selbst gehabt hatte, oder von denen er wenigstens mit Ueberzeugung wußte, daß sie in die Fußstapfen ihrer Vorgänger getreten waren. Zugleich warnte er ihn, mit allen Schreckbildern, die in seiner Imagination waren, und damals auf den jungen Zögling großen Eindruck machten, vor nichts so sehr als vor allen Gesellschaften junger Leute, besonders derer, die die Modewissenschaften trieben, empfahl ihm den Umgang seiner Professoren, mahlte ihm die Aussicht seiner Wiederkunft mit den reizendsten Farben, worunter sogar den schönen Augen der Tochter seines Probstes eine Stelle vergönnt wurde, die sich so oft nach dem kleinen Johannes wollte erkundigt haben, und ihm beim Abschiede einen schönen rothseidenen Geldbeutel strickte, dem zu Gefallen er, seit der Zeit bis zu seiner Beförderung, immer in den Hosen geschlafen hat.

Johannes Mannheim gab seine Empfehlungsschreiben ab; aber ach! er fand die Männer, an welche sie gerichtet waren, sehr unterschieden von dem Bilde, das ihm seine Einbildungskraft zu Hause mit so feierlichem Heiligenschein um sie her, von ihnen vorgezaubert. Ein Umstand kam dazu, den ich als Geschichtschreiber nicht aus den Augen lassen darf, weil in der Knospe des menschlichen Lebens jeder Keim, jedes Fäserchen oft von unendlichen Folgen bei seiner Entwickelung werden kann. Und so wird die Abweichung einer halben Sekunde von dem vorgezeichneten Wege in der Kindheit oft im Alter eine Entfernung von mehr als 90 Graden, und die Entscheidung der aus den übrigen Voraussetzungen der Erziehung und der Umstände unerklärbarsten Phänomene.

Damit ich also meinen Kollegen, den Philosophen über menschliche Natur und Wesen, manches Kopfbrechen über meinen Helden erspare, muß ich ihnen hier zum Vorschub sagen, daß einer von den Freunden des alten Mannheim nicht allein ein großer Landwirth im Kleinen war, sondern auch gar zu gern von der Verbesserung seiner Haushaltung und Einkünfte allgemeine Schlüsse machte, die sich auf das Gebiet seines Landesherrn, und, wenn er warm ward, auf das ganze heilige römische Reich ausdehnten. Er las dannenhero zu seiner Gemüthsergötzung alles, was jemals über Staatswirthschaft geschrieben worden war, schickte auch oft

Verbesserungsprojekte ohne Namen, bald an den Premierminister, bald an den Präsidenten von der Kammer, auf welche er noch niemals Antwort erhalten hatte. Indessen schmeichelte er sich doch in heitern Stunden mit der angenehmen Hoffnung, daß sie für beide nicht könnten ohne Nutzen gewesen seyn, und daß unbemerkt zum Wohl des Ganzen mitzuwirken der größte Triumph des Weisen wäre. Dabei befand er sich um nichts desto übler. Das ewige Anspornen des allgemeinen Wohls machte ihn desto aufmerksamer auf sein Privatwohl, welches er als den verjüngten Maaßstab ansah, nach welchem er jenes allein übersehen und beurtheilen konnte.

Dieser glückliche Mensch, der neben allen diesen kameralistischen Grillen, auch einige angenehme Talente besaß, in verschiedenen modernen Sprachen las, zeichnete und die Harfe spielte, hatte besonders viel Geschmack an dem offenen Kopf und der Lernbegierigkeit des kleinen Johannes gefunden, und ihn daher in den Schulferien zu ganzen und halben Monaten zu seinem einzigen Gesellschafter gemacht, wobei unser kleine Altkluge sich unvergleichlich wohl befand, denn im Grunde war auch dieser Mann reicher und wohlhäbiger als sein Vater, und lebte auf einem Fuß, der sich den Sinnen unsers Dogmatikers auf sein ganzes Leben lang einschmeichelte. Auch mußte er seinen Rambach immer wieder von vorne anfangen, wenn er nach Hause kam.

Nun hatte er sich, wie es nicht fehlen konnte, aus alle dem, was sein Vater jemals von Kompendien mit ihm getrieben hatte, vom Heilmann an bis zum Baier und Dieterikus, seine Religion nach seinem Herzen zusammengesetzt. Diese war, um von der glücklichen Simplicität der Empfindungen unsers Lieblings eine Idee zu geben, in wenig Worten folgende: daß Gott litte, wenn wir sündigten, und daß er auferstände und gen Himmel führe, wenn wir andere glücklich machten. Wie sein Freund aber, der kameralistische Landpfarrer, nahm er immer sein eigenes Glück zum verjüngten Maaßstabe desjenigen an, das er andern verschaffen wollte.

Nach diesen einfachen Religionsbegriffen konnte es nicht fehlen, er mußte in den Kollegien der Herren, an die er von seinem Vater empfohlen war, in den ersten drei Wochen unerträgliche lange Weile finden. Sie machten ihn alle die Schritte zurückmessen, die er voraus hatte, und führten ihn durch ein entsetzlich ödes Labyrinth von Schlüssen von der Wahrheit zu der Wahrscheinlichkeit zurück, mit der er den Religionsspöttern zu Gefallen nun durchaus sich den Kopf nicht zerbrechen wollte, weil er in dem festen Glauben stand, daß ein Religionsspötter nicht bekehrt werden kann, wenn er nicht will, und daß sich auf den Willen durch keine Schlüsse wirken läßt. Aller Warnungen seines Vaters ungeachtet also ward er noch in den Prolegomenen seiner dogmatischen Feldherren gegen die Religionsspötter ein förmlicher Ausreißer, und studirte die Kameralwissenschaften, die Chemie und die Mathematik, deren praktischer Theil eigentlich seine Erholungsstunden ausfüllte.

Es fanden sich sogleich Amanuenses der Herren Professoren, die alle seine Gänge auskundschafteten, und ihren Archonten die neue Einrichtung seiner Studien aufs Haar berichteten. Denen Lesern zu Gefallen, die die deutschen Akademien nicht kennen, muß ich den Ausdruck Amanuensis erklären. Es sind gewöhnlicher Weise Baurensöhne, die den Professoren anfänglich die Füße bedienen, nach und nach aber durch den Einfluß der Atmosphäre, in der sie sich mit ihren Herren herumdrehen, einen solchen Antheil ihres Geistes erhalten, daß sie sie zu ihrer Hand abrichten können, die Gelder für die Kollegien einzusammeln, und, wenn einer von den bekannten Gesichtern in den Hörsälen, wo sie gemeinhin nur die Stühle einreichen, wenn Fremde kommen, zu fehlen anfängt, ihm so lange auf die Spur zu gehen, bis sie den Räuber entdeckt haben, der ihn ihrer Schule abspenstig gemacht hat. Alsdann wird alles angewandt, ihn wieder auf den rechten Weg zu bringen, Briefe an die Seinigen, bisweilen auch anonyme Briefe von verborgener Freundeshand, Erinnerungen am schwarzen Bret und in den Programmen, und, wenn nichts verschlägt, bei der nächsten erhaschten Veranlassung, eine Citation durch die Hand des unermüdeten Pedellen.

Alle diese Besorgnisse schreckten unsern Johannes nicht. Er ging den Gang seines Herzens, und der Bannstrahl in den Briefen seines Vaters selbst, so innig er ihn verehrte, konnte ihn nicht davon abbringen. Ueberall ward der gute arme Alte bedauert, wegen der übeln Nachrichten, die von seinem Sohne einliefen. Bald hieß es, er habe sich ver-

heira-

heirathet, bald, er habe sich aus dem Staube gemacht: umgesattelt hatte er wenigstens dreimal, und, wegen liederlicher Wirthschaft, Schulden und Duelle, das Consilium abeundi mehr als dreimal erhalten. Unterdessen hatte er sich bei einem königlichen Amtmann eingemiethet, mit dem er von Zeit zu Zeit, so oft es seine Stunden erlaubten, Ausschweifungen aufs Land machte, und die Ausübung dessen studirte, wovon ihm die Theorie der Oekonomisten doch nur sehr dunkle Vorstellungen gab. Dieser Amtmann hatte ein Haus in der Stadt, wo seine Familie wohnte, derweile er seinen gewöhnlichen Aufenthalt auf dem Lande nahm, und nur im Winter, wenn die meisten landwirthlichen Arbeiten vorbei waren, sich in dem Schooß seiner Gattin und Kinder von den Mühseligkeiten des Lebens erholte. Mit diesen lebte unser Johannes, derweil die Ungewitter des öffentlichen Rufs unbemerkt hoch über ihm wegstürmten, in goldener Zufriedenheit. Auch hatte er Gelegenheit, bei ihnen alles zu sehen und anzunehmen, was Ueberfluß, Bequemlichkeit und Geschmack den Sitten, den Manieren und der ganzen Summe unserer Gefühle Feines und Gefälliges mitzutheilen pflegen.

Er war einigemal mit ihnen auf Bällen gewesen, und durch sie auf diesen in Verbindungen gerathen, wo er die große Welt kennen lernen konnte, nicht um in ihr nach etwas zu streben, sondern um sich den falschen Firniß zu benehmen, den die Imagination der geringern Stände gemeinhin sich um die höheren lügt, und der dem Gefühl ihres eigenen Glücks so gefährlich ist. Er lernte Personen von Verdienst unter diesen kennen, die sich in jeder Maske, in der die Vorsehung sie auf diese große Schaubühne der Welt gestellt hat, immer gleich sehen, und sie nahmen ihm das Vorurtheil, das sich zu den überspannten Vorstellungen, die wir vorhin angemerkt haben, so gern hinzuzugesellen pflegt, daß jedermann, der dem Range nach über uns steht, eben dadurch alle persönliche Hochachtung verlieren müsse. Er fühlte das große Prinzipium der Gleichheit alles dessen, was gleich denkt, das durch alle Stände und Verhältnisse geht, und nur dem Neide und der Unwissenheit durch äußere Dekorationen entzogen wird.

Unterdessen erschollen zu Hause die allerunangenehmsten und kränkendsten Nachrichten für einen Geistlichen: Johannes, der viel mit Offizieren lebte, sey unter die Soldaten gegangen; andere versicherten, er gehe mit niemand als dem Adel um, und sey Willens sich adeln zu lassen. Sein Vater, ohne auch nur die Unmöglichkeit von alle dem zu ahnden, erschrak über alle diese Gerüchte, als ob sich an ihnen gar nicht mehr zweifeln ließe. Endlich wurden alle seine Befahrungen, wie durch einen Donnerschlag, durch einen Brief bekräftigt, den er von Johannes aus Genf erhielt, wohin er einen jungen von Adel auf seinen Reisen begleitet hatte.

Des Propstes Tochter hatte anfänglich eine heimliche Freude darüber. Luzilla, dieses war ihr Name, war bis in ihr zwölftes Jahr die Bewunderung und der Neid — bloß ihrer eigenen Gedanken und des Spiegels gewesen, das heißt, sie war auf dem Lande erzogen und kannte die Stadt nur aus den Romanen. Man hatte ihr nichts desto weniger Singmeister und Sprachmeister gehalten, die sich ihr Vater mit großen Unkosten aus der Stadt verschrieb. Alles, was sie bisher von Johannes aus der Fremde gehört, hatte ihr, des Wehklagens seines, und des theilnehmenden Bedauerns ihres Vaters ungeachtet, sehr wohl gefallen. Zu wissen stehet, daß ihr Vater ein alter Mann war, der sich, wegen Zähnemangels und aus Liebe zur Ruhe, unaufhörlich mit dem Gedanken trug, sich einen Gehülfen an seiner Pfarre zu nehmen. Es war ihm also gar nicht recht, daß unser Johannes, für dessen Glück er die Gewährung auf sich genommen, so lang in der Fremde blieb.

Luzilla, in diesem Stück ihres Vaters wahre Tochter, hatte doch, in Ansehung der Art dieses Glückes und der Entwürfe zu demselbigen, von ihrem Vater sehr abgehende Meinungen. Ein junger Offizier wäre ihr in aller Absicht viel lieber gewesen, als ein junger Pfarrer. — Dieses währte, bis sie in die Stadt kam, da sie dann sehr geschwind das Subjekt mit dem Prädikat verwechseln lernte. Ich brauche diese Worte hier deswegen, weil ihr Vater, der ein vollkommenes Frauenzimmer aus ihr bilden wollte, sich alle Mühe gab, ihr die Wolfische Logik beizubringen, von der er zur Metaphysik und von dieser zur Moral übergehen wollte. Aber ach! ein unvorgesehener Zufall durchschnitt diesen schönen Plan. Eine Cousine von ihr in Holland fing eine Correspondenz mit ihr an; es war ein Elend, daß weder

Vater, noch Tochter, noch irgend ein anderer Gelehrter aus der ganzen Gegend ihr den Brief dechiffriren konnte. Nun war kein Rath dafür, das arme Kind mußte Französisch lernen.

Sie ward in die Stadt zu einer Französin gethan, die Kostgängerinnen hielt, und, weil sie vermuthlich ehedessen die Haushälterin eines mestre de camp gewesen war, sich sehr bescheiden Mlle. de Liancourt schlechtweg nennen ließ. Auch hatte alles, was von beau monde in der Stadt war, freien Zutritt zu ihr, worunter verschiedene Offiziere waren, die unsern herumschweifenden Johannes mit seinem rothen Geldbeutel bald aus ihrer Imagination verwischten.

Unterdessen flogen Thäler, Seen und Gebirge bei ihm vorbei; er nutzte überall, so viel er konnte, seinen Aufenthalt, obgleich aber seine Sinnen und Verstand unaufhörlich durch neue Gegenstände und Kenntnisse gefesselt wurden, so blieb doch das Innre seines Herzens ein Heiligthum, worin für seine wunderschöne Beutelstrickerin das heilige Feuer unauslöschlich brannte. Er hütete sich sehr, ihr Bild in seiner Phantasie wieder auszumalen, weil er aus der Erfahrung gemerkt, daß dieses ihn zu allen seinen Arbeiten untüchtig machte, und also von seinem Zweck immer weiter entfernte, aber der dunkle verstolne Gedanke an sie war ihm süßer, als alles Zuckerwerk, daß die schönen Geister aus dem heiligsten Schatz der menschlichen Natur, aus dem Geheimniß ihres Herzens, backen. Auch schrieb er ihr nie, ließ sie auch niemals grüßen. Zu sehr versichert ihrer gleichen Seelenstimmung, wars ihm, als ob sie ihm immer bei jedem seiner Schritte zur Seite stand, und alles wissen mußte, wad er that und vorhatte.

Bei ihr war es anders. Ein Jahr lang, als er nach England ging, hatte weder ihr noch sein Vater die geringste Nachricht von ihm erhalten. Als es darauf wieder hieß, er sey in Deutschland, spürte sie gerade so viel Freude darüber, als es ihr gemacht haben würde, vom Achmet Effendi zu hören, er sey wieder in Berlin angekommen.

Das war nun ganz natürlich; und welcher Herzens- und Mädchenkenner, der nicht etwa mit unserm Johannes sich im nämlichen Falle befindet, wird sie nicht entschuldigen?

Aber Johannes Mannheim nicht also. Als er zu Jungfer Susanna Luzilla Bulac in die Stube trat, und einen feinen jungen Abbé zierlich gekleidet auf ihrem Sopha erblickte, der an ihrem Metier Spitzen klöpfelte, sie aber, ein sauber gebundenes Buch in Taschenformat in der Hand, im mußlinenen Negligee nachlässig bei ihm hingegossen, wie sie verwundernd aufstand, ihn gleichgültig über und über, vom Haupt bis zu Füßen beschaute und seinen ehrerbietigen Bückling mit einem so schnell gezogenen Knicks, als ob er ihr schon leid thäte, eh er geendigt war, und den kurzen Worten beantwortete: Was wär' Ihnen lieb, mein Herr? — erschrak er fast sehr darob und seine Mienen sanken zu Boden. Mademoiselle! — sagte er, oder vielmehr er glaubte es zu sagen, denn in der That verging ihm alle Besinnung. Er hatte sich, als er die Zinnen der Stadt wieder zu Gesicht bekam, vorgenommen, eine der entzückendsten Rollen seines Lebens zu spielen. Sie würde ihn nicht erkennen, meinte er, und nun wollt' er, unter der Gestalt eines Fremdlings, jede Saite ihres Herzens mit Nachrichten von ihrem Johannes treffen, und sich das königliche Schauspiel geben, alle Widerwärtigkeiten und Gefährnisse seines Lebens zum andernmal schöner empfunden zu sehen, aber ach! —

Das Gespenst da, das häßliche Gespenst in dem runden, gepuderten Haar, mit seidenem Mantel an ihrem Metier — wo sein Beutel geklöpfelt war — —

Ich muß meinen Lesern diese Erscheinung erklären. Es war ein junger Stadtpfarrer, der sich in Luzillen verliebt, um sie angehalten, ihr Jawort, ihres Vaters Jawort erhalten hatte — und morgen sollte die Hochzeit seyn. Jedermann wünschte ihm Glück zu der Wahl, und ihr. Sie wären einander werth, sagte der Hauptmann Weidenbaum, der noch niemals was unschönes gesagt hat. Der Obriste von Wangendorf selber hatte dem jungen Paar seine Gegenvisite gemacht. Er hatte die junge Frau Kaplänin unter das Kinn gefaßt, und gesagt: wenn er einen Sohn bekäme, sollte er Pfarrer werden. Der Herr Obristlieutenant hatte ihr das Leben des Magister Sebaldus Nothanker in englischem Bande zugeschickt und mit eigener Hand auf Französisch vorn in das Buch geschrieben. Felicitez Vous, Mademoiselle, hatte er geschrieben, d'eviter les desastres contenue dans ce livre, et de faire les delices d'une ville, qui vous estime, au lieu d'errer de campagne à campagne, d'un village a l'autre, victime des préjugés de Votre etat et des maux les plus affreux de l'Indigence et de la superstition. Die sämmtlichen Herren von der Regierung hatten ihre Visiten mit Billetten, einige auch persönlich, erwiedert. Nichts desto weniger unterstand sich Herr Johannes Mannheim, den sie gleich auf den zweiten Blick erkannte, zu einer solchen Zeit, an einem solchen Ort, seine Visite zu machen. Er mußte von ihrer vorhabenden Vermählung wenigstens doch schon in England gehört haben.

Der Herr Hofkaplan blieben ungestört am Metier sitzen.

Johannes Mannheim schaute auf, stotterte, erröthete: „Ich komme um Ihnen viele Grüße — von einem gewissen Herrn Mannheim zu bringen."

Mein Herr, Sie sind gewiß unrecht, ich kenne so keinen Namen —

So keinen Namen? wiederholte Mannheim mit einem Ton, in welchen er alles legte, was seiner Imagination jemals von dem Ton der alten Redner in ihren Schranken, oder vor der Armee vorgeklungen seyn mochte.

Mannheim! rief der Abbé durch die Fistel, was ist das für ein Name?

Es ist — ich weiß nicht — vielleicht meinen Sie den Sohn von dem Pfarrer Mannheim, der ehedessen meines Vaters Nachbar war.

Ist ers nicht mehr? fragte Johannes.

So viel ich weiß, hat er die Pfarre verlassen. Doch Sie können die beste Nachricht davon einziehen bei dem Schulkollegen Hecht mein' ich, da pflegt er ja sonst zu logiren. Nicht wahr, mari! hast du ihn nicht neulich dort angetroffen?

Ach der Dorfpfarrer, versetzte der Abbé mitleidig. Ja, ich erinnere mich. Ist er Ihnen nicht gleichgültig, mein Herr?

Ich müßte der nichtswürdigste Stutzer seyn, wenn er mirs wäre, antwortete Johannes außer allen Sprüngen, es ist mein leiblicher Vater.

So? kreischte mein Abbé im höchsten Kammerton, und nickte wieder auf seine Arbeit hin.

Sie sehen also, mein Herr! daß Sie hier unrecht sind, sagte Luzilla, gehen Sie zum Schulhalter Hecht — der wird Ihnen näheren Bescheid geben.

Johannes sah fest auf den Boden und eilte fort. — Er kam zu seinem Vater. — Schon eh er ausreiste, hatte er so viele Theologie mitgenommen, daß er sich zur Noth hätte können examiniren lassen. Die vielseitige Bekanntschaft mit der Welt, die er sich nunmehr erworben, verbunden mit seinen andern Kenntnissen, erleichterten ihm die Mühe ins Predigtamt zu kommen. Sobald er sich das erstemal öffentlich hatte hören lassen, freute sich jedermann ein Werkzeug seiner Beförderung zu werden. Er bekam eine mittelmäßig gute Stelle. Viele meiner Leser werden stutzen und einen Roman zu lesen glauben, wenn sie finden, daß es ihm, ungeachtet seiner Inorthodoxie, doch mit seiner Beförderung geglückt sey. Er ließ es sich aber auch nur nicht einfallen, sich aus dem Eide einen Gewissensskrupel zu machen, mit dem er sich zu den symbolischen Büchern verband. Niemals war es sein Zweck gewesen, den Bauern die Theologie als Wissenschaft vorzutragen; es gingen sie also die Glaubenslehren der Kirche, so wenig als ihre Zweifel an. Das Mystische der einen, so wie das Aufgeklärte der andern geht weit über ihr Fassungsvermögen. Sehr wohl konnte er also für seine Person zu gewissen festgesetzten Lehren schwören, ohne welche keine äußerliche Kirche bestehen kann, und zu denen jeder den Schlüssel in seinem Herzen hat. Denn, im Grunde, was sind Lehren anders, als Vorstellungsarten, und welcher Eid kann diese binden, welcher Eid mich zwingen, Licht zu sehen, wenn ich im dunklen Zimmer stehe, oder umgekehrt? Genug, daß der Eid vorbauende Formel ist, keine Sachen zu lehren, die auf das Leben und die Handlungen der Zuhörer einen entgegengesetzten Einfluß haben, als welchen die wahre Religion auf sie haben soll. So sagte er also seinen Zuhörern kein Wort, weder von der Ewigkeit der Höllenstrafen, noch von der Vereinigung der beiden Naturen, noch von den Geheimnissen des Abendmahls, bis sie selbst darauf kamen, und sich insgeheim bei ihm Raths erholten, da er seinen Unterricht denn jedesmal nach der besondern Beschaffenheit der Person, die ihn fragte, einrichtete. Aber er lehrte sie ihre Pflichten gegen ihre Herrschaft, gegen ihre Kinder, gegen sie selbst. Er wies ihnen, wie sie durch eine ordentliche Haushaltung sich den Druck der Abgaben erleichtern könnten, deren Nothwendigkeit er ihnen deutlich machte. Er erzählte ihnen, wie es in andern

Ländern wäre, und machte ihnen ihren Zustand durch die Vergleichung mit schlimmeren, süßer. Er erzählte ihnen einzelne Beispiele von Hauswirthen, die durch ihren Fleiß und Geschicklichkeit sich empor gebracht, bewies ihnen, daß Arbeit und oft Mangel selbst der Samen zu all unserm zeitlichen Glücke seyen, und daß Vereinigung ihrer Kräfte, ihrer Heerden, ihrer Ländereien und Verträglichkeit und Freundschaft unter einander die Grundfeste ihrer und der ganzen bürgerlichen Wohlfahrt wären, und daß je wohlhäbiger sie durch gegenseitige Hülfe würden, desto weniger sie den Druck der Abgaben fühlten, desto weniger selbst Abgaben zu geben brauchten, die oft nur deswegen verwendet werden, den Kredit des Landes von außen emporzuhalten, weil er von innen zu sinken anfängt. Er bewies ihnen aus der ältern und neuern Geschichte, doch immer so, daß sie es fassen konnten, daß die Leidenschaften der Fürsten selbst immer mehr Entsehen vor dem wohlhäbigen und fleißigen, als vor dem dürftigen und verzagten Bürger gehabt, weil der Reichthum der Bürger auch ihr eigener wäre. Er warnte sie eben sowohl vor Ausschweifungen und Liederlichkeiten, als vor den frühen Heirathen und Zerstückelungen ihrer Grundstücke, welches alles Verwirrung und Armseligkeit in ihre Haushaltungen brächte. So fehlte es ihm keinen Sonntag an Stoff zum Reden, welchen er von einzelnen Fällen hernahm, und konnt' er nun gar nicht dazu kommen, jemals an aristotelischen oder andern theologischen Spitzfindigkeiten hängen zu bleiben. Die Vesper des Sonntags Nachmittags verwandelte er in eine ökonomische Gesellschaft, und zwar auf folgende Art. Er hielt ein kurzes herzliches Gebet in der Kirche, alsdann versammelte er die Vorsteher und die angesehensten Bürger des Dorfs um sich herum und sprach mit ihnen von wirthschaftlichen Angelegenheiten. Sie mußten ihm alle ihre Klagen über einander, alle ihre Bedenklichkeiten über diese und jene neue Einführung, alle Hindernisse ihres Güterbaues vortragen, und er beantwortete sie ihnen, entweder sogleich, oder nahm sie bis auf den folgenden Sonntag in Ueberlegung, mittlerweile er sich in Büchern oder durch Correspondenzen mit andern Landwirthen darüber Raths erholte. Endlich, damit er mit desto mehrerer Zuverlässigkeit von allen diesen Sachen mit ihnen reden könnte, ging er mit einem der wohlhäbigsten Bürger seines

Dorfs einen Vertrag ein, vermittelst dessen jener ihm, gegen so und so viel Stück Vieh und Auslagen der Baukosten, einen verhältnißmäßigen Antheil an seinem Kornacker sowohl als an seinem Wiesenbau zustand; zu diesem gesellte sich noch ein anderer, der einen Weinberg hatte, und siehe da ein kleines Landgut entstehen, das in sich selbst gegenseitige Unterstützung fand, weder Dung noch Holz zu bezahlen brauchte, und in einigen Jahren meinen Pfarrer und seine Mitinteressenten reich machte. Jetzt beeiferte sich jeder einen gleichen Vertrag mit ihm einzugehen, und, da dieses nicht wohl seyn konnte, schlossen sie sich an einander und ahmten seinem Beispiel nach. So ward in kurzer Zeit das Dorf eines der wohlhäbigsten in der ganzen Gegend.

Der Pfarrer hatte den Vorzug, daß er die Vortheile des Handels auf seinen Reisen kennen gelernet. Er war unerschöpflich an neuen Vorschlägen, ihren Ertrag zu Gelde zu machen. Er wußte, was jede Stadt in der Nähe für hauptsächliche Bedürfnisse hatte, und, wenn sie alle zusammen standen, wie denn in kurzer Zeit ihr Zutrauen zu ihm unbegränzt war, so machte das für diesen und jenen Handlungszweig was Beträchtliches. Er schloß sich auch bald benachbarten Edelleuten und ihren Dörfern an, und sein Genie, das nie rastete, theilte sich nach einigem Widerstande allen mit. Ein König hätte nicht inniger geehrt werden können, als er es von seinen Bauern ward.

Sobald sein Vermögen ansehnlicher ward, richtete er alles in seinem Hause mit einem Geschmack ein, der die Nacheiferung des Adels selber erweckte. Nun war es Zeit, auf die höchste Zierde desselben zu denken, auf die Königin, die aller dieser Vortheile froh mit ihm werden sollte. Ueber seiner rastlosen Thätigkeit hatte er den letzten Eindruck der Treulosen vergessen, die ihn, die Wahrheit zu sagen, durch eine Art Verzweiflung gespornt hatte, sich über ihre kränkende Geringschätzung hinauszusetzen. Er reiste also die Hauptstadt vorbei, und der erste Gedanke, der ihm einfiel, war der ehrwürdige Amtmann, dem er seine ersten Kenntnisse der Wirthschaft zu danken hatte. Dieser war ein Vater von mehreren Töchtern, von denen die beiden ältesten schon verheirathet, die beiden jüngsten und ein Sohn noch in seinem Hause waren. Er wußte, daß dieser Mann ihnen nichts mitgeben konnte, als eine vollkommen feine und geschmackvolle Erziehung, verbunden mit allen möglichen häuslichen Geschicklichkeiten, wovon er Augenzeuge gewesen war. Dieses, nebst seinem Wohlstande und seinem Ruf, gab ihm einige Hoffnung, so unglücklich seine erste Liebe gewesen war, in seinem zweiten Antrage mit besserem Erfolg etwas wagen zu dürfen. Er that es. Er kam, ward noch immer wie der Alte empfangen; die Augen der jüngsten der Töchter seines Freundes nahmen ihm in der ersten Stunde die Freiheit. Seine Unruhe war unaussprechlich, denn hier einen Korb zu bekommen, schien ihm unter allen Schicksalen, die er erstanden, das unerträglichste. Wie waren seit dem alle Vorzüge der jungen Schönen aus der Knospe gegangen! Aber die Entfernung, der Antrag selbst, das Wenige, was er anzubieten hatte, gegen die Ergötzlichkeiten einer großen Stadt, wo sie bei keiner öffentlichen Lustbarkeit unbemerkt blieb, sein Alter endlich selber, seine Person, die ihm niemals so häßlich vorgekommen war, sein Gesicht, auf dem jeder gehabte Unfall eine Spur nachgelassen hatte, die Unaufmerksamkeit auf die feinern Gegenstände der Unterhaltung, die ihm seine bisherigen häuslichen Sorgen und Geschäfte zugezogen, alles das machte ihn, wenn er sich ihr gegenüber befand und reden wollte, so kleinmüthig — soll eine solche Blume dazu geboren seyn, an meinem Busen zu verwelken? sagte er sich unaufhörlich, und eine Thräne trat ihm ins niedergeschlagene Auge.

Er bemerkte eine besondere Eigenschaft an ihr, die ihm wieder Muth gab, das war ein merkbarer Hang zur Einsamkeit. Ob, weil alle äußere Gegenstände, die die Stadt ihr aufweisen konnte, ihr Herz nicht befriedigten, ob, weil sie glaubte, daß es ihr besser ließe, lasse ich unentschieden; genug, es liefen bisweilen Monate hin, daß sie von dem Landgut, wohin sie ihren Vater allein zu begleiten pflegte, auch nicht nach der Stadt einmal hören mochte. Alsdann aber ergab sie sich auch im Gegentheil bei ihrer Wiederkunft den Ergötzlichkeiten der Stadt mit einer ordentlichen Art von Zügellosigkeit, und überhaupt hatte sie die bei Frauenzimmern so seltene Eigenschaft, nichts nur halb zu thun oder zu wollen.

Albertine! sagte er einsmal zu ihr, als sie eben von dem Landgut ihres Vaters nach der Stadt zurück fuhren — es war ein schöner heitrer Wintertag gewesen und die untergehende Sonne schien eben aus verklärten Wolken mit ihrer letzten Kraft auf den entgegenglühenden Schnee; er stand hinter ihrem Schlitten und führte ihn, derweile sie in ihrem Pelz eingewickelt den Himmel und den Schnee an Röthe beschämte — Albertine, sagte er, indem er sich zu ihr herüberbog, daß ich ein König wäre! Was fehlt Ihnen? rief sie hinter ihrem Schlupfer, mit einer Stimme deren Zauberklang er nicht länger widerstehen konnte. Ach! ich habe Ihnen weiter nichts als eine Pfarre anzubieten, schrie er, indem er sich plötzlich vom Schlitten losriß und sich mitten in dem Schnee vor ihr niederwarf. Eine solche Erklärung auf der öffentlichen Landstraße, auf der freilich wenig Menschen zu vermuthen waren, würde alles mögliche Beleidigende für sie gehabt haben, wenn nicht der Ausdruck seiner Stimme und die Thränen, die sie begleiteten, ihr Herz eben so ungewöhnlich angegriffen hätten, als der Antrag selbst ungewöhnlich und unerwartet war. Sie konnten eine Weile alle beide nicht zu sich selber kommen. Stehen Sie doch auf, sagte sie endlich mit schwacher Stimme. Wars denn hier Zeit? — Bei diesen Worten verhüllte sie sich in ihren Pelz, und er bekam den ganzen Weg über von ihr nichts zu sehen noch zu hören.

Ein Glück, daß er es so abgepaßt, daß der Schlitten des Vaters eben eine gute Viertelstunde voraus war. Er kam in der Stadt an, wie ein Verbrecher, der zum Gerichtsplatz geführt wird. Alles, was er sah und hörte, alle Fragen, die an ihn ergingen, selbst die Freundlichkeit, mit der der Amtmann und die Seinigen ihn aufzumuntern suchten, waren lauter Folterstöße für ihn. Albertine allein, war wider alle ihre Gewohnheit, wenn sie sonst nach der Stadt zu kommen pflegte, ihm heut vollkommen ähnlich. Als sie so im Zirkel saßen, und auf beider Gesichtern Angst sich zu verrathen mit tausend Empfindungen kämpfte, kam der kleine Bruder, ein rosiger Junge, von der Freude, so schien es, geboren, mit großem Geschrei in die Stube gerannt und rief: Albertine! Dein Bräutigam ist da.

Albertine antwortete anfangs nicht; als er aber es zum zweitenmal wiederholte und sie fragte: wo denn? und er antwortete: in deiner Kammer! und sie aufstand und hinausging — und in dem nämlichen Augenblick der Amtmann unserm Mannheim eine Berechnung des jährlichen

Ertrages seiner Ländereien vorlegte, und ihn dringend um seine Meinung fragte, um wie viel sie geringer oder vorzüglicher, als die in seinem Vaterlande wäre — so überlasse ichs dem menschenfreundlichen Leser, sich den Zustand des armen Johannes zu denken.

Ja — ja, sagte er, indem er das Blatt ansah, ohne etwas darauf zu sehen.

Was denn? fragte der Amtmann.

In dem Augenblick trat Albertine mit einem kleinen Buben aus der Nachbarschaft herein, den sie an der Hand führte. Mannheim sah auf und die Erhohlung von seiner Todesangst war so sichtbar, daß sich der Amtmann nicht entbrechen konnte, ihn zu fragen, was ihm gewesen wäre? Nichts, stotterte er. Albertine begab sich hinweg. Mannheim mußte um Erlaubniß bitten sich zu entfernen. Die entgegengesetzten Bewegungen, die seine Seele in so kurzer Zeit aufeinander erfahren hatte, überwältigten seinen ganzen Nervenbau; er fühlte die angenehme Hoffnung in seinem Innersten, er werde diesen Abend vielleicht nicht überleben.

Der Amtmann wollte ihn nicht fortlassen. Er zwang ihn, ein Bette in seinem Hause anzunehmen; jedermann merkte bald, daß Mannheims Zerrüttung mehr als eine leichte Unpäßlichkeit war.

Er verfiel in der That in eine Krankheit, die der Arzt dem besorgten Amtmann noch gefährlicher abschilderte, als sie wirklich war. Der Amtmann und seine ganze Familie blieben den Tag traurig; Albertine allein nahm eine gezwungene Munterkeit an. Ihr Vater, den dies aufmerksam machte, ging den folgenden Tag verstolner Weise auf ihr Zimmer. Er überraschte sie den Kopf in die Hand gestützt, in einem Meer von Thränen. Was giebts hier? sagte er; das ist ein ganz neuer Aufzug, Mademoiselle Albertine! Sie sprang verwirrt von ihrem Stuhl auf, griff nach einem Buch, wollte Entschuldigungen suchen — still nur! sagte er; ich habe wohl gesehen, daß du nicht gelesen hast. Auch kann ein Buch dich so nicht greinen machen, das laß ich mir nicht einreden. Papa! sagte sie und faßte ein Herz, thun Sie mit mir, was Sie wollen, indem sie zitternd ihm nach der Hand griff — ich liebe den Pfarrer Mannheim. Ei, wenn es nichts mehr als das ist, sagte der Alte, ich liebe ihn auch. Es steht aber dahin, ob du ihm auch so wohl gefällst, wiewohl seine Krankheit und eure beiden Affengesichter letzthin — ei, laß uns einmal einen Versuch wagen, und zu ihm auf die Kammer gehen. Nimmermehr! sagte Albertine! ich muß es Ihnen nur gestehen, Papa: er hat mir letzt eine Erklärung gethan, und das ist die Ursache seiner Krankheit.

Ei so sollst du hingehen und ihm die Gegenerklärung thun, sagte der Alte; indem er sie mit Nachdruck an die Hand faßte, und zu Mannheim in das Zimmer zerrte. Ich nehme es auf mich, es bei deiner Mutter und Schwester gut zu machen, und — einen ehrlichen Mann, wie den, und einen alten Bekannten in meinem Hause sterben zu lassen — Mädchen! Mädchen! wenn du mir nicht so lieb wärst —

Man kann sich vorstellen, was diese letzten Worte, die er hörte, auf den Kranken für einen Eindruck gemacht haben müssen. Eine himmlische Musik in dem Augenblick, da ihm die scheidende Seele vor die Lippen trat, könnte ihm nicht willkommner gewesen seyn. Er mußte sich mit Mühe halten, daß er nicht aus dem Bette und ihnen hin zu Füßen stürzte. Da hast du sie! sagte der Alte mit den Worten unsers unvergleichlichen Dichters, den er seinen Töchtern allein auf dem Nachttisch erlaubte. Albertine mit niedergeschlagenen Augen und einer unabgewischten Thräne auf der Wange, sagte kein Wort. Er sog an ihrer Hand das Leben wieder ein, das er nicht geachtet hatte; er hing mit seinen Lippen dran, als ob ein Augenblick Unterbrechung der Augenblick seines Todes wäre. Die Bewegung ihrer Hand war wie eines Arztes, der seinen Kranken gern wieder gesund sähe; im nächsten Augenblick wollte sie sie wegziehen, aber es schien, als ob ihr die Kraft dazu fehlte. Ihre Geschwister kamen. Der Vater entdeckte ihnen den Vorfall kurz, und erwartete ihre Antwort nicht, sondern lief zur Mutter, die er in Thränen herbeiholte. Alle willigten ein. Der Entfernung und der andern Schwierigkeiten ward aus Schonung für den Kranken nicht erwähnt. Alles richtete sich ein, wie er besser wurde.

Man erlasse mir die Beschreibung der Hochzeit. Mit meiner Leser Erlaubniß wollen wir uns in die Thür des Pfarrhofes stellen, und unser junges Paar bei seinem Einzug bewillkommnen.

Zweiter Theil.

Als Albertine ihren Vater und ihre Geschwister, die sie begleitet hatten, aus dem Gesicht zu verlieren und von lauter fremden und unbekannten Gegenständen sich umgeben zu fühlen anfing, verdoppelte sich die Angst ihres Herzens, und folglich auch die Thränengüsse, in welchen diese sich von ihrer frühsten Jugend an Luft zu machen pflegte. Da es ihr nun jetzt, besonders wegen des Abschieds von den Ihrigen an keinem Vorwand fehlte, beschloß sie, der unbeantworteten bekümmerten Fragen ihres Mannes unangeachtet, sie wolle sich einmal recht satt weinen.

Sie kamen nach einer starken Tagereise vor den Thoren ihres Dorfes an. An dem Heck stand der Schulze des Dorfes mit entblößtem Haupte, nebst einigen der Angesehensten aus der Gemeine: wir haben schon seit Sonnenuntergang auf Sie gewartet, Herr Pfarrer, sagten sie. Tausend Glück und Segen zu Ihrer Veränderung! Mannheim schüttelte jedem von ihnen die Hand, ohne daß er zu antworten im Stande war. Sie sahen ihm die innere Bewegung seines Herzens auf dem Gesichte wohl an, und begleiteten ihn mit entblößten Häuptern bis vor die Thür seiner Pfarrwohnung. Dieser Anblick war ein wehendes Abendlüftchen für das ermattete Herz unserer Albertine. Sie hoben sie beim Heraussteigen aus dem Wagen; ihre Freundlichkeit schlug in dem Augenblick, als die rauhen Kerle sie sahen, einen monarchischen Thron in ihrer aller Herzen auf; sie nöthigte sie herein, sagte ihrer alten Haushälterin, die sie vor sich fand, sie möchte ihnen allen ein Abendessen machen. Das wäre alles schon bestellt, versetzte jene. Nur drei aus der Gesellschaft nahmen die Einladung der jungen Frau Pastorin an, und baten sie, zu ihrem nicht geringen Erstaunen, mit ihnen vorlieb zu nehmen. Die Gemeine hätte sich die Freiheit genommen, ihren lieben Herrn Pfarrer Mannheim bei einer so außerordentlichen Gelegenheit zu bewirthen. Hier ist mein Assoziirter, rief Mannheim, der eben mit dem vierten Gast, den er mit Gewalt beim Fortgehen noch von dem Hofthor zurückgeschleppt, in die Stube trat, diesem wackern Mann, liebe Frau, haben wir alle Ordnung zu danken, die du in unsern Zimmern findest wirst. In der That hatte er während der Abwesenheit des Pfarrers noch verschiedene Zimmer überweißen und die Decke des Hauptsaals, den der Pfarrer, so wie den ganzen neuen Flügel der Pfarrwohnung, auf seine Kosten angelegt, von neuem gipsen lassen, und ihm überdem ein Dutzend sauberer neuerer Stühle hineingestellt. Der gute Mann wußte nicht, daß sich Mannheim aus der Stadt Tapeten mitgebracht. Einige andere Möbel, die Albertine in die Haushaltung mit bekam, trugen nicht wenig zur Verschönerung des Ganzen bei, und das väterliche Silberzeug und Theeservice ließen sie in den ersten Tagen ihrer neuen Einrichtung noch immer in dem freundlichen Wahn, sie sey in dem Hause ihres Vaters.

Die Abendmahlzeit war eine der feierlichsten, die jemals in dem Dorf gehalten worden. Kaum hatten sie eine Viertelstunde am Tisch gesessen, so kam eine große Prozession von Knaben und Mädchen, alle mit Wachslichtern in den Händen, in den Hof eingezogen, stellte sich unter's Fenster und brachte der jungen Frau Pastorin eine förmliche Serenade mit den Musikanten, die im Dorf waren, wozu einige der besten Stimmen von ihnen von dem Schulmeister dazu verfertigte Stanzen sangen. Es ward Wein hinausgeschickt; der Schulmeister kam herein und brachte im Namen der ganzen Gesellschaft die Gesundheit des Herrn Pfarrers und der Frau Pastorin aus, wozu die draußen stehenden mit einem herzlichen Hoch! einstimmten. So beschloß dieser erste Abend und wiegte unser junges Paar auf den Flügeln der Liebe ihrer Gemeine zu einer erquickenden Ruhe ein, die sie wegen der Reise und den mancherlei Abwechselungen so nöthig hatten.

Der zweite Tag schien sich ein wenig zu bewölken. Jetzt mußten Besuche abgestattet werden, und zwar zuerst bei dem Herrn des Dorfes. Mannheim ließ sich bei ihm zum Nachmittage melden; er schickte zurück und lud sie zum Mittagsessen ein. Nun hatte die Höflichkeit des gnädigen Herrn, der ohnedem eine Zeitlang in französischen Diensten gestanden hatte, noch eine besondere Springfeder, die war, daß Mannheim mit ihm im Handel wegen einer seiner Zehenden stand, mit deren Einforderung er, weil er die Kniffe der Bauern nicht kannte, viele Mühe hatte. Die Dame aber und das Fräulein und sein Bruder, welcher bei ihm wohnte, nebst einem weitlosen Vetter, die alle nicht aus Deutschland gekommen waren, hatten noch alle das Rauhe, Herbe und Ungenießbare des Adelstolzes, der eben dadurch, weil er seinen Rang andern fühlen läßt, alle Hochachtung, die sein Rang Vernünftigen einflößen würde, zu Boden schlägt, und den gerechten Stolz aller edlen Menschen wider sich empört, die ihm in jedem Augenblick die große Wahrheit zurückzufühlen geben: Kein Mensch kann dafür, wie er geboren ist.

Diese Art Leute beraubt sich aller wahren Schätze und Vorzüge des Lebens. Ihre Verachtung wird von denen mit ihnen gränzenden Ständen mit Verachtung erwiedert, und, weil sie vor ihren Obern nach ihrem angenommenen Grundsatz wieder kriechen müssen, so sind sie eigentlich die Allerverachtesten unter allen Menschenkindern. Rechnet man dazu die Leerheit in der Seele, die dieses ewige Aufblähen ihrer selbst verursacht, so wird man ihren Zustand, anstatt ihn zu beneiden, in der That eher zu bedauern versucht werden.

Auf der andern Seite giebt es einen Stolz der niedern Stände, der eben so unerträglich ist. Das heißt, wenn sie einen gewissen Troß, der zu nichts führt, als alle Verhältnisse, die unter Menschen eingerichtet sind, einzureißen, für die nothwendigste Eigenschaft eines braven Menschen halten, der sich, wie sie sagen, nicht unterdrücken läßt. Sie bedenken nicht, daß eben dieser Stoß in die Rechte der andern, einen Gegenstoß veranlaßt, der gerade das macht, was sie Unterdrückung nennen, nnd am Ende die traurige Spalte zwischen den beiden Ständen, ich meine dem Adel und dem edeln Bürger zurückläßt, die einander doch so unentbehrlich sind.

Wenn jeder Theil dem andern voraus hinlegte, was ihm gehört, würde jeder Theil auch seiner Seits sich zu bescheiden wissen, nicht mehr zu fodern, und lieber aus Großmuth etwas von seinen Rechten fahren zu lassen, die ihm der andere aus eben dieser Großmuth mit Zinsen wieder bezahlte.

Der gnädige Herr empfing unsern Pfarrer nebst seiner Frau im Speisesaal; die gnädige Frau nebst dem Fräulein ließen sich nicht eher als nach ein Uhr sehen, da sie sich denn, nach einem kurzen Kompliment von weitem, an ihre

Plätze setzten, und überhaupt thaten, als ob sie der Besuch nicht anginge. Der gnädige Herr, der ein munterer Mann war, setzte die Frau Pfarrerin zu sich; Pfarrer Mannheim ging und nahm ungebeten seinen Platz zwischen der gnädigen Frau und dem Fräulein, deren Antlitz sich mit Blut übergoß, weil eben dieser Platz dem Vetter vom Hause bestimmt war. Sie geruhten wenig über Tisch zu sprechen, aßen desto mehr, richteten das Gespräch aber immer an den Herrn Onkel und Herrn Vetter, die wenig zu antworten wußten. Pfarrer Mannheim mischte sich in alles mit seiner Beredtsamkeit und Weltkenntniß, und hatte bei jedem dritten Wort eine Gans auf der Zunge. Das Wort Gans schlug so oft an die Ohren der gnädigen Frau, daß sie in ihrem Innersten eine dunkle beklemmende Ahndung zu spüren anfing, daß diese öftere Wiederholung ein und desselben Worts kein bloßes Werk des Zufalls seyn dürfte, und, wie denn kein Unglück und keine Furcht allein geht, gesellte sich auch zu dieser ihrer Furcht, eine noch viel alpmäßiger drükkende, es möchten andere in der Gesellschaft eben dieselbe tolle Ahndung haben können; kurz, sie ward so geschmeidig und freundlich gegen ihren Beisitzer, den Pfarrer Mannheim, daß es einem Zuschauer, der von ungefähr dazu gekommen wäre, das Werk eines halben Wunders geschienen haben müßte. Sobald sie einlenkte, ward Pfarrer Mannheim auch artiger, und gab ihr auf eine feine Art zu verstehen, daß man einem vernünftigen Mann es durchaus von selbst zutrauen müsse, daß er gegen das, was Wohlstand und Verhältnisse erfoderten, nicht verstoßen werde, daß man ihn aber eben dadurch, daß man dächte, er könne dies und jenes bei andern Gelegenheiten mißbrauchen, in die Nothwendigkeit setzte, falls er nicht ein Pinsel wäre, sich bei allen möglichen Gelegenheiten mehr herauszunehmen, als er sollte. Und überhaupt, sagte er, giebt das einen peinlichen Umgang, wenn man in Gesellschaften nichts weiter zu thun hat, als auf seiner Hut zu seyn, dem andern nicht zu viel einzuräumen.

Ja, wenn der andere ein vernünftiger Mann ist, sagte der Onkel mit einem sehr gnädigen Blick.

Von dem rede ich nur, sagte der Pfarrer. Sie trinken heute Nachmittag den Kaffe im Garten mit uns, sagte die

die gnädige Frau. Haben Sie den Almanach der Grazien gelesen? fragte das Fräulein.

Diese Fragen kamen so unmittelbar auf einander, daß er sie nicht anders als mit einem ehrerbietigen Bückling und einem feinen Lächeln am Munde beantworten konnte. Er sagte, er wolle den Nachmittag die Gnade erbitten, der gnädigen Frau und dem gnädigen Fräulein einige Zeichnungen von seinen Reisen in der Schweiz zu weisen, worunter besonders die Gegenden des pays de Vaux wären, die Rousseau in seiner Heloise so meisterhaft geschildert.

O Sie sind ein allerliebster Mann, sagte das Fräulein.

Die Tafel ward aufgehoben. Nun war der Damm eingerissen, der bisher die Konversation gehemmt; alles floß in Geselligkeit und Scherz und — Vertraulichkeit zusammen.

Eine harte Prüfung stand ihnen noch bevor. Als sie alle zusammen in Eintracht in der großen Sommerlaube im Garten um den Kaffetisch saßen, und die schmeichelnden Frühlingslüfte den Erzählungen Mannheims von der französischen Schweiz einen geheimen Zauber gaben, der ihn mit Einstimmung aller zum Hauptheldeu auf der Scene machte — führte das Glück oder Unglück, ganz wie aus den Wolken gefallen, einen nicht eben allzureichen Edelmann aus der Hauptstadt nebst seiner Frau Gemahlin herbei, der eigentlich dort nur die sehr mäßigen Zinsen seines Kapitals verzehrte, auf dem Lande aber überall sich das Ansehen gab, als ob er einen außerordentlichen Einfluß am Hofe und besonders auf den Landesherrn habe, der ihn weiter nicht als Figuranten in der Antichambre zu kennen das Glück hatte. Diese Erscheinung war wie ein Hagelwetter nach einem Sonnenschein; alle Gesichter fielen in ihre angeborne Karrikatur zurück, und Oede und Leere, wie ehemals im Chaos, herrschte nun in der Gesellschaft. Pfarrer Mannheim hielt es nicht für nöthig mit seinem Weiblein davonzuschleichen, so sehr ihm die Augen aller Anwesenden es zu rathen schienen; er faßte gleich beim Eintritt des Fremden, seinen Stuhl an, damit ihm dieser nicht etwa im Hurly Burly genommen werden könnte, war aber übrigens ungemein ehrerbietig und zurückgezogen bei den ersten Komplimenten. Kaum hatte der Fremde und der Hausherr sich gesetzt, so nahm er und seine Frau ihren alten Platz ein, so daß wahrhaftig für das gnädige Fräulein und den Herrn Vetter kein Stuhl mehr übrig blieb, und sie genöthigt waren den Bedienten unverzüglich darnach zu schicken. Das ist der berühmte wunderbare Herr Pfarrer Mannheim, sagte der Hausherr, um diese Reibung der Gesellschaft zu maskir n, der aus seinen Bauern Edelleute und aus seiner Kirche eine Akademie der ökonomischen Wissenschaften machen will.

Diese hohe Ankündigung sollte auf einer Seite dem neuen Gast alle Befremdung, einen Prediger in dieser Gesellschaft zu finden, ersparen, auf der andern dem Pfarrer Mannheim auf eine sehr subtile Art eine Erinnerung geb n.

Der Höfling, dessen Augen ohnehin immer zusamm n-gezogen waren, that, als ob er den Pfarrer Mannheim nicht sähe.

Es ist mir wenigstens schmeichelhaft, gnädiger Herr, sagte der Pfarrer Mannheim, daß unser Landesfürst mich durch ein eignes gnädiges Handschreiben seines Beifalls versichert hat.

Es war, als ob er eine Rakete unter die Leute geworfen; alle Augen waren auf ihn gerichtet.

Unterdessen kamen die Stühle für das Fräulein und den Herrn Vetter an.

Und ich hoffe, daß nächstens, fuhr er fort, auf meinen unterthänigsten Vorschlag, in Ansehung der Austheilung der neuen Kopfsteuer, wie mir Se. Excellenz der Präsident von der Kammer versichert haben, eine eigene Kommission von Seiten der Kammer und eine andere von Seiten unsers Oberamts niedergesetzt werden soll, um die eingeschlichenen Mißbräuche zu heben, die den Landmann so sehr beeinträchtigen, als die landesfürstliche Kasse.

Das wäre in der That sehr nöthig, sagte der Herr vom Hause.

Der Höfling maß ihn mit seinen Augen, welches der Pfarrer Mannheim erwiederte

Auf ihrer Seite that Albertine alles mögliche, um das Fräulein zu besänftigen, die, wegen des Vorfalls mit den Stühlen und wegen ihrer Entfernung von der neuangekommenen Hofdame, sich noch gar nicht erholen konnte. Sie sprach mit ihr von einigen neuen Kopfzeugen, die sie aus ihrer Vaterstadt mitgebracht, und von denen sie ihr das Muster schicken wollte. Das Fräulein nickte mit dem Kopf und lächelte, daß man geglaubt hätte, sie weinte. Das, was die gnädige Frau aufhaben, fuhr Albertine sehr laut fort, ist eben keins von den neuesten. Die Hofdame schlug die Augen fest vor sich nieder. Indessen, sagte Albertine weiter, um sie zu trösten, ist es nach meinem Auge von unendlich mehrerem Geschmack, als die neueste Art mit den fatalen Fledermäusen und dem Gesimse auf dem Kopf. Der Höfling wandte sein Auge bei diesen Worten, die mit einiger Laune ausgesprochen wurden, mitten in dem tiefsinnigsten Gespräch mit dem Herrn von Hause, auf die Frau Pastorin.

Der Pfarrer Mannheim, der schon wieder als Insekt da saß, und wohl merkte, daß das tiefsinnige Gespräch der beiden Herren sich auf nichts herumdrehte, als daß beide etwas leise gegeneinander die Lippen rührten, ohne daß einer von den Worten des andern das geringste verstand — fuhr mit einer neuen Rakete zwischen ihnen drein.

Ich muß mich sehr wundern, sagte er, und richtete sich gerade an den Herrn vom Hofe, der ihm schon durch das allgemeine Gerücht bekannt war, daß die meisten Herren von Adel ihre Kapitalien hiesigen Kaufleuten anvertrauen, wo sie doch so unsicher stehen, and sich nicht nach Holland wenden, das wir so nahe haben, und wo ich durch sichere Briefe weiß, daß die Konkurrenz bei gegenwärtigem Kriege viel größer ist.

Wie meinten Sie das, fragte der Herr vom Hofe, und rückte seinen Stuhl näher —

Pfarrer Mannheim that, als ob er diese Frage nicht hörte, sondern stand in dem nemlichen Moment vor der gnädigen Frau, von der er sich mit einem sehr tiefen Bückling beurlaubte, alsdann seine Frau an die Hand nahm, und sie denen Herren zum Abschied präsentirte, die außerordentlich höflich waren. Der Herr Vetter, der den Augenblick in den besten Humor von der Welt kam, bat sich die Erlaubniß aus, sie nach Hause zu begleiten; Pfarrer Mannheim verbat sichs, weil vermuthlich sein Kutscher auf ihn warte; der junge Herr hob sie also in den Wagen, und so endigte sich dieser Besuch.

Wir wollen ihn einmal besuchen, sagte der Herr vom Hause, als er fort war. Der Mann gefällt mir besser als die Frau, sagte die Hofdame. Mir auch, wiederhallte das Fräulein. Der Vetter, der zurückgekommen war, lächelte, wie einer, der vergnügt ist, ohne zu wissen warum. Alles ging wieder in betäubende Stille über.

Als sie nach Hause gekommen waren, bat Albertine ihren Mann sehr ernstlich, daß sie doch heute keine Visite mehr machen möchten. Er bestand aber darauf, den Abend bei seinem Assoziirten zu essen, welches auch geschah. Beide kamen merklich vergnügter von dort nach Hause, als sie beim Mittagessen gewesen waren. Denn da waren sie die streitende Kirche, hier aber die triumphirende, und sie verbreiteten, durch ihre Freundlichkeit und Gesprächigkeit, so viele Freude bei diesem wackern Bürger, dessen Haushaltung gewiß mit so vielem Geschmack eingerichtet war, als die Haushaltung des wohlhäbigsten Kaufmanns in der Stadt es nur immer seyn kann, daß er ihnen gern sein Herz aus dem Leibe vorgesetzt hätte.

Albertine, welche ihren Mann inständigst bat, sie soviel möglich aller sogenannten Staatsvisiten zu überheben, fing nun an das Bedürfniß nach Gesellschaft, das heißt, einer Gesellschaft, die ihr nach Herz und Sitten gleich gestimmt war, ziemlich lebhaft zu spüren. Sie wollte es ihrem Manne anfangs nicht sogleich gestehen, aber alle ihre geheimsten Correspondenzen nach Hause waren voll davon. Der Mann hatte sein Amt; er hatte vor allen Dingen seine wirthschaftlichen Angelegenheiten, die ihn oft den ganzen Tag forderten, so daß er nur wenige Abendstunden der Erhohlung in dem Schooße seines Weibes widmen konnte; sein eigen Herz flüsterte es ihm gar bald zu, daß seine Frau unmöglich den ganzen Tag allein bleiben könne; er traf also ingeheim Verfügungen, und eben als er an einem Nachmittage seiner Frau, die einen Augenblick in den Garten gegangen war, ihren Sallat zu besehen, ein Briefchen aus ihrem offenen Schreibpult stahl, in dem sie mit folgenden Worten ihr Herz gegen eine Freundin erleichtert:

„Den besten Freund meines Lebens an meiner Seite, in einem Hause, wo es mir an nichts fehlt, und jeder meiner Wünsche mir durch die Sorgfalt meines Mannheims entgegen eilt, fehlt mir doch immer noch ein Herz, das mein Glück, selbst das Glück so geliebt zu seyn, als ich bin, mit mir theilt, sich mit mir freut, wenn ich närrisch bin, mit mir das Maul hängt, wenn der Himmel trübe ist: liebes Lieschen das bist du" — —

Man stelle sich vor, wie unserm Weiblein zu Muthe ward, als sie über ein Krautbeet sich emporhub, einen Wagen im Hofe rasseln hörte, unter ihrem Sonnenhütchen heraussah, und in dem Augenblick sich von den Armen eben desselben Lieschens umschlungen fühlte, an welche sie den obigen Brief unvollendet gelassen. Ihn mit dem offenen Briefe in der Hand die Treppe hinunterstürzen, sie mit ihrem lieben Lieschen an der Hand, als ob es von ungefähr geschehen, ihm entgegen fliegen — und hernach aus diesem süßen Traum mit der Empfindung aufwachen zu sehen, daß er ihr von ihrem Mannheim zu rechter Zeit geschickt war — überlasse ich dem theilnehmenden Herzen meiner Leser und Leserinnen sich selber abzuschildern.

Das Bedürfniß seiner Frau war befriedigt; aber nachdem dieses kleine Trio eine Zeitlang gedauert, fühlte er, daß sich für sein Herz ein ähnliches anhub. Er sann also ein Befriedigungsmittel aus, das ich mich nicht enthalten kann zum Besten des Ganzen allgemein bekannter zu machen, besonders, da ich es nur, als ein sehr schlecht gekritzeltes Kupferblatt, von einem Originalgemälde kopirt habe, das zu allgemein bekannt und verehrt ist, als daß es meines Lobes bedürfte. Es ist das große Gemälde deiner Haushaltung mein S—, das ich vor Augen habe, und von dem ich gern Modelle für alle mögliche Klassen von Menschen vermannigfaltigen möchte.

Er wußte, welch eine unangenehme Epoche im menschlichen Leben der Uebergang vom Jünglingsalter zu männlichern Geschäften macht, und wie nöthig jungen Leuten, die von der Akademie kommen, oder sonst in dem Vorbereitungsstande zu wichtigern Geschäften stehen, ein Hafen sey, in welchem sie ihr Schiff takeln, kalfatern und segelfertig machen können, ehe sie es wagen dürfen, es vom Stapel abzulassen. Er machte also seine Spekulationen auf diese Vorbereitungsjahre edler Jünglinge, die nicht durch Kriechen, oder sich an Schürzen hängen, sondern durch das Bewußtseyn innerer Kräfte, in Aemter, oder zu Künsten aufgenommen zu werden strebten, und öffnete ihnen, sobald er diesen Funken in ihnen entdeckte, sein Haus ohne Ausnahme gegen keine andere Entschädigung, als daß sie einige Stunden von ihren täglichen Beschäftigungen zu dem Umgange mit ihm und seinem Hause abbrächen, der ihnen in allen

Rücksichten nicht anders als höchst vortheilhaft seyn konnte. Hier hatte er eine beständige Unterhaltung für seinen Geist und sein Herz, und schuf sich eine Menge Freunde von so mannichfaltigem Charakter, Talenten und äußeren Beziehungen, daß es eine wahre Weide für seine Seele war, sie mit all ihren Eigenheiten und auszeichnenden Bestimmungen in ruhigen Stunden vor seiner Einbildung vorbeigehen zu lassen, und der Stoff zur Unterhaltung mit den Seinigen niemals fehlen konnte. Alle diese verschiedenen Menschen breiteten sich nachher bald hie bald dort hin aus, und das edelste Gefühl im Menschen, das unter allen am letzten unterdrückt werden kann, die Erkenntlichkeit, die sie von ihm mitnahmen, machte, daß sie, wenn sie in bessere Verfassungen gekommen waren, seiner weder in Briefen noch in Aufträgen, die er an sie hatte, jemals vergessen konnten, wodurch denn seine Korrespondenz und sein Wirkungskreis einer der angesehensten im Königreich war.

So ward sein Haus in gewisser Art eine Akademie der Künste und Wissenschaften, weil sich Künstler und Gelehrte zu ihm flüchteten. Er hatte dabei keine weitere Unkosten, als daß er ein Paar Zimmer in seinem Hause für sie zurichten ließ, und denen, welche mäßig waren, wie es ächte Künstler und Gelehrte immer sind, Mittags und Abends eine Serviette mehr hinlegen ließ, welches in einer Haushaltung auf dem Lande kaum merklich wird. Vom Thee und Kaffe und Taback war in seinem Hause niemals die Rede, wohl aber von Obst und Früchten, wie es die Jahreszeit mit sich brachte.

Vielleicht wird es einige meiner Leser interessiren, zu erfahren, wie Albertine ihrem Manne den Rauchtaback, und er ihr zur Dankbarkeit den Kaffe abgewöhnt. Albertine hatte ihm einigemal gesagt, daß sein Zimmer übel röche, und daß sich der Geruch in seine Kleider zöge; er spottete ihrer falschen Delikatesse, nahm seine Tabacksdose, sie zu quälen, auf ihr Zimmer, und rauchte ihr beim Vorlesen den ganzen Abend vor. Sie ließ es hingehen. Einen Monat mochte vom Taback gar nicht wieder die Rede gewesen seyn, als er auf einmal an einem Morgen seinen kleinen Johannes, das erste und nun schon zweijährige Söhnchen, das sie ihm geschenkt hatte, mit einer langen thönernen Pfeife im Munde gewahr ward. Frau, sagte er, indem er roth ward und dem Kleinen nicht ohne Widerstand die Pfeife aus den Händen nahm, das Spielwerk taugt nichts für Kinder. Die Frau verbiß ein geheimes Lächeln, und sah emsig auf ihre Arbeit. Er kam den Abend wieder mit seiner Pfeife auf ihre Stube; den Morgen fand er seinen kleinen Jungen wieder in der nämlichen Stellung. Was ist denn das mit der Pfeife? sagte er, und konnte sich nicht enthalten zu lachen, und zugleich noch röther zu werden. Kann ichs ihm abgewöhnen, sagte sie mit der größten Sanftmuth, wenn er dich alle Abend rauchen sieht? Du weißt, wie die Kinder sind; alles, was die Alten thun, macht ihnen Freude. Und wer hat ihm die Pfeife gekauft? fragte Mannheim und versteckte seinen Kopf an ihrer Brust; hier fand sie es für gut, ihm aus dem Stegereif eine kleine Gardinenpredigt über das Rauchen, sobald es Gewohnheit wird, zu halten. Es ist eine Kette, sagte sie, an der du ziehst, die dir alle deine übrigen Vergnügungen verdirbt, darum nur, darum habe ich was dagegen einzuwenden. Du bist nirgends ruhig, wenn dich nicht die Pfeife begleitet, und du magst es dir verheelen, wie du willst, es bleibt immer eine kleine Unreinlichkeit. Ich habe einen Menschen gekannt, der sich parfumirte, wenn er geraucht hatte, und er kam mir gerade so vor, wie ein Schinken, den man aus dem Rauch nimmt, und eine Sauce von Zitronen dran macht. Ueberlassen wir das Rauchen den Unglücklichen, die keine andere Freude haben, den Wallfischfängern in Grönland, oder den Negern in Zuckerplantagen, die ein Opium brauchen, um sich gegen ihr Elend zu betäuben, aber du, im Schooße des Glücks, in meinem Schooße — hier faßte sie ihn mit unaussprechlicher Schmeichelei unter das Kinn. Er ging trotzig fort. Den Abend ward Pfeife und Taback in den Ofen geworfen, und den Morgen ließ er sein Studirzimmer von neuem ausweißen, und flüchtete in das Zimmer seiner Frau.

Nach langer Zeit ward er inne, daß seine Frau es mit dem Kaffe hielt, wie er mit dem Rauchtaback. Ihr war nicht wohl, wenn sie des Morgens ihren Kaffe nicht genommen, und sehr oft überfiel er sie mit ihrem Lieschen auch des Nachmittags am Kaffetisch, wo sie einander wie wahre Stadtweiber, die Schaale in der Hand, mit den Neuigkeiten ihrer Correspondenzen unterhielten. Sobald sein Weib oder ihr Lieschen übles Humors war, ward es hernach zur Gewohnheit, daß zweimal Kaffe getrunken werden mußte. Er wollte beide einmal auf die Probe setzen, und las ihnen bei Tisch einen erdichteten Brief vom Präsidenten vor (mit dem er wirklich korrespondirte) in welchem dieser ihm meldete, es würde nächstens eine landesfürstliche Verordnung bekannt gemacht werden, worin allen Privatpersonen ohne Ausnahme der Gebrauch des Kaffe bei schweren Geldstrafen untersagt werden würde, dafern sie sich nicht eine unmittelbare Erlaubniß vom Landesherrn durch Bezahlung einer dazu ausgesetzten Geldsumme, auswirkten. Seine Frau und Lieschen sahen einander an; beide suchten die verschiedenen Empfindungen, die diese Neuigkeit in ihnen veranlaßte, jede auf ihre Art, zu verbergen, endlich konnte sich Lieschen nicht länger halten, und brach aus: Werden Sie uns diese Erlaubniß denn kaufen? Mannheim lächelte. Du würdest wohl ohne Kaffe nicht leben können, aber ich hoffe, was meiner Frau gut ist, wird dir auch recht seyn. Hierauf setzte er ein sehr ernsthaftes Gespräch mit einem seiner jungen Freunde fort. Als er vom Essen aufstand, und sie küssen wollte, stürzten zwei unbändige Thränen, die sie mit aller ihrer Mühe und Kraft beim Essen zurückgehalten hatte, ganz wider ihren Willen und Absicht, von den Wangen der armen Albertine den muthwilligen Lippen Mannheims entgegen, die sie wollüstig aufschlürften. Und so weinst du denn, meine liebe Frau, sagte er laut und triumphirend, und meinst, der Kaffe sey keine Kette, kein Opium, das dich für alle andere Vergnügungen taub und ungestimmt macht. Wenn haben unsere Vorfahren Kaffe getrunken, die doch auch ihre Freude hatten, und herzlicher als wir. Trinken wir den Kaffe, wie sie, als etwas außerordentliches, als etwas, das alle Jahre einmal kommt, und bloß etwas zu lachen giebt, gewöhnen wir unsere Nerven aber nicht an einen Opiat, der viel feiner und reizender, und eben deswegen auch viel schädlicher ist, als der Taback und das Opium selber. Der Kaffe ist in der That nur eine galante Unreinlichkeit, und ich bin versichert, daß der saubere Porzellan, in den wir ihn fassen, das meiste und vielleicht das einzige zu seinem Wohlgeschmack beiträgt. Können wir aber nicht eben sowohl von porzellanenen Kredenztellern Obst und andere Sachen essen, die unsern Nerven nichts schaden, und uns nicht zur schädlichen Gewohnheit werden? Albertine ließ sich diesen Nachmittag einige Pfirsiche heraufbringen, und, wenn Fremde zu ihr kamen, setzte sie ihnen Wein, eingemachte Sachen und Obst vor, wobei die Munterkeit und das Scherzen und das Hüpfen und die Pfänderspiele und das Tanzen und das Jauchzen viel allgemeiner wurden. Des Morgens war ihr Frühstück ein Apfelkuchen, oder ein Butterbrod, oder sonst etwas, wovon ihnen nur ein Gelüste durch den Kopf zog, nie aber banden sie sich an etwas, und sie schämten sich hernach nicht wenig, als ihnen Mannheim sagte, der Verbot vom Kaffe sey nur eine Erfindung von ihm gewesen. Mannheim aber und seine Gäste frühstückten, nachdem es der Phantasie der Frauenzimmer beliebte.

Tausend Veränderungen, tausend drollige Scenen jagten einander in diesem glücklichen Hause, welche, durch die Erfindungskraft der Frauenzimmer sowohl, als der jungen Fremden, die Mannheim herbergte, entstanden. Bald ward eine Komödie gespielt, bald eine Wallfahrt in die benachbarten Gebirge angestellt, bald eine allgemeine Verkleidung in Bauern und Bäuerinnen vorgenommen, die denn zur Heumachenszeit auf den Wiesen von Johannes Mannheim et Compagnie die nöthigen Arbeiten meisterlich verrichteten, im Grünen ihre kalte Milch aßen und dergleichen. Oder, es wurden im Winter Schlittenfahrten angestellt, wobei Johannes Mannheim seine erste Deklaration oft wieder spielte *) und sich dafür von der ganzen Gesellschaft weidlich auslachen ließ. Das größte Vergnügen hatten sie bei der Erndte, wo sie sich unter Schnitter und Schnitterinnen mischten, und mit ihnen hernach die Mahlzeit aßen.

Nach und nach fing der Wurm der Begierde, öffentlich bekannt zu werden, an, in diesem harmlosen Herzen zu wühlen. Bin ich es denn nicht, sprach er zu sich selber, durch die guten Menschen, die ich bei mir bewirthe, durch die vielen Briefe, die ich von allen Seiten erhalte, durch die Reisenden selber, die meine Haushaltung zu sehen neugierig sind? Aber doch der Wunsch gemeinnützig zu werden, nicht eben ein Philanthrop, oder Kosmopolit, aber doch ein Mann zu seyn, der mehrern Menschen seine Existenz fühl-

*) Siehe den ersten Theil.

bar mache. Er trug diesen Wurm und drückte und unterdrückte ihn, aber doch bei gewissen Gelegenheiten, wenn's ihm aus den Augen verschwunden war, daß sein Beispiel das ganze Dorf zu einem der wohlhäbigsten im Königreich gemacht, und das Beispiel dieses Dorfs mit der Zeit für die benachbarten Dörfer, und also, wie alle Handlungen ins Unendliche gehen, für das ganze menschliche Geschlecht ansteckend werden würde — fiel ihm dieser Lindwurm mit so unheilbaren Bissen wieder an das Herz, daß es ihm manche trübe Stunde machte. Niemand auf der Welt, selbst das Auge seiner Albertine, dem doch kein Winkel seines Herzens verborgen blieb, hätte wohl jemals diese geheime Springfeder einiger seiner übeln Launen ausfindig machen können. Kurz es war — der schlimmste Sauerteig, der seit Adams Fall im menschlichen Herzen gegährt hat — es war der Autor, der das Haupt in ihm empor hob. Den ersten Keim dazu hatte ein Einladungsschreiben von einem Journalisten, doch von Zeit zu Zeit einige Rezensionen in sein Journal zu fertigen, so tief in seine Seele gelegt, daß es mit all seiner Mannheit unmöglich war ihn ganz auszureuten.

Wenn's auch nur eine Heilsordnung wäre, sagte er sich manchesmal. Denn zu Rezensionen fühlte er gleich von Anfang die größte Abneigung. Sein Urtheil andern Menschen aufbinden zu wollen, war nie sein Fall gewesen. Und der Stolz, der sich da hineinmischt, war ihm eine peinlichere Empfindung, als die größte Demüthigung, die er hätte erleiden müssen. Ein solcher Mensch, sprach er zu sich selbst, macht, wenn andere und besonders vernünftige und gescheute Leute seinem Urtheil nicht beipflichten, sein Leben zur Hölle und umsonst hat der Mund der Wahrheit nicht gesagt: Richtet nicht, daß ihr auch nicht gerichtet werdet.

Aber die Autorschaft — andern Leuten Brillen zu schleifen, wodurch sie sehen können, ohne welche ihnen tausend Sachen verborgen blieben. — Es ist doch groß das, meinte er.

Vor alten Zeiten schrieben die Prediger Postillen; als der Postillen zu viel waren, ward darüber gelacht und gespottet, da setzten sie sich auf ihre Kirchhöfe (die mehrstenmale freilich nur in Gedanken) und lasen den unsterblichen Engländer, den erhabenen Young. Da erschienen Christen bei den Gräbern, Christen in der Einsamkeit, Christen am Morgen, Christen am Abend, Christen am Sonntage, Christen am Werktage, Christen zu allen Tagen und Zeiten des Jahrs. Die Buchhändler wollten deren auch nicht mehr, und warum sollte ein Prediger nicht auch durch Romane und Schauspiele nützen können, wie durch Predigten und geistliche Lieder? Der Nutzen müßte noch weit größer seyn, weil dergleichen Bücher in weit mehrere Hände kommen, weit begieriger gelesen werden, wenn es dem Verfasser an Witz nicht mangelt und —

Wir setzen mit Fleiß diese lange Stelle aus dem Selbstgespräch des ehewürdigen Johannes Mannheim her, um unsern Lesern ein Pröbchen, wie weit in so kurzer Zeit durch einige Zeilen nur, die verborgene Radix Ruhmsucht in diesem gesunden Herzen aufgegähret war, und sich seinen edelsten Säften mitgetheilt hatte. Fast ein ganzes Vierteljahr wälzte er's mit sich im Bette herum, einen Roman im Geschmack des Richardson oder Fielding der gelehrten Welt vorzulegen; verschiedene Begebenheiten aus seiner eigenen Lebensgeschichte hineinzuspinnen, das Ganze aber etwa als die Geschichte eines Prinzen, oder eines Ritters, oder eines — Bauern oder eines — was weis ichs, einzukleiden, das noch nicht vorgekommen wäre, Nota bene. Der gute Mann bedachte nicht, daß durch seine freiwillige Entfernung von dem, was man große Welt nennt, und überhaupt von dem Gange der menschlichen Angelegenheiten in Städten und an Höfen, so wie von dem Ton der Gesellschaften und dem Hervorstechenden in Charakteren und Sitten, sich ihm alles nur durch das Prisma seiner Correspondenz, oder des Hörensagens, oder gar gewisser Bücher, bald — dreieckig, bald — rautenförmig, bald — vieleckig, bald spitz, bald stumpf, bald platt weisen würde, was sonst schlechtweg rund oder gerade war, und umgekehrt. Die Begierde ein Romanschreiber zu werden, drückte und folterte ihn Tag und Nacht, wo er ging; was er sah, was er anrührte, wollte er alles in seinen Roman bringen, und der arme Mann saß beständig in seiner fröhlichen Gesellschaft da, wie ein Elephant mit einem Ring in der Nase —

Hohl der Henker Roman und alles — schrie er eines Tages überlaut beim Mittagessen, als ihm kein Bissen Brods mehr schmeckte — seine Frau und Lieschen starrten ihn mit großen Augen an — und einer seiner Fremden, der durch die Sympathie was davon geahndet haben mochte, fing überlaut an zu lachen. Kinder, ich muß euch gestehen, sagte er, und wischte sich den Schweiß von der Stirne, ich bin einige Monate her nur halb bei euch gewesen — aber es ist vorbei, Gottlob! und ich hoffe, es soll nicht wiederkommen. Wie, Mann! fing Albertine an, du hast doch wohl keinen Roman schreiben wollen. Was denn anders? sagte Johannes Mannheim, der Teufel hat mich versucht und du hast mir helfen sollen. Aber, laßt uns von was anderm sprechen, und wer unter euch sich untersteht, mir von dem Roman auch nur mit einer Silbe wieder zu erwähnen, den erkläre ich für den allertödtlichsten Feind, den ich in meinem Leben gehabt habe.

Den Nachmittag war er in einer Laune, daß ihn alle die Seinigen hätten fressen mögen. Besonders merkte dies sein alter Assoziirter, der seit einiger Zeit einen so schläfrigen Gang in seinen Wirthschaftsgeschäften wahrgenommen, daß er hundertmal auf dem Sprung stand, deswegen zu ihm zu gehen, wenn ihn nicht immer die Ehrfurcht, mit der er ihn sonst zu behandeln gewohnt war, zurückgehalten hätte. „Gott tröst'! sagte er den andern Tag zu Albertinen, was ist mit unserm Herrn Pfarr vorgegangen? Er ist ein ganz anderer Mensch, als er diese ganze Zeit über war. Ich dachte schon, er wäre krank, oder müßt' ihm sonst was fehlen im Unterleib: wie es den gelehrten Herren zu gehen pflegt."

Nichts desto weniger hat man nach dem Tode unsers Johannes Mannheim einige vortreffliche Traktate gefunden, die in einer Sammlung seiner Schriften sämmtlich zu Amsterdam in groß Octav herausgekommen sind. Darunter war eine Abhandlung von der Viehseuche, von den Pferdekuren, von dem Wieswachs und dem Nutzen der englischen Futterkräuter, von dem Klima und dessen Einfluß auf Menschen, Thiere und Pflanzen, besonders der Bevölkerung, worin Blicke in die Menschennatur und die allgemeine organisirte Natur sich kund gaben, die einen Montesquieu würden haben erröthen machen. Er fand das große Geheimniß der Aehnlichkeit des Menschen mit der ganzen Schöpfung, die ihn umgiebt, ja er fand, welches Montesquieu selbst nicht gesucht haben würde, selbst die Unterschiede der Regierungsform in der Natur des Bodens und dem Einfluß desselben auf Charaktere, Sitten und Meinungen seiner Bewohner. Durch diesen Schlüssel erklärte er die wunderbarsten Phänomene in der Geschichte und Erscheinungen, die noch heut zu Tage sich ergeben, auf eine Art, die keinen Zweifel übrig ließ. Vorausgesetzt, daß er Handel und Veränderungen dieses Bodens und seiner Produkte mit zu den Ursachen rechnete, ferner, daß er abrechnete, was herumziehende Nationen, wie z. B. die Römer selbst anfangs, wie hernach die Longobarden, die Gothen, die Allemannen und Franken selber, von ihrem Boden und von ihren Sitten mitgebracht, das sich hernach mit der neueren Denkart vermischt. So behauptete er, die Römer wären eigentlich bis zu den Zeiten der Kaiser keine italienische Nation gewesen, sondern ein Haufen Kriegsleute, der sich beständig zu wehren hatte, und alles unter sich bringen wollte, weil er diese Tapferkeit und den kriegerischen Hang mitgebracht. Unter den Kaisern wies sich erst der Einfluß des Bodens, der sie zu einer Nation machte, die von der heutigen italienischen durch wenig Schattirungen unterschieden ist. So leitete er von den Steinkohlen die Melancholie der Engländer, von dieser ihren Eigensinn, ihre Freiheitsliebe, ihre Regierungsform: von den flüchtigen Weinen der Franzosen ihren Leichtsinn, von dieser ihre Sorglosigkeit für die öffentlichen Geschäfte, von dieser ihrer Liebe zur Monarchie, wo alles von selbst geht und sie sich nur zu bücken und zu schmeicheln haben, um höher zu kommen. Von dem rauhen Klima der Deutschen und dem Bier ihre Festigkeit, wobei er jedoch die Einschaltung machte, daß seit dem häufigen Gebrauch des warmen Wassers, besonders des Kaffe, diese Tugend sehr abgenommen und in eine weibische Weichlichkeit und Unentschlossenheit ausgeartet wäre, die, wenn sie nicht noch bisweilen vom Boden und Himmel überstimmt würde, den ganzen Nationalcharakter verändern könnte. Aus dieser Festigkeit und Mannheit leitete er die ganze Verfassung des heil. römischen Reichs her, und zeigte, daß sie in ihren Grundfesten nicht zu erschüttern wäre, es müßten denn die Sitten der Nation ganz umgegossen werden. Deutschland wäre das einzige Reich in der Welt, wo sich die alte Lehnsverfassung noch bis auf den heutigen Tag erhalten, eine Menge kleiner Fürsten nebeneinander, die unter ihren Lehnsleuten und Vasallen herrschten, nur sollte der Adel nicht ungekränkt fremde Dienste nehmen dürfen, weil es wider die Lehenspflicht sey. So aber, wenn sie lang in fremden Ländern lebten, verlören sie ihr Deutsches, ihre Mannheit und Festigkeit, ihren Trotz für ihre Rechte und die Rechte ihres Landesherrn, ihre Anhänglichkeit an ihren Boden, brächten weibische Unentschlossenheit statt guten Sitten zurück, und können leicht Knechte des ersten werden, der sie finde. Uebrigens gestand er selbst ein, daß nichts liebenswürdiger sey, als ein Deutscher, der gereist hat, ein Franzose, der alt geworden ist, und ein Engländer, der lange Jahre unter den Russen gewesen. Den Despotismus dieser Nation schrieb er der Strenge ihres Klima, der Kargheit ihres Bodens und dem daher rührenden Mangel des großen Haufens der Einwohner zu, denn überall, wo Mangel ist, ist Despotismus, weil der, der sich nicht zu helfen weis, sich alles blindlings gefallen läßt.

Alle diese Sachen aber verheelte Johannes Mannheim sorgfältig den Seinigen, weil er den Schatz seiner Erfahrungen und seiner darüber angestellten Meditationen seinem Sohn als ein Erbstück hinterlassen wollte, das ihm noch nach seinem Tode zu einer Art von Führer und Schutzgeist durch di^ Welt dienen könnte. Wir werden in der Folge sehen, wie sein Sohn sich gegen das Andenken seines Vaters dankbar erwiesen.

Albertine aber, anstatt sich von dem Beispiel ihres Mannes warnen zu lassen, ließ sich von demselben anstecken, und Gedanken, die nie in ihrem Herzen aufgekommen waren, verderbten auf einmal die Unschuld ihrer Seele.

An einem schönen Sommerabend, da die kleinen gefleckten Wolken, wehmütig und rührend wie Engel, um die scheidende Sonne hingen, konnte sie ihrem Herzen nicht widerstehen; sie zitterte, nahm ihr Mäntelchen und ihre Kappe und das ganz allein in die kleine Wiese hinten am Hause hinaus, wo der Bach sich im Wiederschein des Himmels wollüstig langsam dahin wand. Sie warf sich in ein Gesträuch, das neben ihm stand, und, fast wie der Allmutter Eva, nach Geßners reizender Beschreibung *), ihr erster Sohn ohne Schmerzen geschenkt ward, ward ihr hier das

*) Im Tode Abels.

erste Gedicht verliehen, das sie, mit warmem schlagenden Herzen und sich jagenden Thränen auf den Backen, ihrem Mann und ihrer Freundin machte. Sie kam nach Hause; man sah eine außerordentliche Bewegung ihrem Gesicht an. Was hast du? fragte der Mann, der ihr im Hofthor entgegen trat. Sie wies ihm ihr kleines Täfelchen (Tablettes, wie man sie in Frankreich nennt) auf dem sie mit Bleistift ziemlich unleserlich einige Verse geschrieben hatte, die sein sympathetisches Gefühl sogleich entzifferte. Ein langer Handdruck, eine stumme Umarmung waren der ganze Dank, den er ihr gab. Ich werde sie abschreiben und deiner Freundin vorlesen, sagte er, und steckte das Täfelchen zu sich.

Das geschah. Aber er löschte den Bleistift aus und gab ihr die Verse nicht wieder. Sie bat ihn oft darum. Ich will dirs vorlesen, sagte er, wenn sies zu arg machte.

Nun fing sie an, öfter nach demselben Fleckchen zu gehn, und sich dort in Begeisterung zu setzen. Sie machte in demselben Gesträuch ein Gedicht auf den Morgen, das sie ihrem Mann brachte. Ich will's behalten, sagte er; aber da, da und da, hast du dieselben Gedanken wieder gebraucht, die im ersten waren, nur unter einem andern Kleide, und du merkst wohl, daß das bei weitem nicht so herzlich ist. —

Wenn ich dir rathen kann, mach' keine Verse mehr.

Wenn es dir keine Freude macht, sagte sie mit einem etwas finstern Gesicht —

Nein, es macht mir keine, versetzte er mit einem ungewöhnlichen Ton. Sie ging fort.

Das Fleckchen ward unaufhörlich besucht, und alle Sachen, die dort gemacht wurden, Lieschen vorgelesen, die sie denn, wie natürlich, alle außerordentlich fand, und sich in ein dichterisches Entzücken darüber versetzte. Mannheim, der sie bisweilen behorchte, grämte sich innerlich.

Lieschen machte auch Verse. Sie wurden gegen ihn damit geheimnißvoll und zurückhaltend, aber sie waren es nicht gegen die Welt. Lieschen hatte einen Bekannten, der ein schöner Geist war. Dem wurden die Sächelchen zugeschickt. Er machte ein Wesens davon, daß die große Bühne des Himmels hätte einfallen mögen. Zu großem Glück fiel sein dythirambischer Brief darüber Johannes Mannheim in die Hände. Er hatte ihn gerade an seine Heva gerichtet, und, da Mannheim in der Geschwindigkeit nicht nach der Aufschrift sah (denn er pflegte niemals Briefe an seine Frau aufzumachen) fiel ihm dieser Schlangenkopf gerade in die Augen, als er seinem Weibe den giftigen Apfel reichte. Er verbarg ihn in seinen Busen, ging zu seiner Frau aufs Zimmer, und fragte, ob sie den Nachmittag spaziren gehen möge; er wolle sie in eine Gegend führen, wie sie in ihrem ganzen Leben noch nicht gesehen hätte. Nichts konnte der Frau willkommner seyn, als ein so poetischer Antrag, wo sie neue Ideen zu einer Ode zu sammeln hoffte, die sie schon lange über die Einsamkeit zu machen Willens war.

Alles ging erwünscht. Die Gegend war eine der furchtbarsten und wildesten im benachbarten Gebirge, die die schöpferische Einbildungskraft eines — — — sich je zu einem Makbethsgemälde hätte erfinden können. Es war ein zerstörtes Schloß auf einer Felsenhöhe, von der man ohne Schwindel nicht hinabsehen konnte. Die unten stehenden Fichten, die an ihrem Fuß unabsehbar seyn mußten, erschienen hier wie kleine gedrückte Gebüsche. Unten stürzte sich ein Wasserfall von einer merklichen Höhe, dessen Rauschen hier kaum dem Summen eines Bienenschwarms glich. Albertine sah hinab und fühlte den Tod unter ihren Füßen. Ohne die gespannte Einbildungskraft, die sie mitnahm und die allen ihren Sinnen eine gewisse Stärke gab, würde sie diesen Anblick nimmer haben ertragen können. Auch sank sie von einem leichten Schwindel befallen an Mannheims Busen zurück, der stärker als sie in diesem Augenblick sie fest in seinen linken Arm schloß, mit der rechten aber das verhaßte Papier herauszog, es ihr vors Gesicht hielt, und sie mit folgenden Worten anredete:

Ungetreue! in dem Augenblick da ich dir mein ganzes Leben aufopfere, täglich eine Last nach der andern wegwälze, damit das Gebäude unsers Glücks fest und dauerhaft stehen könne, mir Ruhe und Erquickung bis ins Alter versage, nur damit auch nach meinem Tode du und meine Kinder einen Wittwensitz, eine Felsenburg haben, damit die jungen Adler hernach mit den ererbten väterlichen Fittigen auf ihren Raub herabschießen können — in dem Augenblick empfängst du Briefe mit der schwärmerischsten unsinnigsten Leidenschaft geschrieben von einem Menschen, der nicht werth ist, daß er unsere Kühe melkt, von einem Laffen, der dich seine Muse nennt, und in seinem Leben noch keine andere Muse als seine Aufwärterin gehabt hat; der sich deinen Phaon nennt, und nicht weiß, ob der Phaon ein Bub oder ein Mädchen war.

Man stelle sich die Angst und das Schrecken unserer Albertine vor, als Mannheim ihr, nach dieser sehr ernsthaft gehaltenen Anrede, den auf den abgeschmacktesten dithyrambischen Stelzen gehenden Brief des jungen Violi vorlas, desselben, dem Lieschen ihre Oden und Lieder geschickt hatte, und der diese mehr als sapphischen Akkorde aufs schleunigste in den nächsten Almanach und in das Taschenbuch einzusenden versprach. Sie konnte dem Menschen dafür nicht anders als gewogen seyn, um so mehr befürchtete sie, die poetischen Ausdrücke des jungen Menschen hätten wirklich die Eifersucht des von Leidenschaften sonst so freien Mannheim rege gemacht.

Ihre Angst ward vermehrt, als nach Endigung dieses Briefs sie Mannheim fester in den Arm faßte, und, nachdem er sie ein wenig vom Boden aufgehoben, mit erschrecklicher Stimme rief:

Wohlan, wenn du denn die Rolle der Poetin spielen willst, so mußt du sie ganz spielen, wie sie ehemals die Griechin gespielt hat. Stürz dich herab von diesem Felsen, rufe deinen Phaon noch einmal an, und sag ihm, daß du für ihn stirbst —

Hier hob er sie höher; Lieschen, der Sehen und Hören verging, warf sich hinter ihm auf die Knie, hielt ihn am Zipfel des Rocks und schrie mit aufgehobenen Händen: Barbar, kennst du keine Verzeihung? —

Nein, ich kenne keine, rief er sehr nachdrücklich — indem er sich umkehrte und die Frau vom Berge herabtrug — weil ich niemals gezürnt habe. Das arme Weib war bleich und blaß, und Lieschen weinte. Ich habe dich nur zur Poetin weihen wollen, Albertinchen, sagte er; denn ich sehe, daß du eher nicht gescheut werden wirst, als bis du einen solchen Sprung gethan hast. Wie gesagt, willst du unsere Sappho seyn, so thu es ihr nach; sonst geb ich keinen Pfifferling für all deine Oden und Lieder. Willst du aber mein lieb Weibchen seyn, so laß mich dem jungen Gelbschnabel seinen Brief beantworten; ich werde alles schon so einrichten, daß deine Reputation, auch als Schriftstellerin, nichts dabei verlieren soll. Albertine warf sich auf die Knie und bat ihn bei seiner Verzeihung, er möchte sie dieses Wort nicht wieder hören lassen. In ihrem Leben sey ihr kein Name unerträglicher vorgekommen.

Nach dieser Katastrophe wurden keine Verse mehr gemacht; wohl aber die alten Liederchen von Hagedorn, Uz und Gleim wieder vorgenommen und gesungen, auch bisweilen eine Ode von Klopstock gelesen, oder Göthens Erwin durchgespielt. Sie machten auch kleine Familienstücke für sich, die sie aufführten, wozu Mannheim mit seinen Freunden den Plan entwarf, jedes aber darnach seine Rolle selber ausarbeiten mußte. Hauptsächlich aber parodirten sie unnatürlich sentimale Stücke auf ihre Art, wie z. E. den Günther von Schwarzburg und dergleichen, welches denn ein unversiegbarer Quell von Ergötzungen für sie ward.

Mannheims Söhnchen wuchs heran. Er erzog ihn selber; nicht, daß er ihn viel unterrichtete, sondern nur, daß er ihm die Bücher hingab, aus denen er lernen konnte, und ihm erlaubte, ihn zu fragen, wenn er nicht fortkam. Er hatte den Grundsatz, daß alles, was aus dem Menschen wird, aus ihm selber kommen muß, und daß seine Erzieher aufs Höchste nur als Stahl dienen müssen, etwas aus ihm herauszuschlagen. Zu dem Ende gab er wohl Acht, daß der Bube in seiner Studirkammer, wo er ihm einige Bücher wie von ungefähr hingelegt, auch wohl gar diejenigen anzurühren aufs strengste verboten hatte, von denen er am liebsten wünschte, daß er sie läse — daß er, sage ich, auf dieser Stube von keinen unzeitigen Spielgesellen, oder von anderm Lärmen gestört wurde. Das war seine ganze Erziehung. Und sein kleiner Johannes, der ohnedem bei Tisch von hunderttausend Sachen sprechen hörte, die seine Neugier reizten, und kein Mensch, auch wenn er fragte, sich die Mühe gab ihm ganz zu erklären, sondern ihn immer auf die Universität und die und die berühmten Männer verwies, die davon geschrieben hätten, verschlang alle Bücher, die diesen Namen auf dem Titel hatten, mit einer Begierde, die ihn noch in seinem Knabenalter zu einem neuen Beispiel frühzeitiger Gelehrten machte. Nur zu gewissen Stunden des Tages war es ihm erlaubt, sich Gesellschaften zu suchen, wie und wo er konnte; die übrige Zeit mußte er zu Hause in seines Vaters Studirzimmer bleiben, wo er sich beschäftigen konnte, wie er wollte. Besonders muß ichs rühmen, daß ihm die Bibliotheken, die damals so häufig in Deutschland waren, sehr vortheilhaft gewesen, weil er dadurch und durch den witzigen Ton, der sie auszeichnete, auf hundert Sachen neugierig geworden war, die er sonst auch nicht gekannt hätte. Wiewohl mehr als alle das die Diskurse seines Vaters beitrugen, alle seine mit Mühe gesammelten Kenntnisse in Blut und Leben zu führen. Die Sprachen lernte der Bube alle von sich selbst, wiewohl ihm der Vater alle nur mögliche Hülfsmittel — nie aber Unterricht — gab, nur von Zeit zu Zeit diskursweise erzählte, wie er's in seiner Jugend gemacht, was für Hülfsmittel er gebraucht u. s. f. Er erlaubte übrigens dem Sohn, alle nur mögliche Fragen an ihn zu thun, wann und wo er wollte, und der bediente sich dieses Vorrechts oft, weil es ihm eine solche Miene von Altklugheit und Wichtigkeit gab, die seine kleine Eitelkeit kitzelte. Sobald diese Eitelkeit dem Vater merklich ward, erfuhr der Knabe — wiewohl immer mit Worten nur und allezeit an die dritte Person gerichtet — eine durchdringende Demüthigung.

Dieses war derselbe Johannes Mannheim, der, nachdem er die Rechte in Göttingen studirt, mit einem jungen Herrn von seinem Hofe auf Reisen ging, und in Rom eine italienische Abhandlung l'Ambassadore drucken ließ, die ihm die Stelle als Sekretär seines Gesandten in Wien verschaffte. Weil er aber einer der ersten Köpfe seines Jahrhunderts war, so zeichnete er sich auch hier, nachdem einige Jahre Erfahrung ihm die Geschäfte des Hofes eigen gemacht und Blicke in die verborgensten Angelegenheiten desselben eröffnet hatten, von so viel empfehlenden Seiten aus, daß man ihm eine gewisse höchstwichtige Negotiation desselben bei den Generalstaaten ganz allein zu treiben übergab, und ihm zu derselben den Titel eines außerordentlichen Abgesandten bewilligte. Das Glück und die Feinheit und Festigkeit, womit er dieses höchst wichtigen und zugleich äußerst mißlichen Auftrages, zur größten Zufriedenheit seines Hofes, sich entledigte, machte, daß er bei seiner Wiederkunft in den Freiherrnstand erhoben ward. Er erhielt Nachricht, seine Eltern wären krank; er kam und fand sie wirklich mit den heitersten Gesichtern einander gegenüber liegen und sich von Zeit zu Zeit noch mit den Händen winken und Küsse zuwerfen. Ihre Krankheit schien mehr die Ruhe zweier ermatteter Pilger, die beide unter der Last, die sie trugen, auf einem Wege niedergefallen. Schmerzen fühlten sie beide nicht; bisweilen ein wenig Angst und große Mattigkeit. Als sie ihren Sohn hereintreten sahen, nach dem sie beide oft heimlich geseufzet, und, weil es hieß, er würde eine neue Gesandtschaft antreten, seine Gegenwart vor ihrem Tode nicht mehr vermuthet hatten, übergoß ein feuriges Roth zu gleicher Zeit die beiden blassen Gesichter. Er warf sich wechselsweise, bald dem einen, bald dem andern zu Füßen; sie konnten nicht sprechen, sondern legten beide nur die Hand auf das Köpfchen, durch das so viel gegangen war, und segneten ihn mit ihren Blicken. Ob es die Freude über sein Wiedersehen war, sie starben beide desselben Tages. Johannes Sekundus wollte sich gar nicht trösten lassen. Er lief wie ein Verzweifelter durch alle Zimmer, wo er seine Kindheit zugebracht, rief ihre Namen den leeren öden Wänden des Hauses, allen Bäumen, Felsen und Gebirgen umher in lauter thränender Wehklage vergeblich zu. Lieschen, die lange Jahre vorher glücklich verheirathet worden, kam mit ihrem Mann, ihm klagen, und die Leichen unter die Erde bestatten zu helfen. Bei der Eröffnung jedes neuen Papiers von der Verlassenschaft des Vaters, verdoppelte sich sein Schmerz. Ueberall fand er Spuren des Andenkens an ihn. Er drang darauf, daß die Leichen nach dem kleinen Wittwensitz, den der alte Mannheim mit seinem Assoziirten gemeinschaftlich gebauet, und Johannes Sekundus sich als erb und eigen mit allem, was dazu gehörte, von eben diesem Assoziirten gekauft hatte, geführt werden mußten, wo er ihnen eine kleine Kapelle mit einem Gewölbe zum Erbbegräbniß anlegte. An der Thüre dieser kleinen Kapelle standen die beiden Büsten dieses unvergleichlichen Paars aus Marmor, die er schon bei ihrem Leben von einem der ersten Künstler des Landes hatte verfertigen lassen, und die unverbesserlich ausgefallen waren. Bei dieser Kapelle erbauete er eine Art von Landhaus mit einem schönen Garten, wo er seine Tage im Frieden zuzubringen gedachte, wenn er der Welt müde wäre. Eine ganz besondere Art hatte er, den Todestag seiner Eltern zu feiern, auf die er sehr viel Kosten wendete. Alle drei Jahre war die große Feier; er lud zu dieser ein Vierteljahr vorher die berühmtesten Gelehrten, nicht allein seines Landes, sondern auch der benachbarten Provinzen, ein, die er acht Tage lang auf die köstlichste Art bewirthete, da er bloß für sie ein Gasthaus, das sonst nie bewohnt war, mit den geräumigsten Zimmern hatte erbauen lassen, die Mahlzeit aber immer, weil diese Zeit gerade in die Mitte des Sommers fiel, in einem großen von Tannen und Wacholderstrauch erbauten Saal auf dem Hofe gehalten wurde, dessen Boden nur mit Rasen gepflastert war. Den ersten Abend nach ihrer Ankunft trat die ganze Gesellschaft, präcis um Mitternacht, jedes einen Myrthenzweig in Händen, eine Wallfahrt zu der Kapelle an, wo sie von einer dazu neu gesetzten Trauermusik bewillkommnet wurden. Die schwarzen Kleider, die Myrthen und die Fackeln, die alles dieses erleuchteten, gaben der Prozession eine traurige Feierlichkeit, die auch die kältesten Herzen nicht ungerührt lassen konnte; hierzu kamen die Kräfte der Musik und der schmelzende Anblick kindlicher Zärtlichkeit, den ihnen Johannes Sekundus gab, der bei Endigung der Musik mit zerstreuten Haaren vor den Bildern seines Vaters und seiner Mutter kniete, sie um ihre Fürbitte und um ihren Schutz und Begleitung durchs Leben mit den ungeschminktesten Worten ansprach, und gewiß seyn konnte der Thränen, die die ganze Gesellschaft umher dem Andenken seiner Eltern geschenkt hatte. Hierauf legten sie alle ihre Myrthenzweige auf einen dazu von Erde erbauten Tisch, und gingen alle thränenfröhlich wieder zurück, wiewohl den ersten Abend nur einige Erfrischungen herumgereicht, aber keine Mahlzeit gegeben wurde. Die andern Tage ging es desto lustiger, und sie wurden fürstlich bewirthet. Des achten Tages reisten alle fort, und nun ging die Mädchenfeier an. Er hatte nämlich ein Vierteljahr vorher die schönsten Mädchen, die ihm vornehmen und geringen Standes bekannt waren, mit ihren Müttern eingeladen; diese wurden auf dieselbe Art bewirthet, nur mit dem Unterschiede, daß sie bei der Prozession alle weiß gekleidet seyn, und jede einen Blumenkranz in Händen haben mußte. Die Feierlichkeit war dieselbe; nur geschah sie nicht in der Nacht, sondern bei Sonnenuntergange. Die Büsten seines Vaters und seiner Mutter hatten Rosen um das Haupt gewunden; die Musik war fröhlicher und es ward eine Schäferkantate abgesungen. Das rührendste bei diesem Anblick waren zwei lange Ketten von Blumen, die von einer Büste zur andern gezogen, und womit sie gleichsam an einander gebunden waren. Sobald die Jungfrauen ankamen, warfen sie ihre Kränze vor ihnen hin auf einen Haufen, und tanzten hernach nach dem Schall der Flöten und Schallmeien um sie herum. Dieser Anblick war so reizend, daß er Zuschauer aus den entferntesten Ländern herbeizog, die sich lange vorher auf das Johannisfest zu Adlersburg, so hieß dieses Leichenbegängniß, zu freuen pflegten. Die Mütter schlossen einen großen Kreis um sie herum. Es war ein besonderes Gerüst für die Zuschauer erbauet. Nach Endigung dieses Tanzes, wobei jede Schöne, wie natürlich, ihre zaubervollsten Stellungen sehen ließ, hielt Johannes Sekundus ihnen eine Rede, worin er ihnen dankte, daß sie Balsam in seine Wunde gegossen. Sobald sie zurückgekommen waren, wurden sie, wenn es das Wetter nur irgend erlaubte, in einem schönen Gehölze, das er bei seinem Hause angelegt, unter beständiger Musik, mit Milch, Obst und den ausgesuchtesten Erfrischungen bewirthet, und die Nacht war das Gehölz, das Haus, der Garten auf das herrlichste erleuchtet, wobei die Musik nimmer ruhig ward. Auf dem Flusse, der bei seinem Hause vorbeilief, warteten ihrer mit Mayen geschmückte Fahrzeuge, welche von andern, die mit Musikanten besetzt waren, bald begegnet, bald verfolgt wurden. Die Illuminationen thaten im Wasser herrliche Wirkung. Alles endigte mit Abfeuerung von sechs ansehnlichen Kanonen: das Signal zur Ruhe. Die übrigen acht Tage dauerten die Feierlichkeiten fort, wenn anders nicht einige von ihnen nach Hause eilten. Keine Mannsperson aber ward anders denn als Zuschauer hinzugelassen, für die, wie besagt, ein eigenes Gerüst bei der Kapelle, und ein anderes am Eingang des Gehölzes erbaut war, an dem bei jeder Reihe Bänke zwei Mann Wache mit scharf geladenem Gewehr standen, die Befehl hatten auf jeden zu feuern, der nicht in den Schranken, die mit allen möglichen Bequemlichkeiten dazu erbaut waren, bleiben würde. Die Zuschauer marschirten auch ordentlich unter der Begleitung der Wache von einem Gerüste zum andern, und hatten ihren eigenen Gasthof, in dem sie frei bewirthet wurden. Es wurde ihnen nämlich in den Schranken kalte Küche, Wein und Erfrischungen herumgereicht, wobei freilich auf den Unterschied des Standes gesehen wurde, weil jeder bei seinem Eintritt sich beim Kastellan unsers Johannes gemeldet, und von dem eine gewisse Marke seines Standes aufzuweisen haben mußte, nach welcher ihm hernach aufgewartet ward.

Man kann sich leicht vorstellen, daß die reizendsten Schönheiten des Landes hier ihre Zaubereien spielen ließen, und sich oft lange vorher zu diesem Tage zuschickten. Weil sie alle als Schäferinnen gekleidet und angesehen waren, so fielen hier, während daß die Feierlichkeiten dauerten, alle Erinnerungen des Standes weg, und ward bloß auf die Reize der Person gesehen, wo jede sich bemühte, es der andern zuvor zu thun. Johannes Sekundus that mehrentheils einige Monate vorher Reisen ins Land und in die Städte umher, um Priesterinnen zu dieser Feierlichkeit anzuwerben, welches diese sich für eine große Ehre schätzten, weil dadurch der Ruf ihrer Schönheit einen merklichen Zuwachs erhielt.

Die nachgelassenen Schriften seines Vaters und einige herzliche Gedichte seiner Mutter, die er zu diesem Ende unter den Papieren seines Vaters mit großer Sorgfalt aufgehoben fand, ließ er, mit ihren Bildnissen geziert, und mit einer Lebensbeschreibung, auf die er einen ganzen Sommer, den er sich von seinem Landesherrn ausgebeten, um den Brunnen zu trinken, verwendet hat, und aus welcher diese kurze Erzählung zusammengezogen ist, zu Amsterdam in zwei Bänden groß Octav mit saubern Lettern auf schönem Papier drucken. Und so endigte sich die Geschichte des Lebens und der Thaten Johannes Mannheim Pfarrers von Großendingen.

Anhang.

Ich habe bei der Eilfertigkeit, mit der ich diese Geschichte aus der angeführten gedruckten Lebensbeschreibung zusammengezogen, einen Brief hineinzubringen vergessen, der in derselben gleichfalls, weil er nicht in Mannheims, sondern in den Papieren eines seiner verstorbenen Freunde sich gefunden, nur in einer Note angeführt worden. Es ist die Beschreibung einer Kirchenvisitation, welche der Spezial des verstorbenen Herrn Pfarrers das erstemal in seinem Kirchspiel gehalten. Ich will die interessantesten Stellen daraus kürzlich epitomiren.

Er erschrak sehr, heißt es in demselben, vom Spezial-Superintendenten, der übrigens als ein sehr guter braver Mann drin geschildert wird, der aber vielleicht eben sowohl wegen Alters und Eigensinns, als weil er nicht Kraft genug hatte ein Ansehen, welches er bloß eingerosteten Kirchengebräuchen zu danken hatte, gegen eines aufzuopfern, das, weil es dem Wohl des Ganzen ungleich zuträglicher war, freilich erst im Glauben und Hoffnung einer bessern Zukunft eingeerntet werden mußte, er erschrak-sehr, heißt es, als er mich in seiner Gegenwart über „die beste Art die Wiesen zu wässern" predigen hörte. Geht das alle Sonntage so, fragte er mit einem etwas herrischen Ton, als er in die Stube trat. Ich, der diesen Ton, an keinem Menschen gewohnen kann, antwortete ihm mit sehr viel Zuversichtlichkeit im Blick: Nicht anders, Herr Spezial! Er, der diese wenigen Worte für Trotz nehmen mochte, sagte mir hierauf mit gezwungener Ueberhöflichkeit: Er werde sich genöthigt sehen, diesen Vorfall ans Oberkonsistorium zu referiren, und es würde ihm leid thun, mich nach einem halben Jahr vielleicht sehr wider meinen Willen genöthigt zu sehen, wieder über die armseligen Sonn- und Feiertagsevangelien zu predigen. Es würde mir leid thun, antwortete ich, jemals auch nur den geringsten Verdacht erweckt zu haben, daß meine gegenwärtige Art zu predigen eine Geringschätzung des heiligsten aller Bücher und in diesem der mit so schöner Auswahl für die allgemeine Andacht von der urächten christlichen Kirche vorgeschriebenen Stellen vermuthen lassen könnte; auch würde mir niemand mit Recht vorwerfen, daß ich nur einen Sonntag unterlassen, das dafür bestimmte Evangelium abzulesen, wiewohl ich meine Ursachen hätte, allemal nicht nach vorgeschriebenen, sondern nach zufälligen Veranlassungen meine öffentlichen Reden an meine Gemeine einzurichten.

Ja, Ihre Gemeine wird schön in der christlichen Religion unterrichtet werden. Auch finde ich, daß Sie nicht das mindeste thun, was in der Kirchenordnung vorgeschrieben worden. Sie halten weder Katechismusexamina noch irgend eine andere Art von Kinderlehre des Sonntags, dieses kann nicht anders als die gröbste Unwissenheit, ich will auch nur sagen, in den ersten und nothwendigsten Wahrheiten unsers Glaubens nach sich ziehen.

Mein Herr Spezial, antwortete ich ihm, was die Geheimnisse unserer Religion betrifft, so erkläre ich sie meiner Gemeine nach ihrem Fassungsvermögen, und so weit sie erkläret werden dürfen nur an den hohen Feiertagen, wo ich auch hernach mit den Kindern eine katechetische Wiederholung darüber anstelle. Denn ich habe mir sagen lassen (es war derselbe Propst, dessen Tochter Johannes ehmals den Beutel gestrickt) daß das Subjekt Geheimniß sich mit dem Prädikat darüber plaudern nicht allzuwohl zu vertragen pflege, daß also alle acht Tage über Geheimnisse zu reden dem Prediger leicht das Ansehen eines geistlichen Charlatans geben könne.

Mein Herr, mein Herr, sagte der Spezial, außer aller Fassung, der durch die Einkleidung dessen, was Mannheim ihm zu sagen hatte, schon halb für seine Meinung gewonnen war; jetzt aber die Pille unter dem Honig zu spüren anfing.

Hören Sie mich aus, fuhr ich fort, ich habe meinen Bauern nöthigere Sachen zu sagen —

Was kann nöthiger seyn als der Weg zur Seligkeit, erwiederte jener mit Heftigkeit. Wenn einer die ganze Welt gewönne —

Hier hielt er inne. Ich fuhr mit Nachdruck fort: Und litte Schaden an seiner Seele. Dazu aber soll es, hoffe ich, bei uns nicht kommen. Erlauben Sie mir, Ihnen eine Geschichte zu erzählen —

Nein, nein, nein, sagte jener, ich sehe schon, wer Sie sind, und dem muß gewehrt werden.

Ich bin Mannheim, gab ich zurück.

Dem muß gesteuert werden, versetzte er.

Meine Geschichte müssen Sie aushören, sagte ich. Es war ein Mensch in einer wüsten Insel, der hatte in zwei Tagen kein Wildpret gefangen. Bei dem heftigsten Anfall des Hungers stieß ein Bret mit einem Missionär ans Land, der Schiffbruch gelitten hatte; der Missionär freute' sich eine Seele mehr zu gewinnen, ging auf ihn zu, und fragte ihn über die ersten Grundsätze seines Glaubens. Er wollte essen, sagte der andere. Dieser fing an, ihm den katholischen Lehrbegriff vorzutragen, aber der Proselyt packte ihn an und fraß ihn auf. So könnte es uns mutandis mutatis mit unsern Bauern gehen, wenigstens kann der Trost der Religion, sobald man den Leuten nicht Aussichten zeigt, durch ihr inniges Vertrauen auf Gott, die ersten und nothwendigsten Bedürfnisse ihres Lebens zu befriedigen, nicht anders als höchst unkräftig seyn. Wir finden auch, daß Christus und seine Apostel nicht so gepredigt haben. Christus fand seine Jünger, die die ganze Nacht nichts gefangen hatten, und ließ sie einen reichen Zug thun; der Apostel sagt ausdrücklich, die Gottseligkeit habe die Verheißung dieses — und des zukünftigen Lebens.

Schämen Sie sich nicht, Ihre Inorthodoxie noch durch die Bibel zu beschönigen.

Ich bin weder inorthodox, noch brauche ich etwas an mir zu beschönigen. Wo will sich die Religion äußern, wo soll sie ihre Kraft und Wirksamkeit beweisen, wenn wir sie als einen abgezogenen Spiritus in Flaschen verwahren und nicht sie durch unser ganzes Leben und Gewerbe dringen lassen. Den Bauern zu weisen, daß Religion geehrt und reich mache, heißt eben so viel als Kindern Brot und Spielwerk hinlegen, wenn sie artig gewesen sind.

Wollen Sie die erste Quelle aller Moral verderben, sagte der wirklich gutmeinende Spezial.

Die Stimmung des Herzens, erwiederte ich, die alle dieser Vortheile entbehrt, freiwillig entbehrt, sobald ein Recht dadurch gekränkt oder die Gottheit dadurch beleidigt wird, kann auf keine andere Weise hervorgebracht, oder wenn sie da ist geprüfet worden, als wenn ich bei meinen Bauern gehörige Begriffe von dem was zeitlicher Wohlstand ist, gehörige Kraft und Anwendung dieser Kraft ihn zu erreichen voraussetze. Der Bettler glaubt den Himmel am allerersten und geschwindesten, aber es ist denn auch nur ein Himmel für Bettler.

Diese Stimmung in ihnen hervorzubringen, ist meine einzige Absicht. Ich habe zu dem Ende ein geheimes Tribunal bei mir errichtet. Jeder, der etwas über seinen Nachbar zu klagen hat, kommt zu mir, und kann nicht allein des unverbrüchlichsten Stillschweigens bei mir versichert seyn, sondern auch daß ich ihm viel geschwinder zu seinem Recht verhelfen werde, als der Advokat vor den Gerichten. Ich gehe zu dem Verklagten, ich gewinne ihm sein Vertrauen ab, ich höre, ob er nicht vielleicht eben so viel Beschwerden gegen seinen Ankläger hat. Habe ich die wahre Gestalt der Sache erfahren, und alle meine besondern Versuche sind vergebens, den Schuldigen zu seiner Pflicht zurückzubringen, so bringe ich die Sache unter irgend einer Einkleidung auf die Kanzel, und weise aus den allgemeinen Wahrheiten unserer Religion das Verdammliche oder vielmehr das Schädliche dieser und jener Handlung in ihren Folgen. Da dünkt michs Zeit allgemeine Wahrheiten vorzutragen und mit Erfolg. Denn entspricht hernach die Erfahrung der Menschen dem, was wir ihnen voraussagten, so gräbt sich die Religion weit tiefer in ihr Herz, als irgend etwas so sie auswendig gelernt haben. Ich habe die frappantesten Beweise davon gehabt, und diese haben mich in dieser Methode so sehr bestätigt, daß ich sie vermöge meines Gewissens nimmer abändern werde, was auch die Obern mir darüber jemals ankündigen mögen.

Was können Sie für Beweise davon haben?

Ich will Ihnen gleich ein ganz frisches Exempel anführen. Einer von unsern Bürgern ward beschuldigt, er hätte verschiedenes von den Gütern seines Mündels, eines guten einfachen unschuldigen Mädchens, veruntreut. Man konnte nicht sagen wo, es waren aber merkliche Anzeigen da, daß das Mädchen, das immer still und ordentlich gelebt, seit der Zeit seiner Vormundschaft um ein Beträchtliches ärmer geworden. Als alle meine Kunst vergebens war ihn selbst zu dem Geständniß zu bringen, erzählte ich den letztern Sonntag eine Geschichte, die mir noch von meiner Jugend her bekannt war, von einem Bedienten, der einen ohnehin armen Herrn um sein Letztes bestohlen, damit in fremde Länder gegangen, und durch Fleiß und Ordnung ein großes Vermögen erworben. Er heirathete, bekam Kinder — auf einmal wachte sein Gewissen auf, er mußte zurück, und seinem Herrn nicht allein das Gestohlne wiederbringen, nicht allein die Zinsen des Gestohlnen, sondern — alles, alles was er selbst dadurch erworben, und er, sein Weib und Kinder waren an den Bettelstab gebracht. Umsonst suchte sein Herr ihm wenigstens die Hälfte davon wieder aufzubringen, er verdiente diese Strafe, sagte er, und könne nicht anders hoffen, seine Seele zu retten. Er wollte nun von vorn anfangen, wie er damals würde haben thun müssen, zu versuchen, ob er mit nichts als seiner Hände Arbeit etwas für seine Kinder ausrichten könnte. Diese Geschichte that ihre Wirkung. Der Vormund kam und brachte mir folgenden Tages das unterschlagene Geld, mit Bitte, es dem Mädchen, das Braut war, unter fremdem Namen als ein Geschenk zuzustellen. Ich sah ihm ins Gesicht und warfs ihm vor die Füße. Blutgeld, sagte ich, ists, sobald ihr damit den Himmel wiederkaufen wollt, den ihr verloren habt. Ihr habt nicht Menschen, sondern Gott gelogen. — Es fehlte nicht viel, so wär' er bei diesen Worten, deren er sich nicht versah, ohnmächtig niedergefallen. Ich ging aus dem Zimmer und ließ ihn allein. Erst nach einer halben Stunde war er fortgegangen. Den andern Tag ließ er mich zu sich rufen, er läge krank und glaubte den Tag nicht zu überleben. Als ich in die Stube trat, fragt' er mich mit gefaltenen Händen, was ich wollte, das er thun sollte. Hier hielt' ichs für Zeit ihm zu predigen, daß die Gerechtigkeit nichts als die Austheilerin der Liebe seyn darf, daß keine Liebe ohne Gerechtigkeit bestehen könne, daß es aber eine Gerechtigkeit ohne Liebe gäbe, in die sich der Teufel kleidet, wenn er als Engel des Lichts erscheint. Gestohlnes Gut wiedererstatten, um nicht verdammt zu werden, hieße eben soviel, als einem Menschen die Kehle nicht abschneiden, weil die Büttel hinter uns dräuten. Sich aber auf diese Wiedererstattung was zu gute thun, hieße Gott betrügen wollen, der nicht zu betrügen ist. Er weinte und fragte, was er thun sollte. Ich sagte, fragt euer Herz und dann gebt ihr mit Aufrichtigkeit ohne Furcht und ohne Zwang, soviel als dieses euch heißen wird, und seyd versichert, daß Gott nicht das Opfer ansehen werde, sondern die Gesinnung, mit der es geopfert ward. Er hat, wie ich höre, seitdem mit den jungen Eheleuten sich assoziirt, ihnen ein Stück seines Ackers zu bauen umsonst überlassen, und will mit aller Gewalt, daß sie auch mit ihm ein Haus beziehen sollen, wo er für nichts als den Tisch Bezahlung nehmen will.

Ja, das gelingt einmal, sagte der Spezial; das gelingt immer, sagte ich. Nur unser Unglaube an die Menschheit macht, daß sie so böse ist. Ohne eine gewisse Anlage zum

Guten können ja die thierischen Operationen in dem Menschen nicht einmal vor sich gehen; es kommt also darauf an, daß wir diese treffen, so haben wir den halben Weg zu seiner Besserung gewonnen.

Und welches Mittel ist kräftiger uns über die andere Hälfte zu bringen, als wenn wir ihm Schaden und Vortheil zu zeigen wissen, wie sie in die Moralität seiner Handlungen verflochten sind. Daß alle Arbeit sich geschwinder fördert, wenn die Kräfte rein gestimmt sind, daß der Geist tausend Springfedern des Glücks entdeckt, wenn er frei von Furcht und Gewissensangst alles um sich her mit Liebe ansieht, daß die Liebe dem Feuer der Sonne gleiche, durch welches die ganze Natur ihr Daseyn erhält u. s. w.

Ich frage Sie nur, versetzte der Spezial, ob Sie Seelsorger oder Verwalter Ihrer Gemeinen sind.

Beides, antwortete ich.

Ich frage Sie nur, ob die Seelen Ihrer Gemeine dadurch gebessert werden, wenn sie wissen, wie sie ihren Acker zu bestellen, ihre Wiesen zu wässern haben.

Wäre es auch nichts weiter, Herr Probst, als daß ich durch Mittheilung dieser Kenntnisse eine Herrschaft über ihre Seelen erlangte, und heilsamern Wahrheiten den Weg bahnte, so müßte diese Methode schon alle Ehrfurcht verdienen. Wenn ich nun aber meiner Gemeine noch überdem durch mein Beispiel weise, wie die Sorge fürs Zeitliche mit dem Gefühl für andere und deren Glück zu vereinigen, und ich nicht weiter anzusehen als ein Haushalter, dem mehrere Macht anvertrauet worden, Menschen sowohl durch Mittheilen und Vorschuß meiner Güter als meiner Kenntnisse und Erfahrungen glücklicher zu machen, von dem also auch mehr gefodert wird; wenn ich außer den sonntäglichen noch alle Mittwoch und Sonnabend Versammlungen in meinem Hause, jedesmal von einer andern Partei Bürger halte, um auf ihre Sitten und Geschmack zu wirken, weil auch der Landmann, um glücklich zu seyn, seinen Geschmack haben muß; in diesen bald etwas aus der Zeitung, bald etwas aus einer andern periodischen Schrift, das faßlich für sie ist, bald aus einem guten Roman von Goldsmith oder Fielding eine ihnen begreifliche Stelle vorlese, und alle diejenigen von dieser Gesellschaft ausschließe, die sich irgend einer Lieblosigkeit schuldig gemacht; wenn ich des Sonntags selbst mit wirthschaftlichen Dingen geistliche bald vermische, bald abwechsle, bald bloß in die Besserung und in den Anbau des Herzens und der Liebe übergehe. —

Hier nahm der Spezial seinen Hut und ging fort, und bis dato ist mir noch keine Erinnerung geschehen.

Zerbin

oder

die neuere Philosophie.

Eine Erzählung.

1776.

O let those cities, that of plenty's cup
And her prosperities so largely taste,
With their superfluous riots hear these tears —

Shakspeare.

Wie mannichfaltig sind die Arten des menschlichen Elends! Wie unerschöpflich ist diese Fundgrube für den Dichter, der mehr durch sein Gewissen, als durch Eitelkeit und Eigennutz sich gedrungen fühlt, den vertaubten Nerven des Mitleids für hundert Elende, die unsere Modephilosophie mit grausamem Lächeln von sich weist, in seinen Mitbürgern wieder aufzureizen! Wir leben in einem Jahrhundert, wo Menschenliebe und Empfindsamkeit nichts seltenes mehr sind: woher kommt es denn, daß man so viel Unglückliche unter uns antrifft? Sind das immer Unwürdige, die uns unsere durch hellere Aussichten in die Moral bereicherten Verstandes-Fähigkeiten als solche darstellen? Ach! ich fürchte, wir werden uns oft nicht Zeit zur Untersuchung lassen, und, weil wir unsere Ungerechtigkeiten desto schöner bemänteln gelernt haben, aus allzu großer Menschenfreundschaft desto unbiegsamere Menschenfeinde werden, die zuletzt an keinem Dinge außer sich mehr die geringste moralische Schönheit werden entdecken können, und folglich auch sich berechtigt glauben, an dem menschlichen Geschlecht nur die Gattung, nie die Individuen zu lieben.

Folgende Erzählung, die aus dem Nachlaß eines Magisters der Philosophie in Leipzig gezogen ist, wird, hoffe ich, auf der großen Karte menschlicher Schicksale verschiedene neue Wege entdecken, für welche zu warnen noch keinem unserer Reisebeschreiber eingefallen ist, obschon unser Held nicht der erste Schiffbrüchige darauf gewesen.

Zerbin war ein junger Berliner, mit einer kühnen, glühenden Einbildungskraft, und einem Herzen, das alles aus sich zu machen versprach, einem Herzen, das seinem Besitzer zum voraus zusagt, sich durch kein Schicksal, sey es auch von welcher Art es wolle, erniedrigen zu lassen. Er hielt es des Menschen für unwürdig, den Umständen nachzugeben, und diese edle Gesinnung (ich kenne bei einem

Neuling im Leben keine edlere) war die Quelle aller seiner nachmaligen Unglücksfälle. Er war der einzige Sohn eines Kaufmanns, der seine unermeßlichen Reichthümer durch die unwürdigsten Mittel zusammengescharrt hatte, und dessen ganze Sorge im Alter dahin ging, seinen Sohn zu eben diesem Gewerbe abzurichten. Sein Handel bestand aus Geld, welches er auf mehr als jüdische Zinsen auslieh, wodurch er der Wurm des Verderbens so vieler Familien geworden war, deren Söhne sich, durch ihn gereizt, aufs Spiel gelegt hatten, oder zu andern unwiederbringlichen Unordnungen verlockt worden waren. Umsonst, daß er jetzt seinen Sohn in alle den Kunstgriffen unterrichtete, womit er die Unglücklichen in sein Netz zu ziehen gewohnt gewesen, umsonst, daß er ihm vorstellte, wie leicht und bequem diese Art zu gewinnen sey, umsonst, daß er, wegen seines offenen Kopfs, und der an ihm sich zeigenden Talente, alle mögliche Liebkosungen affenmäßig an ihn verschwendete: Zerbins Gradheit des Herzens (soll ich es lieber Stolz nennen?) drang durch, und weil er sahe, daß die Grundsätze seines Vaters allen möglichen Gegenvorstellungen des Kindes überlegen waren, und er doch am Ende der Obermacht der väterlichen Gewalt nicht würde widerstehen können, so wagte er einen herzhaften Sprung aus all diesen Zweideutigkeiten, und, ganz sich auf sich selbst verlassend, entlief er seinem Vater, ohne außer seinem Taschengelde einen Heller mitzunehmen.

Sich selbst alles zu danken zu haben, war nun sein Plan, sein großer Gedanke, das Luftschloß aller seiner Wünsche. Und weil er von jeher außerordentliche Handlungen in den Zeitungen mit einem Enthusiasmus gelesen, der alle andere Begierden in ihm zum Schweigen brachte, so war sein fester Gesichtspunkt, den ihm nichts auf der Welt verrücken konnte, nun, unter einem fremden Namen, sich bloß durch seine eigenen Kräfte emporzubringen, sodann als ein gemachter Mann zu seinem Vater zurückzukehren, und ihn, zum Ersatze des von ihm angerichteten Schadens, zu außerordentlichen Handlungen der Wohlthätigkeit zu bewegen, oder wenigstens nach seinem Tode seine Erbschaft dazu zu verwenden, um auch von sich in den Zeitungen reden zu machen. Meine Leser sehen, daß wir unsern Helden im geringsten nicht verschönern. Die edelsten Gesinnungen unserer Seele zeigen sich oft mehr in der Art unsere Entwürfe auszuführen, als in den Entwürfen selbst, die auch bei dem vorzüglichsten Menschen eigennützig seyn müssen, wenn ich den Begriff dieses Worts so weit ausdehnen will, als er ausgedehnt werden kann. Vielleicht liegt die Ursache in der Natur der menschlichen Seele und ihrer Entschließungen, die, wenn sie entstehen, immer auf den Baum der Eigenliebe gepfropft werden, und erst durch die Zeit und Anwendung der Umstände ihre Uneigennützigkeit erhalten. Man lobpreise mir was man wolle von Tugend und Weisheit; Tugend ist nie Plan, sondern Ausführung schwieriger Plane gewesen, mögen sie auch von andern erfunden seyn.

Er wandte sich in Leipzig zuerst an den Professor Gellert, den er, durch eine lebhafte Schilderung seiner dürftigen Umstände, und durch alle mögliche Zeichen eines guten Kopfs, leicht dahin bewegte, daß er ihn unentgeltlich in die Zahl seiner Zuhörer aufnahm, und ihm zugleich eine Menge Informationen in der Stadt verschaffte, mit denen er, so sparsam sie ihm auch bezahlt wurden, Kost und Wohnung bestreiten konnte. Gellerts Moral war, wie natürlich, sein Lieblingsstudium; er schrieb sie Wort für Wort nach, zeigte aber seine Hefte keinem Menschen, sondern, wenn er durch öftere Lesung recht vertraut mit ihnen geworden war, verbrannte er sie, um sie desto besser im Gedächtniß zu behalten.

Er trieb nach und nach auch andere Wissenschaften, und es glückte ihm, durch seinen offenen Kopf, geheimen, ungezierten Fleiß, und beständigen Glauben an den guten Ausgang seiner Bemühungen, daß er von dem Professor Gellert zum Führer und Mentor eines reichen jungen Grafen aus Dänemark empfohlen werden konnte. Er disputirte auch über eine sehr wohl ausgearbeitete gelehrte Abhandlung von der Unmöglichkeit, die Quadratur des Zirkels zu finden, und erhielt dadurch die Erlaubniß, als Magister der Mathematik, ein Privatkollegium über die doppelte Baukunst, und ein anderes über die Algebra zu lesen, von der er ein großer Liebhaber war. Uebrigens gewann er dem Grafen, durch seine ihm natürliche Anhänglichkeit an andere Leute, und Theilnahme an ihre kleinsten Umstände, sein ganzes Vertrauen ab.

Wie schlüpfrig sind doch die Pfade durchs Leben! Wie nah sind wir oft, wenn wir den sichersten Gipfel unserer

Wünsche erreicht zu haben meinen, unserm Untergange! O du, der du die Herzen der Menschen in Händen hast, und diese nach ihrem innern Werth allein abwägest: sollten die besten Menschen nicht oft im Fall seyn, deine Waage anzuklagen? Aber du wägst in die Vergangenheit und in die Zukunft, wer darf rechten, wer kann bestehen vor dir? Glücklich das Herz, das bei allen scheinbaren Ungerechtigkeiten seines Schicksals, noch immer die Hand segnen kann, die ihn schlägt.

Unser Held war bis hieher seinem großen Zweck immer näher gerückt, aber er hatte andere Wünsche, andere Begierden, die auch befriedigt seyn wollten. Er hatte ein reizbares, für die Vorzüge der Schönheit äußerst empfindliches Herz. Mäßigkeit und Gesundheit des Körpers und Geistes hatten sein Gefühl fürs bessere Geschlecht noch in seiner ganzen Schnellkraft erhalten, und seine moralischen Grundsätze schienen Winde zu seyn, dieses Feuer immer heftiger anzublasen. Er war oft ganz elend, so elend, daß er erschöpfte Wollustdiener, unter denen sein Graf auch war, um ihre Gleichgültigkeit, und den Geist freilassenden Kaltsinn beneidete; sah er aber das ungeheure Leere, das alle ihre Stunden, selbst ihr Vergnügen, belastete; sah er, wie jämmerlich sie sich winden und zerren mußten, um wieder einmal einen Tropfen Freude an ihren Herzen zu fühlen, so tröstete ihn das wieder über seine innerlichen Leiden, und machte sie ihm unendlich schätzbar.

Der Graf Altheim war, bei seiner Ankunft in Leipzig, an einen der reichsten Bankiers empfohlen worden, der aus einem gewissen Eigensinn sich nie verheirathen wollte, sondern, mit seiner einzigen jungen und sehr schönen Schwester, eine der glänzendsten Haushaltungen in ganz Leipzig führte. Die Bekanntschaft in dem Hause des Herrn Freundlach (so hieß der Bankier), vielleicht auch die öftern Vorstellungen Zerbins, hatten ihn von seinen vorigen Ausschweifungen mit Frauenzimmern von verdächtigem Rufe zurückgebracht; er war übrigens eine der wächsernen Seelen, die sich gar zu gern von andern lenken lassen, weil sie zu bequem, und am Ende zu unvermögend sind, ihren Verstand selber zu brauchen. Er wollte keinem Menschen übels, außer wenn er gegen ihn durch andere war aufgebracht worden, alsdann aber war sein Zorn auch unversöhnlich, so lange das Maschinenwerk des fremden Verstandes, der ihn in Bewegung setzte, fortwirkte. Er hatte Zerbinen auf zu viele Proben gesetzt, um ihm nicht uneingeschränkt zu trauen; so lange der also das Regiment in seiner Seele führte, ging alles nach Wunsch, und er hatte so viel Achtung für ihn, daß er ihm allemahl seine Pension von seinen Wechseln voraus bezahlte, aus Furcht, er möchte durch jugendliche Verschwendungen in die Nothwendigkeit gesetzt werden, Zerbinens Finanzen in Verwirrung zu bringen.

Ganz anders ging es, als ein Weib sich des Zepters in diesem Herzen bemächtigte. Freundlach hatte, wie gesagt, eine Schwester; die Grazien schienen bei ihrer Geburt in Berathschlagungen gesessen zu seyn. Alles war auf ihrem Gesicht, auf ihrem Körper vereinigt, was bezaubern konnte: große schwarze Augen, die mehr sagten, als sie fühlte, Mienen, welche eben so viel Netze für die Freiheit der Herzen waren. Zu unserer Ritter Unglück fing das unfreundliche zwei und zwanzigste Jahr leis' an ihre Thür zu klopfen an, zu dem sich die grausenvolle Idee einer alten Jungfer in scheuslicher Riesengestalt gesellte, und den ersten ruhigen Augenblick abzuwarten schien, um sie mit allen ihren Schrecknissen zu überfallen. Sie hatte bis in ihr zwanzigstes Jahr kokettirt, das heißt, mit der sorgenfreiesten Seele von der Welt, nur an den Kitzel gedacht, täglich einige zwanzig wohlfrisirte Anbeter mit den unterthänigsten Reverenzen unten an ihrem Fenster vorbeikriechen zu sehen, jeder in Gedanken der Glückliche, jeder der Betrogene. Diese Arten von Wallfahrten waren das einzige Mittel, das ihre Reize, ihren guten Humor, ihre ganze Wohlhäbigkeit erhalten konnte, so daß jeder regnige Herbst- oder Wintertag ein wahrer Leidenstag für sie war. Sodann sanken all ihre schönen Gesichtszüge; sie kroch in einen Winkel; schlug einen Roman auf, der ihr nicht schmeckte, und in dem sie kaum zwei Zeilen gelesen hatte, wo nicht gleich ihre Gedanken sich an andere Gegenstände hefteten, und so in einander verwirrten, daß ihr das Buch aus der Hand fiel, und sie wie aus einem tiefen Traum erwachte. So schlich ihr Leben, vom vierzehnten bis zum zwanzigsten Jahr, in einem ewigen Dacapo unbedeutender Eroberungen hin, die, wie die Seifenblasen, womit Kinder spielen, oft aneinander zerplatzten. Sehr oft hatte ihre kleine scheckige Phantasei ihre Liebhaber und deren Handlungen auch in einem falschen Licht vorgespiegelt, so daß sie bisweilen ganz irre an ihnen ward, und ihre ungereimtesten, zufälligsten Handlungen in einen Roman zu bringen sich zermarterte, über den sie sich oft zu ihrem größten Verdruß sehr spät die Augen mußte öffnen lassen.

Wie gesagt, dieser Zustand konnte nicht immer fortwähren; sie mußte auf eine Versorgung denken. Schönen, die Männer haben wollen, sind wie eine Flamme im Walde, die desto heftiger um sich frißt, je mehr Widerstand sie antrifft. Nichts, nichts wird verschont; alle mögliche Kunstgriffe werden angewandt, was sich ihnen in Weg stellt, muß brennen. Unser unerfahrne Zerbin war das erste Schlachtopfer dieses weiblichen Alexandergeistes. Nicht daß ihre Bemühungen auf ihn selbst abgerichtet waren, sondern er sollte das Instrument in ihrer Hand seyn, auf ein anderes Herz Jagd zu machen.

Hohendorf, ein sächsischer Offizier, der in Leipzig bei unserm Zerbin die Kriegsbaukunst erlernte, hatte gleichfalls ein Empfehlungsschreiben, und durch dasselbe einen freien Zutritt bei Freundlach. Er war ein junger wohlgewachsener Mensch; Mademoiselle Freundlach hatte ihn durch hundert kleine Streiche, die bei ihr freilich unbedeutend waren, an sich gezogen; ihr gefielen seine leidenschaftlichen Stellungen, seine oft bis zum Erhabnen beredte, oft bis zum Kindischen läppische Sprache, seine Aufmerksamkeiten, seine Serenaden, seine Ausgaben ohne Ueberlegung, die sich alle aus Fehlschlüssen herschrieben, und mit Fehlschlüssen endigten. Das einzige wunderte sie, konnte sie mit ihrem gesammten Verstande nicht klein kriegen, daß er ihr nie etwas vom Heirathen vorsagte, da er doch sonst hundert Albernheiten zu ihren Füßen beging. Die wahre Ursache davon aber war, daß er schon eine Frau hatte, zwar nur von der linken Seite, der er aber ein besiegeltes Versprechen, sie gleich nach seines Vaters Tode zu heirathen, in den Händen eines königlichen Notars hinterlassen hatte, und die mit ihren zwei Kindern gewiß nicht ermangelt haben würde, sobald sie von einer neuen Verbindung gehört hätte, der Braut ihren unterthänigen Glückwunsch abzustatten. Ob Mademoiselle Freundlach was davon gemerkt, weiß ich nicht, genug sie fing an seit einiger Zeit in alle Betheuerungen und Feierlichkeiten Hohendorfs ein Mißtrauen zu setzen.

Altheim war ganz ein anderer Mensch; geradezu, ohne Arges, nicht so hinterm Berge haltend, nicht so unerklärbar, als Hohendorf. Das war ein Mann für Renatchen (so hieß Mademoiselle Freundlach), der ihr wenigstens ihr kleines Köpfchen nicht zerbrach. Es kam nur darauf an, ihn in dem Grad verliebt zu machen, als Hohendorf war! das fand aber Anfangs ein wenig Schwierigkeit. Er hatte zu viel Wasser in seinem Blut, zu dickhäutige Nerven; das Feuer ihrer Augen konnte den Thermometer so geschwind nicht steigen machen. Das erste, was ihr bei dieser Verlegenheit in den Wurf kam, war Zerbin; die Kälte des Grafen schien ihr nicht die Frucht einer ohnmächtigen Natur, sondern einer durch lange Verschanzungen bebollwerkten Ueberlegung. Sie machte also einen Plan, diese Festung zu unterminiren, den unser scharfsinnige Kriegsbaumeister einzusehen zu unwissend war, ein Triumph, der ihrer aufgebrachten Einbildung mehr schmeichelte, als Alexandern die Eroberung von Babylon; und ihr erster Angriff war auf Zerbinen gerichtet, den sie für den Kommandanten dieses Platzes hielt.

Zerbin! dieser unerfahrne, ungewahrsame, mit allen Ränken weiblicher List so gänzlich unbekannte Hauptmann: wie hätte der einem Angriff von der Art lange widerstehen können? Es hatte sich noch nie ein Frauenzimmer die Mühe genommen, seine Unschuld zu erschüttern, da er nicht reich, und noch weniger angenehm war, obgleich seine äußere Gestalt ziemlich gut ins Auge fiel. Er wußte keine einzige, ich sage keine einzige von den Millionen artiger Kleinigkeiten, mit denen Frauenzimmer von gutem Ton heutzutage unterhalten werden; er stand wie Saul unter den Propheten, sobald er in eine Gesellschaft von Damen trat. Er sah lauter überirdische Wesen außer seiner Sphäre an ihnen, für die er, weil er kein einziges ihrer Worte und Handlungen begriff, noch einsah, eine so tiefe innerliche Ehrfurcht fühlte, daß er bei jeder Antwort, die er ihnen geben mußte, lieber auf sein Angesicht gefallen wäre, und angebetet hätte. Mit einem solchen Gegner war freilich der Sieg nicht halsbrechend; den ersten Abend, als er nach Hause kam, aß er keinen Bissen; die Nacht brachte er schlaflos auf stechenden Federn zu; den Morgen verunglückten alle seine algebraischen Rechnungen, und er sah sich genöthigt eine Cur vorzuschützen, und seine Zuhörer einen Monat lang zu entfernen, um sich vor ihnen nicht lächerlich zu machen. Hohendorf blieb demungeachtet sein vertrautester Freund, und er war so übermäßig treuherzig gegen ihn, ihm im geringsten nicht den Vorzug merken zu lassen, den er in Renatchens Herzen zu haben schien, sondern alles das mit seiner Schüchternheit so wohl zu bemänteln, daß er ihm sein ganzes Vertrauen abgewann. Indessen betrog ihn diese Schüchternheit wohl zuweilen selber, und es fing sich ein Gespenst in seinem Herzen an zu regen, das er vorher kaum dem Namen nach kannte, die unbändigste Eifersucht, die jemals an der Leber eines Sterblichen genagt hat. Diese, weil er sie des Tags über unterdrückte, machte sich in der Nacht Luft, und machte ihn bisweilen in ein lautes Stöhnen und Weinen ausbrechen, das Altheim, der in einem Zimmer mit ihm schlief, nicht unaufmerksam lassen konnte.

Eine der originellsten Scenen war es, Zerbin mit Renatchen, Hohendorfen und Altheim Treset spielen zu sehen. Jede Karte hatte in des armen Liebessiechen Ideen eine Bedeutung, deren geheimer mystischer Sinn nur ihm und seinem Abgott anschaulich war, und sie dachte gerade bei jeder Karte nichts. Er spielte erbärmlich, und machte sie eine Parthie nach der andern verlieren, und wenn sie im Ernst böse auf ihn ward, hielt er das für die feinste Einkleidung ihrer unendlichen Leidenschaft für ihn, die kein anderes Mittel wüßte, sich ihm, ohne von den andern bemerkt zu werden, verständlich zu machen. Sie, die außer dem Interesse ihrer großen Passion, kein anderes kannte, als das elende Interesse des kleinen Kartenspiels, konnte, wenn er ihr mit allen zehn Karten in der Hand, das Herz Aß anspielte, in Feuer und Flammen gerathen, daß er alles sehr wohl zurechtzulegen wußte, und in ihren heftigen, oft unbescheidenen Verweisen allemal verstohlne Winke der Zärtlichkeit, oder wohl gar das Signal zu einem Rendezvous zu entdecken glaubte, nach dem er sich den andern Tag die Beine ablief, ohne jemals ihr Angesicht zu sehen. Der würde ihm einen üblen Dienst geleistet haben, der ihm auch nur von fernher auf die Spur geholfen hätte, was der wahre Bewegungsgrund ihrer ganzen Maskerade gegen ihn sey. Er soll einmal wirklich die ganze Nacht unter ihrem Fenster gestanden haben, weil sie ihm auf seine Invite in Coeur das Neapolitain in Karo gebracht hat, das er, wegen seiner viereckigen Rautenfigur, für ein unfehlbares Zeichen eines Rendezvous unter dem Fenster hielt.

Es dauerte nicht lange, so drang Altheim in seinen Kummer; das heißt, Zerbin gestand ihm, daß die Reize Renatchens nicht die Reize eines Menschen, sondern der Gottheit selber wären, die sich unter ihrer Gestalt auf Erden sichtbar zeigen wollen. Altheim ward mitleidig mit seinen nächtlichen Seufzern, er ward neugierig — lüstern, verliebt. Der Stolz, Zerbinen selbst, und auch Hohendorfen, ihre vermeinte Eroberung streitig zu machen, beschleunigte seine verliebte Bekehrung. Zerbin merkte dies, denn was merkt das Auge eines Liebhabers nicht, er fing an, die Verzweiflung, die bisher auf seinem Gesicht gewüthet hatte, in sich hineinzukehren, und unter einer lachenden Miene zu verbergen. Er ward gewitzigt, gescheut, erträglich in Frauenzimmergesellschaften, und darum nur desto unglücklicher, da er seinem Herzen nie Luft lassen durfte, und der verborgene Gram desto giftiger mit Skorpionenklauen daran zwickte. Er sah nun deutlich aus der plötzlichen Verwandlung Renatchens gegen ihn, daß alle ihre Anlockungen nur ein blinder Angriff gewesen waren, der eigentlich seinem Herrn gegolten hatte. Die Wunde war geschlagen, er blutete — und niemand hatte Mitleiden mit ihm. Sie that kalt, spröde, bisweilen gar verächtlich gegen ihn, um ihn völlig aus seinem Irrthum nüchtern zu machen, nur, wenn sie merkte, daß sein Stolz zu tief gekrümmt worden war, bekam er einen aufmerksamen Blick, um nicht, wie Petrarch sagt, die Demuth, die zu tief hinabgedrückt wird, zur Wuth zu entflammen. Wer war unglücklicher, wer war erleuchteter, als er jetzt, über die große Triebfeder weiblicher Seelen? Er sah, daß kein anderer Weg für ihn übrig war, noch bei vollem Verstande zu bleiben, als das Haus auf immer zu meiden, und seinen Wohlthäter in dem Besitz der schönen Beute zu lassen. Er setzte sichs fest vor, brach es ein paarmal, setzte sichs wieder vor, schwur sichs, bis er endlich Meister über sich ward, und nun von Altheimen im

Namen seiner Geliebten große Vorwürfe darüber erwartete: aber leider! man vermißte ihn nicht einmal.

Jetzt nahm sein Schicksal eine tragischere Wendung. Daß des Menschen Herz ein trotzig und verzagtes Ding sey, ist ein Gemeinspruch, der auch den Allereinfältigsten auf den Lippen schwebet, den aber, wenn er sich an uns selbst wahr macht, kein menschlicher Scharfsinn, wäre es auch des größtmöglichen universellsten Genies, daß ich so sagen mag, auf der That ertappen, und ihm mit gehörig zubereiteter Brust begegnen kann. Wir schwanken immer, müssen zwischen Hoffnung und Verzweiflung schwanken; die am kühnsten beflügelte Seele schwankt desto fürchterlicher. Glücklich, wessen stark gewordene Vernunft in dieses Schwanken selbst ein gewisses Gleichgewicht zu bringen weiß!

Zerbin verzagte nun an sich und an der Möglichkeit geliebt zu werden, das gewöhnliche Schicksal der edelsten Seelen, die ihr Unglück nicht zufälligen Umständen, sondern ihrer eigenen Unwürdigkeit zuzuschreiben so geneigt sind. Der Geck weiß sich aus einer solchen Verschiebung sehr geschwind herauszufinden, bei dem edlen Mann aber frißt sie, wie ein Wurm, an der innern Harmonie seiner Kräfte. Alle seine lang gehegten und gewarteten Vorstellungen, Empfindungen und Entwürfe liegen nun auf einmal, wie auf der Folter ausgespannt, verzerrt und zerrissen da; der ganze Mensch ist seiner Vernichtung im Angesicht. Er erholte sich zwar bald, seine Seele nahm ihre vorige Schnellkraft wieder, aber nur um desto empfindlicher und untröstbarer zu leiden.

Unterdessen nahmen die Negotiationen zwischen Altheim und Renatchen ihren erwünschten Fortgang, und Hohendorf, der dieses nur zu bald inne ward, verzweifelte darüber. Er kam oft zu Zerbinen, der, hinter zugezogenen Fenstergardinen, in mathematischen Büchern vergraben saß, in denen er leider! oft den ganzen Tag emsig las, ohne doch zwei Zeilen zu verstehen, auch an die erste Seite immer wie gebannt blieb, so sehr hatten seine Gedanken, wie ausgerissene unbändige Hengste, einen andern Weg genommen. Das Studium lag; alle seine Schüler verließen ihn; Hohendorf allein blieb ihm, doch mehr um ihm seine Noth zu klagen, als Festungen erobern zu lernen. Zerbin hörte seine Klagen, Verwünschungen, Schmähreden und Lästerungen über Altheim und Renatchen mit großer Geduld an, und hatte nie das Herz, die seinigen dazuzufügen, sondern akkompagnirte ihm aufs höchste mit einigen halbersickten Seufzern, oder einem frostigen Lachen und einer so sokratischen Miene, daß er den Scharfsinnigsten selber betrogen haben würde, weil er fest entschlossen war, und einen gewissen Reiz drin fand, sich mit dieser erkünstelten Gleichgültigkeit das Herz abzustoßen. — Aeußere Umstände kamen dazu; Altheim blieb der warme, sorgsame Freund nicht mehr für ihn, zwei Passionen können das Herz eines gewöhnlichen Menschen nie zu gleicher Zeit beschäftigen; dazu kam eine gewisse Art von Zurückhaltsamkeit gegen ihn, weil er ihn selbst in Renatchen verliebt gewußt hatte. Ihr Umgang ward kalt, trocken, mürrisch; er ging des Morgens früh aus dem Hause, und kam des Nachts spät heim; sie wurden sich so fremd, daß sie sich vor einander zu fürchten anfingen. Der Tod der Freundschaft ist Mißtrauen: seine Wechsel kamen an; er vergaß Zerbinen die Pension auszuzahlen; Zerban war zu stolz ihn zu mahnen; er wollte sich im geringsten nicht bloß geben, daß er die Veränderung seines Herzens gegen ihn merke. Das Gefühl der Freundschaft ist so zart, daß der geringste rauhe Wind es absterben macht, und oft in tödtlichen Haß verwandelt; die Liebe zankt und söhnt sich wieder aus; die Freundschaft verbirgt ihren Verdruß, und stirbt auf ewig. Zwei Freunde sehen nur ein anders gestaltetes Selbst an einander; sobald diese Täuschung aufhört, muß ein Freund vor dem andern erblassen und zittern.

Zerbin, der außer Wohnung und Tisch nichts frei hatte, fing an, die Nothwendigkeit einzusehen, seinem Schmerz, dessen Gegenstand nicht edel genug war, ihn auf die Länge bei sich selbst zu rechtfertigen, einige Zerstreuung zu geben. Er wollte das Schauspielhaus, die Kaffehäuser besuchen, um nicht von dem Alp Hypochonder erdrückt zu werden, der sich so gern zu einem Kummer gesellt, der durch keine Leidenschaft mehr veredelt wird. Alle seine Gelehrsamkeit hatte aus seinem Kopf Abschied genommen; er mußte wie ein Schulknabe wieder von vorn anfangen, und, was das schlimmste war, so stellte sich ihm Renatchen, und alle mit ihr sich eingebildete Freuden, wie eine feindselige Muse, bei jedem Schritt in Weg, und riß, wie jenes Ungewitter vor Jerusalem, in der nächsten Stunde alles wieder ein, was er in der vorigen mit Mühe gebaut hatte. Meine Leserinnen werden vielleicht bei dem ersten wahren Gemählde einer Männerseele erstaunen, vielleicht aber auch bei ernsthafterm Nachdenken den Unglücklichen bedauern, der das Opfer einer so unredlichen Politik ward. Wie gesagt, seine Schüler verließen ihn; der Mangel nagte und preßte; er gerieth in Schulden — und das — weil er zu verschämt, zu stolz, vielleicht auch zu träge war, jemand anders anzusprechen — bei seiner Aufwärterin, die er, sobald er sich das Herz genommen haben würde, Altheimen zu mahnen, mit Interessen zu bezahlen hoffte, sich also dadurch die Erniedrigung ersparte, andern Leuten Verbindlichkeiten zu haben.

Altheim wußte indessen allen Wendungen Renatchens zu einem förmlichen Heirathsversprechen so geschickt auszuweichen, daß sie es endlich müde ward, auf neue Kunstgriffe zu sinnen, und sich lieber der angenehmen Sicherheit überließ, die die größten Helden des Alterthums so oft vor dem Ziel aller ihrer Unternehmungen übereilte. Sie suchte nun aus seiner Leidenschaft alle nur mögliche Vortheile für den gegenwärtigen Augenblick zu ziehen, und, da der Graf nichts weniger als geizig war, verschwendete er unermeßliche Summen, ihr tausend Abwechselungen von Vergnügen zu verschaffen. Beide dachten an Vermeidung des Argwohns und an die Zukunft nicht; böse Zungen sagten sogar schon in der Stadt sich ins Ohr, ihre Bekanntschaft sey von sichtbaren Folgen gewesen. Ein Theil dieser Nachreden mochte sich auch wohl von Hohendorf herschreiben; sie bekamen sie selber zu Ohren, ohne sich darüber sehr zu kränken, oder ihre Aufführung behutsamer einzurichten, so daß man am Ende Renatchen überall nur die Gräfin nannte.

Zerbin hörte diese Benennung und viel ärgerliche Anekdötchen in allen Gesellschaften, die er noch besuchte; seine Göttin so von ihrer Würde herabsteigen, so tief erniedrigt zu sehen, konnte nicht anders, als auch den letzten Keim der Tugend in seinem Herzen vergiften. Er suchte sich eine bessere Meinung vom Frauenzimmer zu verschaffen, er suchte sein Herz anderswo anzuhängen; es war vergeblich. Der Herr des Hauses, das er und der Graf zusammen bewohnten, hatte eine Tochter, die dem Bücherlesen ungemein ergeben war, und sich zu dem Ende ganze Wochen lang in ihr Kabinet verschloß, ohne sich anders als beim Essen sehen zu lassen. Er beredete den Grafen, ihm bei seinem Hausherrn die Kost auszudingen, welches der mit Freuden that, weil dieser Tisch wohlfeiler, als der im Gasthofe war, und er zu seinen verliebten Verschwendungen jetzt mehr als gewöhnlich zu sparen anfing. Zerbin suchte bei Hortensien (so hieß die Tochter seines Wirths) wenigstens den Trost einer gesellschaftlichen Unterhaltung — aber leider! mußte er auch hier die gewöhnliche Leier wieder spielen sehen. Sie legte alles, was er redte und that, als Anstalten zu einer nähern Verbindung mit ihr aus, zu der sie denn auch nach der gewöhnlichen Taktweise einen Schritt nach dem andern ihm entgegen that. Es ist ein Mann, sagten alle ihre Blicke, alle ihre Mienen, alle ihre dahin abgerichteten, ausgesuchten, in ihrem Kabinet ausstudierten Reden; er will dich heirathen! Du wirst Brot bei ihm finden; es ist doch besser Frau Magistern heißen, als ledig bleiben, und er denkt honett. Er dachte aber nicht honett; er wollte diese steifen, abgezirkelten, ausgerechneten Schritte in den Stand der heiligen Ehe nicht thun, so sehr Algebraist er auch war — er wollte lieben. Er wollte Anheften, Anschließen eines Herzens an das andere ohne ökonomische Absichten — er wollte keine Haushälterin, er wollte ein Weib, die Freude, das Glück, die Gespielin seines Lebens; ihre Absichten gingen himmelweit auseinander; er steuerte nach Süden, sie steuerte nach Norden; sie verstanden sich kein einzig Wort. Doch glaubte sie ihn zu verstehen; alle seine Gefälligkeiten, alle seine Liebkosungen (denn was liebkost nicht ein Mensch in der Verzweiflung?) beantwortete sie mit einer stumpfen, kalten Sprödigkeit, die ihn immer entweder mit Blicken, oder wohl gar mit Worten, auf den Ehestand hinauswies, als ob bis dahin keine Verschwisterung der Herzen möglich, oder vielmehr, als ob sie von keiner andern, als die hinter den Gardinen geschieht, einige Begriffe hätte. Der arme Mensch ging drauf, verzehrte sich in sich selber. Er mußte etwas lieben — Hier fing das Schreckliche seiner Geschichte an.

Seine Aufwärterin war ein junges, schlankes, rehfüßiges, immer heiteres und lustiges Mädchen. Ihre Gutherzigkeit war ohne Gränzen; ihr Wuchs so schön als er seyn konnte, ihr Gesicht nicht fein, aber die ganze Seele malte sich darin. Diese Ehrlichkeit, dieses sorgenfreie, unendlich aufmunternde in ihrem Auge verbreitete Trost und Freude auf allen Gesichtern, die sie ansahen; lesen mochte sie nicht, aber desto lieber tanzen, welches ihre Lebensgeister in der ihr so unnachahmbaren Munterkeit erhielt. In der That war ihr gewöhnlicher Gang fast ein beständiger Tanz, und wenn sie sprach, jauchzte sie, nicht um damit zu gefallen, sondern, weil das herzliche innerliche Vergnügen mit sich selbst und ihrem Zustande keinen andern Ausweg wußte. In ihrem Anzug war sie immer sehr reinlich, und an dieser Tugend sowohl, als selbst im Geschmack, ließ sie ihre Gebieterin unendlich weit hinter sich. — Wie vieles kommt auf den Augenblick an, zu wie vielen schrecklichen Katastrophen war nur die Zeit, die Verbindung kleiner, oft unwichtig scheinender Umstände die Lunte! Ach, daß unsere Richter, vielleicht in spätern bessern Zeiten, der göttlichen Gerechtigkeit nachahmend, auch dies auf die Waagschale legten, nicht die Handlung selbst, wie sie ins Auge fällt, sondern sie mit allen ihren Veranlassungen und zwingenden Ursachen richteten, eh sie sie zu bestrafen das Herz hätten! — In einem der Augenblicke, wo die menschliche Seele an all ihrem Glück verzagt, brachte Marie (so hieß die Aufwärterin) Zerbinen den Kaffe aufs Zimmer. Der Herr des Hauses war eben mit seiner ganzen Familie zu einem Landfeste zwei Stunden vor der Stadt herausgefahren, von dem er vor Abend nicht wieder kam. Zerbin hatte den Morgen einem Bürger, der ihm zu einem Spazierritt schon vor einer Woche das Pferd geliehen, den letzten Groschen aus dem Beutel gegeben; es fiel ihm, als er sie tanzend hereintreten sah, ein, indem die Empfindung des Mangels kalt und grauenvoll über ihm schwebte, dieses gutartige holde Geschöpf könne wohl in dem Augenblick eben so bedürftig seyn, und aus Größe der Seele, oder aus jungfräulicher Schüchternheit, ihren Verdruß über das lange Außenbleiben seiner Bezahlung verbeißen: er fragte sie also mit einem ziemlich verwilderten Gesicht: Jungfer! ich bin ihr ja auch noch schuldig; wie viel beträgts denn?

Ob sie nun aus seiner Miene geschlossen, daß ihm die Bezahlung jetzt wohl schwer fallen dürfte, oder ob etwas in ihrem Herzen für ihn sprach, das nur wünschte durch eine Handlung der Aufopferung sich ihm weisen zu können — genug sie wußte mit einer so eigenen Naivetät ein erstauntes Gesicht anzunehmen, die Hände so bescheiden zu falten, so beklemmt zurückzutreten, daß Zerbin selber drüber irre ward. „Sie mir schuldig, mein Herr? seit wann denn? — Woher denn?" — „Hat sie mir nicht fünf Gulden von ihrem Lohn geliehen — und nachher noch fünfe von ihrer guten Freundin verschafft?" — „Sie träumen. Ich glaube, die gelehrten Herren haben zuweilen Erscheinungen." — „Ich muß es ihr bezahlen, Jungfer. Ich will meine Uhr versetzen." — Um meinen Leserinnen und Lesern dieses Betragen unserer artigen Bäuerin in ein besseres Licht zu setzen, müssen wir hier erinnern, daß sie Tochter eines der reichsten Schulzen aus einem benachbarten Dorf war, und nicht sowohl wegen des Lohns, als wegen alter Verbindlichkeiten, die ihr Vater dem Herrn vom Hause hatte, bei ihm diente.

Sie setzte sich hierauf in eine noch feierlichere Stellung, und that die schrecklichsten Schwüre, daß er ihr nichts schuldig wäre; er sprang auf, weinte vor Scham, Wuth und Dankbarkeit; sie fing mit an zu weinen, sagte, wenn er wieder was nöthig hätte, sollte er sich nur an sie wenden, sie hätte einen reichen Vaterbruder in der Vorstadt, sie würde schon Mittel finden, etwas von ihm zu bekommen; er schloß sie in seine Arme; ihre bebenden Lippen begegneten sich — Einsamkeit, Stille, Heimlichkeit, tausend angsthafte, freudenschaurige Gefühle überraschten sie; sie verstummten — sie gleiteten — sie fielen.

Diese Trunkenheit des Glücks war die erste und einzige, die Zerbinen für seine Lebenszeit zugemessen war, um ihn in desto tieferes Elend hinabzustürzen. Zwar wußten Beide auch nachmals noch Gelegenheit zu finden, ihre Zärtlichkeiten zu wiederholen; aber wie der erste Schritt zum Laster, so mit Rosen bestreut er auch seyn mag, immer andere nach sich zieht, so ging es auch hier. Zerbins hohe Begriffe von der Heiligkeit, aufgesparten Glückseligkeit, von dem Himmel des Ehestandes verschwanden. Die Augen fingen ihm, wie unsern ersten Eltern, an aufzugehen, er sah alle Dinge in ihrem rechten Verhältniß, sah bei der Ehe nichts mehr, als einen Kontrakt zwischen zwei Partheien aus politischen Absichten. Hortensia und ihr steifes Betragen hatte nun in seinen Augen gar nichts Widriges mehr, da der Vater eine ansehnliche Stelle im Magistrat bekleidete, und zehntausend Thaler mitgeben konnte: er ward vernünftig. Er hatte die Liebe seiner Marie zum voraus eingeerntet; Liebe schien ihm nun ein Ingrediens, das gar nicht in den Heirathsverspruch gehörte; die große Weisheit unserer heutigen Philosophen ging ihm auf, daß Ehe eine wechselseitige Hülfleistung, Liebe eine vorübereilende Grille sey; eine Mißheirath schien seinem aufgeklärten Verstande nun ein eben so unverzeihbares Verbrechen, als es ihm ehemals der Ehebruch und die Verführung der Unschuld geschienen hatten. In ein Dörfchen zu gehen, und mit seinem freundlichen Mariechen Bauer zu werden — oder dem Vorurtheil aller honetten Leute in Leipzig Troß zu bieten, und seine schöne Bäuerin im Angesicht all seiner galanten Bekanntschaften zu heirathen — welch ein unförmlicher Gedanke für einen Philosophen, dem jetzt erst die Fackel der Wahrheit zu leuchten anfing, der jetzt erst die Beziehungen der Menschen, die Abweichungen der Stände, die Thorheiten phantastischer junger Leute, die Irrthümer der Phantasei, und das unermeßliche Gebiet der Wahrheit im ächtesten Licht übersah! Von dieser Zeit an faßte er den Entschluß Professor der ökonomischen Wissenschaften, neben an des Naturrechts, des Völkerrechts, der Politik und der Moral, zu werden. Saubere Moral, die mit dem Verderben eines unschuldigen Mädchens anfing! Er räsonnirte nun ungefähr also:

Der Trieb ist allen Menschen gemein; er ist ein Naturgesetz. Die Gesellschaft kann mich von den Pflichten des Naturgesetzes nicht lossagen, als wenn diese den gesellschaftlichen Pflichten entgegen stehen. So lange sie sich damit vereinigen lassen, sind sie erlaubt — was sage ich? sie sind Pflicht. Ich darf also die Achtung, die ich der Gesellschaft schuldig bin, nicht aus den Augen setzen. Folglich, wenn ich Marien dahin bringen kann, daß sie um einige Zeit eine Reise zu ihren Verwandten vorschützt, so sie

insge-

insgeheim nach Berlin führe, wo ich gleichfalls meinen Vater zu besuchen habe, ihr dort ein Zimmer miethe, das Kind auf die Rechnung meiner künftigen Erbschaft von dem und dem alten Bekannten meines Vaters in der Stille erziehen lasse — unterdessen wiederkomme und eine reiche Parthie — Marie bleibt immer mein, und je verstohlner wir nachher zusammen kommen, desto süßer — Liebe hat ihre eigene Sphäre, ihre eigenen Zwecke, ihre eigenen Pflichten, die von denen der Ehe himmelweit unterschieden sind.

Er setzte sich sogleich hin, an seinen Vater zu schreiben, ihm durch die unvermuthete Entdeckung, daß er noch lebe, eine Freude zu machen, und sich zugleich für seine bedrängten Umstände, und zu einer Reise nach Berlin, eine Hülfe von hundert Friedrichsd'or auszubitten. In diesem Augenblick trat Marie ins Zimmer. Er kleidete ihr sein Projekt in solche lügen- und schmeichelhafte Farben ein, daß sie mit Thränen in alles willigte; wiewohl sie ihm die Freuden eines eingezogenen, schuldlosen Lebens, in einem Dorf, wo ihr Vater ihn mit beiden Händen würde aufgenommen haben, mit Worten vormalte, die Steine erweicht haben würden: aber seine Politik drang diesmal durch. Sie wollten sich in Berlin so lange aufhalten, bis sein Vater todt wäre, und er förmliche Anstalten zu einer öffentlichen Verheirathung mit ihr machen könnte. Sie ergab sich endlich in seine höheren Einsichten, warf sich in seine Arme, drückte ihm ihre Liebe nochmals auf die Lippen, und erhielt von ihm die Versiegelung seiner noch immer eben so heftigen Leidenschaft.

Alles ging gut. Er fing hierauf an, statt der verdrüßlichen Lehre von Potenzen und Exponenten, ein Collegium über die Moral und eins über das Jus Naturä zu lesen, das ihm gar kein Kopfbrechen kostete, und ungemein gut von der Lunge ging. Er bekam einen Zulauf, der unerhört war, und es währte kein halbes Jahr, so ließ er für seine Lesestunden ein neues Kompendium der philosophischen Moral, gepfropft aufs Natur- und Völkerrecht, drucken, das in allen gelehrten Zeitungen bis an den Himmel erhoben ward. Unterdessen blieb das arme Mariechen, die Veranlassung aller dieser Revolutionen, ein unglückliches Mittelding zwischen Frau und Jungfer; ihre glückliche Lustigkeit verlor sich; die Rosen auf ihren Wangen starben; die Zeit ihrer Entbindung nahte heran; Zerbin fing an verlegen zu werden, wenn sie auf sein Zimmer trat. Ein unangenehmer Vorfall kam noch dazwischen.

Dem Hause des Herrn Freundlach gegenüber lag ein Kaffehaus, das Hohendorf sowohl, als Altheim, in der Zeit ihrer ersten Bekanntschaft mit Renatchen, gleich nach dem Essen gewöhnlich zu besuchen pflegten. In der Zeit des Noviziats, da es bei Beiden noch immer hieß:

Ich aber steh', und stampf', und glühe,
Und flieg' im Geiste hin zu ihr,
Und bleib', indem ich zu ihr fliehe,
Stets unstät, aber immer hier,
Weil, bis mich Glück und Freundschaft retten,
Die oft ein langer Schlaf befällt,
Mich hier, mit diamantnen Ketten,
Das Schicksal angefesselt hält.

Uz.

Obzwar Hohendorf jetzt fast gar keinen Zutritt in dem Hause mehr hatte, oder doch wenigstens von dem Idol seiner Wünsche allemal sehr frostig empfangen ward: so blieb doch ein gewisser Zauber um dieses Kaffehaus schweben; er fühlte allemal nach dem Essen einen geheimen Zug hinzugehen, von dem er sich selbst nicht Rechenschaft zu geben wußte. Da sah er denn sein geliebtes Renatchen sehr oft mit Altheimen am Fenster, und rächte sich, oder glaubte sich mit verachtungsvollen Blicken recht herzlich an ihnen zu rächen. Altheim selbst kam auch noch bisweilen dahin, wenn Renatchen etwa sich nicht sprechen ließ, oder einen Besuch bei einer Verwandtin machte, die er nicht wohl leiden konnte, weil sie beiden immer so spitzfindige Reden gab.

An einem dieser Nachmittage kam Hohendorf mit Altheim in einem Billardspiel, wo mehrere Personen um den Einsatz spielen, in einer sogenannten Guerre zusammen, und es traf sich unglücklicher Weise, daß die beiden Nebenbuhler gerade auf einander folgen mußten. Hohendorf, der schon lange eine Gelegenheit an Altheim suchte, machte, ohne daß es ihm selbst Vortheil brachte, seinen Ball, welches wider die Regel vom Spiel ist. Altheim zeigte seinen Verdruß darüber; Hohendorf schüttelte lächelnd den Kopf; als die Reihe wieder an ihn kam, machte er, nun wirklich unversehens und wider Willen, den Ball des Altheim zum andernmal. Altheim, fest versichert, daß dieß in der Absicht geschehe, ihn zu beleidigen, warf ihm den Billardstock ins Gesicht; sie griffen nach den Degen; man trennte sie; den andern Morgen ritten sie vor der Stadt hinaus ins Rosenthal, sich auf Pistolen zu schlagen, wo Altheim so glücklich oder so unglücklich war, seinen Gegner zu erlegen, und sich ungesäumt aus dem Staube machte, ohne nachher, weder seiner Geliebten, noch unserm Zerbin, seinem Mentor, jemals mit einer Silbe Nachricht von sich zu geben.

Zerbin wußte also auch die anderweitigen Schulden, die er, auf die Rechnung der vom Grafen zu bekommenden rückständigen Pension, gemacht hatte, nicht zu bezahlen; er mußte eine ganz andere Haushaltung anfangen. Um seinen Hausherrn in guter Laune zu erhalten, redete er nun, bisweilen räthselhaft, bisweilen ziemlich deutlich, von gewissen Absichten, die er auf seine Tochter hätte, deren Jugend und Schönheit sehr stark zu sinken anfing. Sobald Marie bei ihren geheimen Zusammenkünften sich unruhig darüber bezeigte, wußte er sie mit der Nothwendigkeit dieser Maskerade zufrieden zu sprechen, damit ihn der Herr des Hauses nicht wegen Hausmiethe und Kostgeld mahne, welches in der That auch nicht erfolgte, und seine Sicherheit und stillschweigende Verbindlichkeit gegen Hortensien immer größer machte. Seine ganze Hoffnung, der letzte Anker, den er ausgeworfen, stand nun auf die Antwort von seinem Vater. Man stelle sich Mariens Entzücken vor, als sie ihm selbst den Brief aus Berlin von dem Posthause brachte, und den Uebergang zu ihrer Verzweiflung, als sie nun aus seinem Munde hörte, daß auch hier der Tau zerrissen sey. Sein Vater war, durch einen der kühnsten Diebstähle, da man ihn selbst und seine alte Magd geknebelt hatte, rein ausgeplündert worden, und jetzt im allerkümmerlichsten Mangel, da er, wegen seines bekannten Wuchers, bei niemand einmal Mitleiden fand. Er bat seinen Sohn, ihn, wo möglich, mit Geld zu unterstützen, oder zu sich nach Leipzig kommen zu lassen. Es blieb Marien nichts übrig, als Weinen und Schluchzen; sie warf sich ihm zu Füßen; er sollte mit ihr in ihr Dorf gehen, um ihr bei ihrem Vater Vergebung zu verschaffen. Alles war umsonst;

er stellte ihr vor, daß eine Geschichte von der Art, wenn sie bekannt würde, ihn unfehlbar um seine Stelle bei der Universität bringen würde, daß er durch sein Ansehen, durch seinen Kredit, durch seine Gelehrsamkeit, wohl noch so weit gelangen würde, sein berlinisches Projekt mit ihr auch hier in Leipzig auszuführen; daß er ein Werk unter der Presse hätte, für welches ihm der Buchhändler dreihundert Thaler geboten, daß er die zur Erziehung des Kindes verwenden wolle; daß sie ihm versprechen solle, sich an ihre Freundin in der Vorstadt zu wenden, ihr ihren Zustand zu gestehen, eine schleunige Krankheit bei ihr vorzuschützen, und unter dem Vorwand in ihrem Hause zu bleiben, bis die Entbindung vorüber wäre, unter der Zeit aber eine andere Magd in ihre Stelle zu miethen u. s. w. Sie versprach alles aus Liebe zu ihm; sie ging von ihm, fest entschlossen, allen möglichen Stürmen des Schicksals Troß zu bieten, um ihm seine Ehre und guten Namen in der Stadt zu erhalten; an den ihrigen dachte sie nicht einmal. Ihre Hände noch naß von den Thränen, mit denen er sie beschworen hatte, die Sache geheim zu halten, dachte, sah, begriff sie keine Schwierigkeiten bei dieser Sache, fing sogleich an den Anfang ihrer Rolle zu spielen, und sich bei ihrer Jungfer über Kopfweh und Fieberschauer zu beklagen. Den Nachmittag hatte sie den Plan gemacht, ihrer Freundin einen Besuch zu machen, und da, gleich als ob sie unvermuthet von einem hitzigen Fieber überfallen wäre, sich zu Bette zu legen.

Aber wie wenig wußte das gute Mädchen, was sie versprochen hatte! Als sie zu ihrer Freundin kam, fand sie sie eben im Ausräumen begriffen, weil sie ihre Miethe aufgesagt hatte, und ein anderes Haus beziehen wollte. Mann und Frau hatten, wie es bei dergleichen Gelegenheit zu gehen pflegt, Händel zusammen bekommen, und maulten jetzt mit einander. Sie ward mit einem bewölkten Gesicht empfangen; die Furcht, ihr zur ungelegenen Stunde zu kommen, verschloß ihr den Mund. Das Herz entfiel ihr; all ihre Anschläge verwirrten sich, sie wußte nicht aus noch ein. Sie sagte ihrer Freundin, daß ihr nicht wohl wäre; sie ward kaltsinnig bedauert. Ach, ein Ton der Stimme, eine trockene Miene ist, in dergleichen Gelegenheiten, schüchternen und zarten Seelen ein Donnerschlag! Sie kam halb ohnmächtig wieder nach Hause, und doch liebte sie Zerbinen zu sehr, um ihn durch Erzählung dieses ersten mißlungenen Versuchs in Bekümmerniß zu setzen. Sie sah nun ihr Schicksal als eine Strafe Gottes für ihren Leichtsinn an, der höchste Grad der Melancholei, und fand ihren Trost, ihre Wollust in verborgenen Thränen. Sie wagte es dennoch nach ein paar Tagen zum andernmal hinzugehen, nachdem sie Zerbinen eingebildet hatte, es sey alles schon in Richtigkeit: sie fand ihre Freundin nicht zu Hause. Auch dies sah sie als etwas übernatürliches an; ihr Herz entfiel ihr immer mehr; es war, als ob ihr jemand zuriefe: du sollst dich deiner Freundin nicht entdecken! — O Richter, Richter, habt ihr die Gefühle eines jungen Mädchens je zu Rath gezogen, wenn ihr über ihre That zu sprechen hattet! Ahndet ihr, was das heißt, seine Schande einer andern entdecken, was für Ueberwindung das kostet, was für ein Kampf zwischen Tod und Leben in einer weiblichen Seele, die noch nicht schamlos geworden ist, da entstehen muß? Sie faßte nun den Vorsatz, in die Hände Gottes, nicht in die Hände der Menschen zu fallen, wie sie nachher ihrem Beichtvater selber gestanden hat. Sie wollte sich ihrem Schicksal überlassen, und das Schlimmste abwarten, ohne Zerbin oder irgend einem Menschen ein Wort davon zu sagen. — Die Taschen, die damals auch Personen geringen Standes durchgängig trugen, verhehlten ihren Zustand; kurz die Frucht ihrer verbotenen Vertraulichkeit kam, nach ihrem letzten Geständniß, todt auf die Welt.

Nach den Gesetzen ist eine verhehlte Schwangerschaft allein hinlänglich, einer Weibsperson das Leben abzusprechen, wenn man auch keine Spur einer Gewaltthätigkeit an dem Kinde gewahr wird. Marie hatte das ihrige in der Geschwindigkeit ins Heu verbergen wollen, da eben das Haus, wegen eines Schmauses in der Vakantzeit, voller Gäste war, und sie alle Augenblicke gebraucht wurde. Der Kutscher war in ihrer Abwesenheit auf den Heuboden gestiegen, den Pferden etwas Futter zu langen, und er war der erste Angeber dieses unglücklichen Mädchens.

Sie ward gefänglich eingezogen: Zerbin ließ sich nichts merken. Man stelle sich die Entschlossenheit, die Großmuth, die Liebe dieses unglücklichen Schlachtopfers vor: sie war durch keine Mittel dahin zu bringen, den Vater ihres Kindes anzugeben. Alle Klugheit, alle Strenge der Obrigkeit war umsonst; nichts als unzusammenhängende Erdichtungen konnten sie aus ihr bringen. Das war eine Scene, als ihr Vater, der Schulz aus dem Reichsdorf, zu ihr ins Gefängniß trat.

Du Alleweltsh— war sein Willkomm, was machst du hier? Hab ich dich so gelehrt, Gottes Gebot aus den Augen setzen?

Sie weinte.

Durch Henkershand dich verlieren — Wer ist der Vater dazu gewesen, sag mirs! Gottes Gericht soll mich verfolgen, wo ich es nicht so weit bringe, daß der Kerl — hier kniff er die Daumen ein, sah in die Höhe, biß die Zähne zusammen, und der Schaum trat ihm vor den Mund.

Sie weinte immer fort.

O du Gottsvergessene — — nenne mir den Kerl nur! — Er setzte sich bei ihr auf eine zerbrochene Tonne nieder.

Ich weiß ihn nicht, Vater, ich kenne ihn nicht.

Du kennst ihn nicht — so wird Gott ihn finden, Gottes Gericht ihn finden! Du kennst ihn nicht? Du wirst dir doch nicht im Schlaf so was haben anräsonniren lassen — Meine einzige Tochter auf dem Schaffot — Nenne mir ihn, sage mir ihn, ich will ihm nichts zu leide thun!" — „Freilich war's so gut als im Schlaf, Vater, im Rausch, Vater! als wir von einer Hochzeit kamen. Es war ein Schuhmachersgesell, den Mainzer nannten sie ihn."

Gott wird ihn finden, den Schuhmachersgesellen — O mein Kind, mein Kind! Hier umarmte er sie heulend, und drückte sie, unter erschrecklichem Schluchzen, zu wiederholtenmalen an sein Herz. Wenn ich mich hier in deine Stelle setzte, du bist jung; du kannst noch lange leben —

Ich überlebte es nicht — —

Ich hatte dir mein neues Haus zugedacht; es ist unter Dach; du solltst mir den Nagler Rein heirathen; es ist ein junges frisches Blut, und hat dich jederzeit so lieb gehabt. Alle Abend bin ich mit meinem alten Weibe hinspaziert, und haben nach dem Bau gesehen, und von dir geredt, wie wir im Winter so vergnügt mit einander leben, und fleißig zu einander zu Licht gehen wollten. Ich habe noch fünf Pfund von dem schönen weißen Flachs; die soll sie mir abspinnen helfen, sagte sie. Sie wird doch jetzt in der Stadt nicht so galant geworden seyn, daß sie das Spinnrad nicht mehr in die Hand nehmen darf — ach, du gottloses Kind! es war, als ob sie das im prophetischen Geist gesagt hätte.

Sie: auf seine Hand weinend: Könnt ihr mir denn nicht verzeihen, Vater.

Er, der Nagler Rein, stand denn so dabei und lächelte, und die Thränen quollen ihm in die Augen. Sage ich doch, es war, als ob's uns allen geahndt hätte.

Grüßt den guten Rein; sagt, ich werde noch in der Ewigkeit für ihn beten, daß er eine bessere Frau bekomme, als ich ihm gewesen wäre Sagt ihm, es soll ihm nicht leid seyn um mich.

Wem sollt' es nicht leid seyn um dich. Hier heulte er wieder an ihrem Halse. Darf deine Mutter auch kommen, dich zu sehen?

Meine Mutter — wo ist sie — wo ist meine gute Mutter? Geschwind laßt sie herein kommen! Ich habe nicht lange mehr hier zu bleiben.

Walter (so hieß der Alte) schlug in die Hände. Ist denn keine Gnade, kein Pardon nicht möglich? Ich will mich dem Gerichtsherrn zu Füßen werfen. —

Meine Mutter, Walter! — Ich schwör' euch, es stirbt kein Mensch so gern als ich — sie flog an die Thür: Meine Mutter! Laßt meine Mutter hereinkommen!

Hier traten die Mutter und einige Verwandtinnen herein; es ging ein allgemeines Geheul an, das den Kerkermeister selber so aus seiner Fassung brachte, daß er das Zimmer verlassen mußte. Die grausame Stunde rückte heran. Man sprach noch immer in der Stadt davon, sie würde Gnade bekommen; bis zum letzten Augenblick, noch da ihr die Augen verbunden wurden, stand das Volk in dieser Erwartung; man konnte es nicht begreifen, nicht fassen, daß eine so liebenswürdige Gestalt unter Henkershand umkommen sollte; der Prediger war nicht im Stande, ihr ein einziges Trostwort zuzusprechen — — vergeblich! Die Gesetze waren zu streng, der Fall so deutlich; sie ward enthauptet.

Sie hat bis an den letzten Augenblick die liebenswürdige, milde Heiterkeit in ihren Mienen, sogar in ihrer ganzen Stellung, in dem nachlässigen Herabsinken ihrer Arme und des Haupts, noch beibehalten, die ihren Charakter so vorzüglich auszeichnete. Sie stand da, etwa wie eine von den ersten Bekennerinnen des Christenthums, die für ihren Glauben Schmach und Martern getrost entgegen sahen. Sie wandte sich noch oft sehnsuchtsvoll herum, gleich als ob ihre Augen unter dem gedrängten Haufen Volks jemanden mit Unruhe suchten. Jedermann sagte, sie suche ihren Liebhaber, und die nah bei ihr gestanden, versichern, sie haben sie noch in den letzten Augenblicken einen Namen sehr undeutlich aussprechen hören, der von einem heftigen Thränenausbruch begleitet wurde. Sie hielt sich sodann eine Minute die Hand vor die Augen, welche sie hierauf, wie außer sich, halb ohnmächtig dem Scharfrichter reichte, weil sie sich nicht mehr auf den Füßen erhalten konnte. Er band ihr die Augen zu — und die schöne Seele flog gen Himmel.

Zwei, drei Tage war alles in der Stadt in Bestürzung; man sprach in allen Gesellschaften von nichts, als der schönen Kindermörderin. Man schrieb Gedichte und Abhandlungen über diesen Vorfall. Zerbin ging bei alle dem wie betäubt umher, das gewöhnliche Schicksal abgewürdigter Seelen, wenn sie in außerordentliche Umstände kommen. Wenn ich einen Roman schriebe, so würde ich es nimmer wagen, meine Geschichte mit einem Selbstmorde zu schließen, um den Verdacht der Nachahmung zu vermeiden, da diese Saite nun einmal von einer Meisterhand ist abgegriffen worden. So aber darf ich mich von meiner Urkunde nicht entfernen, und welch ein Unterschied ist es nicht mit alledem unter einem Selbstmorde, der, durch die Zaubereien einer raphaelischen Einbildungskraft, zu einer schönen That ward, und das höchste Glück des Liebhabers beförderte, und unter einem, der nichts, als die gerechte Folge einer schändlichen That, und mehr wie eine Strafe des Himmels, als wie ein Fehltritt einer verirrten Leidenschaft anzusehen war! Er kroch unter der Last seiner Schuld, und der ihm allein empfindbaren Vorwürfe aller seiner Zeitverwandten, stumm und sinnenlos zu der ihn erwartenden Schlachtbank. Folgende Papiere, die man in seinem Schreibpult gefunden, können dennoch einiges Mitleiden für ihn rege machen. Wir wollen sie, unter den Zeichen A und B, nach Muthmaßung der Zeit, in der sie geschrieben seyn können, hier einrücken.

A. „Ich komme zu dir, meine Marie — ich komme mich mit dir vor denselben Richterstuhl zu stellen, und von dir mein Urtheil zu erwarten. Die Welt verdammt mich, es ist mir gleichgütig, aber du — solltest du keine Verzeihung für mich haben, Heilige! — so soll es mir süß seyn, wenigstens von dir meine Strafe zu erhalten. Du allein hast das Recht dazu.

B. Ich schreibe dieses, sie vor den Augen der ganzen Welt zu rechtfertigen. Unsere Ehe war kein Verbrechen; zwar war sie von keiner Priesterhand eingeweiht, aber durch unverstellt brennende Küsse versiegelt, durch fürchterliche Schwüre bestätigt. Dieser Lehnstuhl, an dem wir beide auf den Knieen gelegen, dieses Bette, auf dem ich mich noch heulend herumwälze, sind Zeugen davon. Ich war die einzige Ursache, daß unsere Verbindung nicht öffentlich bestätigt ward — meine eingebildete Gelehrsamkeit, mein Hochmuth waren die einzigen Hindernisse. Ich schmeichelte ihr, ich würde sie nach Berlin bringen, und meinem Vater vorstellen, bloß um ihre Wünsche, ihre Bitten in die Länge zu ziehen. Ich kann nicht trauern über alles dieses; mein Herz ist zu hart. Aber daß sie mich nicht verrathen hat, daß sie für mich gestorben ist, war zu großmüthig; das verdiente ich nicht! Ich eile ihr das zu sagen — ich warne alles Frauenzimmer vor einer so gränzenlosen Liebe gegen unwürdige Gegenstände. Ich wollte ihr nichts aufopfern; sie opferte mir alles auf. Ich kann mich nicht hassen, aber ich verachte mich!"

Er schlich, ohne einem Menschen ein Wort zu sagen, in trübsinniger Schwermuth einige Tage hin, sprach selbst von dieser Geschichte mit Hortensien und andern, wiewohl allemal sehr kurz. Am dritten Tage Abends kam er nicht zu Hause; den vierten Tag ward am Morgen seine Leiche in dem zu der Zeit mit Wasser angefüllten Stadtgraben gefunden, in den er sich vom Wall herabgestürzt hatte. Jedermann erschrak; bis endlich, bei Durchsuchung seiner hinterlassenen Papiere, den Leuten die Augen aufgingen. Hortensia ward schwermüthig, und Renatchen soll nach der Zeit die Religion verändert haben, und in ein Kloster gegangen seyn.

Ueber

Herders älteste Urkunde des Menschengeschlechts.

„Aelteste Urkunde des Menschengeschlechts.“ — Da steht sie — in dem prächtigen Titel! Entquoll in Feuerströmen dem Geist ihrer Verfasser! Die trafen auf die Wasserströme. — Wars Wunder, daß es prasselte?

Was sind alle bisherigen zahllosen Deutungen der Mosaischen Schöpfungsgeschichte? Wo läßt sich Fuß setzen? Wo ist befriedigender Aufschluß? Wo Ende der Zweifel und Einwürfe? Wem erscheint Moses der er ist? Wo hört der Freigeist auf zu lachen, und der ehrliche Mann wo wird er nicht mehr verlegen? Er ist aufgerufen. Warum erscheint er nicht? Warum redet er nicht?

Wars denn nun unbehörig, daß der Verfasser dies rügte — und den saubern Kram, womit Moses umhängt, nun ein Narr und Betrüger, dann ein tiefer Physiker und Metaphysiker des 18ten Seculi, dalag, wegriß? Wars unbehörig? Wer will nicht lieber seine Bibel im Texte rein und hell, als in einem schäumenden Notenmeer sich zum Ermatten herumtreiben? —

„Aber — wie er da Physik und Metaphysik, wie er die glänzendsten Entdeckungen der besten Köpfe anekelt — anfährt!“ Und wie anekelt? In sofern sie in Moses hineingetragen, drin gefunden, draus erwiesen werden! — und that er nicht recht daran? Sollen Catechismen mit Metaphysik umfangen seyn? Wie schreit ihr dagegen, und mit Recht! wie mustert ihrs aus! Und nun der erste Catechismus des kindlichen Menschengeschlechts, soll der ein Compendium dessen seyn, worüber die ersten Physiker und Metaphysiker ihre Lektionen noch lange nicht vollendet haben? Der in Schlossers Land-Catechismus tiefe metaphysische Demonstrationen des Daseyns Gottes oder Neutons Optik für Kinder finden wollte — mit welchem Gelächter würde der empfangen!

Aber Physik und Metaphysik an sich — ich sehe nicht wie der Verfasser dagegen anfährt. Läßt er den neusten Entdeckungen des Jahrhunders nicht ihren Werth? Er sagt was sie sind — „menschliche Begriffe, im menschlichen Kreise gesammelt und in Fächer zertheilt," wie dies subsidium der Verstand in diesem Stückwerk ja immer bedarf. — Und welcher Weise sagt das nicht mit? Welcher kluge Physiker und Metaphysiker hat seine Wissenschaft je für etwas anderes ausgegeben? Ist überhaupt menschliches Wissen etwas anderes? Kanns, solls etwas anders seyn? Daß denn freilich in Physik und Metaphysik noch manche pia desideria übrig sind, brauche ich nicht zu sagen. Vor ein paar Jahren kam ein Revisionist. Ich weiß nicht wie gut oder übel er empfangen worden, daß er so lange nicht mehr kömmt.

Aber — bei aller geziemenden Achtung für des Jahrhunderts neuste Entdeckungen und Experimente, wen muß es nicht empören, wenn er dies alles in Mosen hineingezwängt sieht, dem Meilen weit kein Sinn daran weder kam noch kommen konnte; in dem einer, der mit eignen Augen lieset, auch von Alle dem nicht das Kleinste findet. Seine Schöpfungsgeschichte ist eher noch Thorheit der alten Knabenwelt, Erfindung eines zwischen Arabiens Felsen angebrannten Kopfs, als physisch-metaphysischer Aufschluß der Weltentstehung — und immer soll sie nach unserer Physik und Metaphysik ausgereckt, damit übereingestimmt werden! Sie solls, denn sie steht (übel genug) in der Bibel, und da ist wohl zuzusehen daß alles geschehe ehrbarlich und nach jetziger Zeiten Lauf!! — Wars unrecht daß der Verfasser dieses rügte, mit Gewalt rügte? Warum ewiges Deklamiren statt Antwort? —

„Aber daß ers mit so geräuschvollem Stolze — mit so bitterm Tadel — mit so hämischen Seitenblicken thut!"

— Wie man den Zwerg zum Riesen erhöhen kann, und darauf schwört daß es ein Riese sey, wenn in der Brust so etwas von literarischer Jalousie kocht, und das Herz dem Kopf Streiche spielt! — Aber wenn nun dem Verfasser dieses physische und metaphysische Gespinst um Moses herum in seinem Unsinn vorschwebte; der Greuel, den es seit lange in so viel Menschenköpfen angerichtet, seinem Geiste sich dar-stellte — durfte er da nicht ein wenig warm werden? Durfte er nicht lauter sprechen? Nicht zuversichtlich beim innigen Gefühle, daß er Wahrheit an der Stätte der Lügen gefun-den hätte? Wer sich endlich mit Mühe durch zehnfaches Gewirr schwarzer Träumereien durchgewunden und auf ei-ner lichten Stelle Fuß gefaßt hat, soll der sich noch so mühselig gebärden, als ob er in alter Nacht immer hindäm-merte? O, sich gegen alte Vorurtheile bücken, und um gnä-dige Erlaubniß erst rund umsehen, wenn man mit der Wahr-heit herausrücken will — Sie wissen mein Herr! das ist nicht Jedermanns Ding, und ich sage: Gott Lob! —

Der Mann den der Blißblick des Genius umfährt, dem Wahrheitgefühl mächtig in der Brust pocht, der mit eherner Stirn sich berufen fühlt, goldne Kälber, um die man mit Weib und Kind muthig herumtanzt, zu Staube zu mal-men — soll der sich gebärden wie derer einer, die in der Dissertation pro gradu gehörte Collegien wiederkäuen, und Excellentissimo Praesidi für alles empfangene Gute danken?

Mich dünkt, man fühlt, daß der Verfasser nicht Dis-sertation pro gradu hält, sonst würde man nicht so lautes Geschrei verführen und so viel Präkautionen nehmen. Wenn ihr bei- so viel andern Büchern Gamaliels Rathe folget, warum nicht auch da? Warum regts Euch so die Galle? Warum ad modum der Priester in der Apostelgeschichte ein ewiges Rathhalten und Schrifteinausfertigen, wie der überhandnehmenden Seuche zu steuern sey?

Wenn der Verfasser aus der Schulschaale herauskröche, um sich mit aufgerafftem Wissen in sieben gelehrten Zeitun-gen breit zu machen, und verdienstvolle Männer zu necken — oder uns eine Compilation abgeschmackter zusammengele-sener Dissertationen kalt über'n Kopf gösse — aber auch dann könnte ich solch Verfahren mit ihm kaum billigen. Und nun: ist er nicht jedem, der Augen im Kopf hat, und zwar nicht erst von gestern her, als ein tiefblickender, umfassender, licht- und kraftvoller philosophischer Kopf bekannt? Krönte nicht die Berlinische Akademie, die doch ihren Mann wird zu messen wissen, zwei seiner Preisschriften? Stimmten nicht, die jetzt so schreien, bei Erscheinung der ersten selber Loblieder an? Ist etwa der Verfasser heut der philosophische Kopf, dem die Akademie die Krone setzt, und morgen der klare und kabbalistische Schwärmer, dem jeder muthwillige Knabe auf die Beine schlagen darf? So metamorphosirte Ovid nicht! Und da demonstrirt ist, daß in praesentiarum keine Wunder geschehen, wer wird die Metamorphose glauben?

Ja, (blickt man denn noch etwa von der Seite aus Gnaden hin), ja er ist ein — guter Kopf, er — — Und ich sage, desto schlimmer, daß ihr das sagt und ihm dann thut — wie sie auch Fludd und Böhmen kaum thaten. —

Die Urkunde des Menschengeschlechts fängt an — von Moses. Oder wovon sollen älteste Urkunden, wovon ein Buch das diese Urkunden aufnimmt, darstellt, auseinander setzt, anfangen als von Moses? Seine Bücher sind ja als die frühsten Urkunden unsers Geschlechts, als das älteste Denkmal unserer Geschichte, anerkannt, bewiesen! Die dagegen reden werden kaum gehört — und haben ja denn auch da nichts zu suchen; sie bleiben davon und gehen ihres Weges.

Moses Urkunde also nimmt der Verfasser in sein Buch auf, setzt sie aus einander, deutet sie, oder vielmehr läßt sie sich selber deuten. Und wie? Natürlich als mosaische Urkunde, als Stück aus Morgenland, woher sie ist, auf dem Boden sie erwuchs. Er führt aus dem kältern Abendlande, aus physischen und metaphysischen Kollegien seine Leser heraus, in Orients wärmer Klima, stellt die Urkunde vor sie hin, — rückt die Glieder zusammen, da sehet! —

Und hätt' er anders thun sollen? Ists nicht ewiger Verwirrungsgrund in Auslegung alter Bücher, der ältesten Urkunden zumal, daß der Ausleger so oft nur aus seinem Gesichtspunkt, aus seinem Land, seiner Zeit, seinem Wissensbau erklärt und deutet? Und ist es nicht festes, ewiges Gesetz der Auslegung, sich so viel als möglich in das Land, wo das Stück verfasset worden, das man erklären will, in den Geist damaliger Zeiten, in den Gesichtspunkt des Verfassers hineinzusetzen, und erst daraus zu erklären?

Und nun, wer hat dies mehr gethan, wer besser und inniger als der Verfasser? Wo weht mehr Hauch des Morgenlandes, wo mehr lieblich umduftende Wärme, wie Gottes reiner Aether alle Nerven milde durchströmend? Wo fühlt ihr euch mehr hingestellt auf die selige Gottesaue, da der Hausvater Gott ist und Priester und König der Seinen, sich im Weibe fühlt und im Sohne und sich und Alle in Gott? Wo ruhet ihr in sinkender Dämmerung lieblicher von der Arbeit des Tages? Wo fühlt ihr kräftiger den wehenden Geist, der wie das Säuseln des Wassers euch wonnig durchfährt; und den Schauer der Nacht, da die Thiere brüllen nach Raub? Wo schmelzt ihr in leiserm Hinabsinken tiefer ins selige Nichts? Wo fühlt ihr schwebend euch mehr in Ihm, der Himmel und Erde schuf, und euch zu seinem Bilde? — wo väterlicher und milder Ihn — wie das Kind auf dem Schooße der liebenden Mutter und höret ihre Lehren? — Wer noch fühlen kann — nicht mit siebenfachen Ketten an sein System gefesselt, nicht blind vom Dampf seiner Lampe ist; — wer auch noch hinausgeht aufs Feld, und von der Höhe ins Thal sieht, und nicht mit einem Licht in den Mond leuchtet, wird gefühlt haben — und wers nicht fühlen kann, dem mag ichs nicht beweisen.

Und wie nun der Verfasser diese Urkunde Moses deutet — nicht zerreißt, und dann parephrastische Brühe drüber geußt, sondern simplificirt und ausstellt — sein Morgengemälde! Wie aus dem Nachtgrabe, worüber der Morgenschauer hinfährt, aufstrahlt das Licht und so gut ist, so lieblich — wie der Himmel sich sondert von der Erde, und oben als blaues Meer daherfließt, und nieden die Erde dasteht in Höhen und Tiefen, und Gras und Kraut und Baum unterm Segen des Allvaters sich mehret — dort majestätisch sich die Sonne erhebt, und alles in ihrem belebenden Strahle sich findet — und dann der Mensch, Gottes Bild, der Liebling seines Herzens, dasteht in frischer Schöne, und höret die Lehre des Vaters, zu seyn auf Erden sein Bild, zu herrschen und zu walten — Dies Morgengemälde! Da gehts mir wie dem Pastor zu ***. Er wußte nicht ob man die Göttlichkeit der Bibel einem beweisen könnte, der sie nicht fühlt. Wenigstens hielt ers für unnöthig. — Und ich weiß nicht, ob sich das Wahre, Natürliche, Ungesuchte dieses Morgengemäldes einem beweisen läßt, ders nicht fühlt. Wenigstens halte ich es für unnöthig — und sage nur, wer da noch immer schreit: der Verfasser reißt nur zu Boden und giebt nichts an Stelle, muß ihn nie gelesen haben, sollte also eigner Ehre halber auch nicht reden. Wo ist je eine simple befriedigende Erklärung der Mosaischen Schöpfungsgeschichte? — Bringt alle hervor, die ihr habt, und stellt sie wohlgereihet neben diese da, und — laßt den Unpartheiischen wählen!

„Aber nun das Entstehen der Erde, als — Werden des Tages, Aufgang der Morgenröthe!" Wollt ihr denn mehr? Antwort auf Wie und Wann und Woher der Schöpfung hat Moses nicht, und der Verfasser auch nicht! — Wir sehen hinaus, gehen der Kette, woran in schnellem Zeitlauf die Welten sich fortwälzen, nach — Wohin kommen wir? In dunkle Ferne verliert sich der Blick, das Auge erblindet, die Kette schwindet der Hand. — Wo sind wir? —

„Aber, daß Gott bei allem ist — in alles wirkt — spricht, zeigt, nennet!" Ist denn das nicht Geist des Morgenlandes? Spricht nicht so Moses Urkunde? Könnte, sollte sie der Verfasser anders sprechen lassen, als sie spricht? Ist in unsern aufgeklärtern und durch das Licht der Vernunft, Gottlob! so hellen Zeiten, Gott mit den Seilen der lieben Abstraktion an seinen Thron im Himmel gebunden, und haben wir unser Wesen auf Erden allein? — Nun! — Nur führe man das doch nicht ins Morgenland hinein, nicht in jene frühern wärmern Zeiten, wo der Mensch in Gott schwebte, lebte und war, ihn fühlte in Allem! — Wir suchen ja im Moses nicht unsere Begriffe, sondern Begriffe, Geist, Denkart des Morgenlandes — Kann unser Verfasser dafür, daß Gott da in allem zuvörderst ist? —

„Und nun der Unterricht Gottes an die Menschen" — Jerusalem, wie spricht nicht er davon! und niemand schreit ihn darum an, als die man schon lange nicht mehr hört. Unterricht! Wo ist je Wissen ohne Unterricht? Ein Lernen ohne Lehren? Wo unter allen bekannten sich äußernden Kräften ist Eine, die nicht erst hat geweckt, angestoßen werden müssen? Und im Menschen, todt sind ja alle seine Kräfte, wenn sie nicht aufgeweckt, in Gang gebracht werden. — Und im ersten Menschen — wer konnte, wer mußte da seine Kräfte wecken, wenn er nicht todter Erdekloß bleiben, nicht unter seinen vielfachen Bedürfnissen erliegen, und von so vielen drohenden Gefahren verschlungen werden sollte? Wer sonst als der, der auf dem Schauplatz dieses Lebens ihn hinstellte, mit diesem Leib und diesem Engel in der Hülle?

Wie hell und klar, wie allgenugthuend wird die Analogie zwischen dem einzelnen Menschen in seiner Kindheit und dem ganzen Geschlecht in seiner Kindheit, wenn — man nur nicht mit Vorsatz blind ist! Nun setzet ein Kind — das ja nicht wie der Bär bald nach der Geburt davonspringen soll, sondern in Art vom Thiere verschieden, auf daß es in Schwachheit den Eltern bleibe und durch Pflege und Unterricht werde, was es seyn soll — Mensch — setzt es nach seiner Geburt, bei seinem ersten um Hülfe schreienden Wimmern, ohne Pflege auf den Boden, laßts aufwachsen ohne Unterricht — ich brauche nicht zu sagen was aus ihm werden wird. — In den Staub hinlegen werden es seine Bedürfnisse, tödten wieder das Aeußere all, wogegen das kleine Ding anstrebt — und das Menschengeschlecht in seiner Kindheit ohne Pflege, ohne Unterricht — wird werden was das Kind!

Was man dem Vater thun würde, der sein Kind nach der Geburt zum Raub jeder Gefahr nackt in die Welt würfe? Und der beste Vater über alles was Kinder heißt, soll der weniger lieben als der, dessen Kinderliebe nur ein matter dämmernder Strahl ist! Soll man erst das stärkste tiefste Menschengefühl erwürgen, um Philosoph zu seyn? Laßt mich am Vater, der milde seinen Sohn leitet durchs Leben, vor Gefahren ihn schützet — an der Mutter mit dem Liebling an der Brust, Liebe meines Gottes lernen. — Lerne es aus Systemen, wer will!

Und wenn nun das Menschengeschlecht in seiner Kindheit nicht weniger als das Kind, Pflege und Unterricht bedarf, — wie soll dieser Unterricht seyn? Woran ihm, was er zu wissen unentbehrlich hat, bekannt gemacht werden? In Demonstrationen, in kalten abstrakten Worten, in tiefsinnigen Abhandlungen a priori? Wie das Kind dabei einschläft, oder nach seinem Spielzeuge schmachtet und hinsieht! wie noch zu sehr Kind und Sinne es ist, um das feine duftige Ding zu fassen! That und Gegenwart wills, woran es mit allen seinen Sinnen hangen, sich Herz und Seele füllen könne. — An einem Bild, einem Spielzeuge, wie gern und leicht fasset es seinen Unterricht!

Demonstrationen, und namentlich fürs Daseyn Gottes! — Die guten Alten, denen jetzt so mancher Knabe auf den Schultern sitzt, und seine eigene Größe der halben Welt nachschreit — sie hatten leider! keine. Die konnten ja erst entstehen in der späteren Zeit, da die Menschen an Himmel und Erde sich satt gesehen, satt gefühlt hatten, und nun weislich abstrahirend ihr Gefühl in kleine Fäden lösten; — in einer Periode da sie mit den Waffen gegen die streiten mußten, die mit ähnlichen Waffen gegen sie zu Felde zogen, für die also diese Waffen auch nur waren. — Aber Demonstrationen für Kind und Volk — und in der Kindheit des Geschlechts — was hätten sie gewirkt?

Also hierin der Unterricht Gottes an seine Menschen, an seine Lieblinge, gewiß nicht — sondern in That und Gegenwart, nicht für Eine Kraft der Seele; sondern für alle Kräfte, für den ganzen Menschen; nicht kalt und dämmernd und langsam wirkend, sondern lebendig und mit Allgewalt ergreifend. Sagen sollte man doch wohl nicht mehr müssen, daß die allerphilosophischste, und in zehn Absichten nützliche Zertheilung und Untereinanderordnung der menschlichen Kräfte nur Abstraktion des Systems und subsidium humanae imbecillitatis, und die Sprache für eine oder zwei dieser zertheilten Kräfte, Unvollkommenheit unserer Sprache ist.

Und Gottes Sprache — ist Gegenwart und Kraft! Und ihr Vehikulum, wie es ja feiner, reiner, ätherischer nicht seyn könnte, ist Licht — wodurch Er jetzt noch in alle seine Welten zu allen seinen Menschen spricht — wodurch er so lieblich und durchdringend sprach zu unsern Vätern. Wo wären wir, wenn Gott nicht so noch täglich zu uns spräche!

Und das Bild, das dem Menschen in seiner Kindheit so willkommne, so nöthige, und dem Geschlecht in seiner Kindheit gewiß nicht weniger nöthige Bild, woran Gott seinen Unterricht knüpfte! — Kann man sich ein lieblicheres, allwirkenderes denken als das der Verfasser S. 78 seq. entwickelt? Aufgehende Morgenröthe! O vielleicht habt ihr sie noch nicht gesehen — und dann solltet ihr auch nicht schreien, als ob ihr Allem was der Verfasser sagt, schon vor lange auf Mark und Bein kommen wäret. Wenn das freundliche Licht nun dort am Himmel herrlich aufschimmert und der Baum im Morgenthau sich freuet, und um ihn der Gesang der Vögel fröhlich erwacht — dann dämmert ihr vielleicht lässig auf weichen Polstern und schlürfet Thee. Aber wenn ein Verfasser zu weiterer Erläuterung und Bestätigung dessen, was er sagt, ein Buch citirt und nachzuschlagen bittet, und ihr schlagt es nicht nach, und schreiet immer über Narrheit und Unverstand — ist denn das billig? Geht erst hinaus vor das Antlitz der Morgenröthe und laßt die Scenen der Tagwerdung, bis alles im Sonnenglanz wimmelt und lebet, vor euern Sinnen vorbeigehen, und wenn ihr dann noch was zu sagen habt, so sagts!

Hat je ein Vater seinem Bilder liebenden Kinde ein lieblicheres, erfreulicheres, faßlicheres Bild gegeben und geben können, als Gott gab seinem ersten ganz sinnlichen Menschen? — Demonstrationen fassen sie nicht. Sollen doch auch nicht bis in ihr zwanzigstes Jahr ohne Gott in der Welt leben! — wo, an welchem Bilde werden sie Gott am besten lernen, milde und väterlich und von großer Treue ihn fühlen als — vor dem Aufgang der Morgenröthe! — Wie da, nach todter Nacht, der aufspringende Lichtstrahl Leben allem giebt, und Farbe und Gestalt; wie der Mensch neugestärkt an dieser Scene hanget und wonniglich sich drein versenkt, und wie sie jeden Morgen wiederkommt, mit neubelebten Sinnen er da immer-lernen kann! — Eine Methode, noch besser als die zu Paris im Jahr 2440.

Und wenn Gott diese Methode erwählte, wenn Er an diesem Bilde sich dem Menschen offenbarte, daran seinen Unterricht knüpfte: — und wenn Er Vater war, und sein Kind nicht nackend an schroffe Felsen schleuderte, so that ers, und setzte es fest, und machte positive Einrichtung — Was will der Wurm im Staub dagegen schreien? — „Arme Philosophie, die sich damit abgiebet zu beweisen, was Gott thun müßte — und nicht thun könne; wenn sie immer vom Ersten das Gegentheil sieht, und das Letzte täglich vor Augen hat." So sagte, glaube ich, Jerusalem. Theorien, wenn sie immer gegen Thatsachen anrennen, wie leicht können wir es entbehren!

Und wieder, wenn, allen philosophischen Forderungen zu Folge, Gott am besten, verständlichsten und würdigsten durch die Schöpfung sich offenbaret — da ist sie ja, diese Offenbarung! göttlicher und menschlicher als sie je gefordert worden. — Was will man mehr? —

Ich bin müde von Dingen zu reden, die so offenbar vor aller Augen liegen, mißkannt werden, und nicht mißkannt würden, wenn nicht ein unmuthiger Partheigeist ausgegangen wäre, den Verfasser und sein Werk in Staub zu treten. — Er wirds aber wahrlich nicht vermögen.

„Und die Tagwerke, und der Sabbath am siebenten.“ Wie man sich immer gequält, das Ding Gott würdig zu schlichten und zu richten in Perioden und allmähligen Entwickelungen, und doch immer in Morast fiel, und nichts ganz Befriedigendes herausbrachte! Nun ist die Decke weggezogen, der Augenschein liegt da. — Hat man hellern, so gebe man ihn! — Institut der Arbeit und Ruhe! — Lieber Pastor von ***, ich wiederhole deine Worte — O wenn du noch lebest mit deinem großen Sinn, deinem vollen Gefühl, deiner himmlischen Duldung — Dich möchte ich sehen vor der Urkunde, sehen vor dem Antlitz der Morgenröthe, und wie du am Sabbath Gott lehrest die Deinen!!

Wie ist auch da Alles ins Morgenland so tief eingeführt, wie voll seines Geistes! Der warme Träge, der an Gott hing wie das Kind an der Brust seiner Mutter, wie mußte er zur Tagesarbeit aufgeweckt werden! Wie erfrischend war ihm unterm Strahl der Sonne die Aussicht auf künftige Ruh! — Ich müßte nur wiederholen — man lese in der Urkunde S. 92 und 123, lasse vorerst die Seitenblicke stehen, und deklamire nicht, sondern antworte! antworte! —

Aber das war neben andern auch kein geringer Grund des Geschreis über die Urkunde, daß die Herren meistens nur mit der ganzen Waffenrüstung ihrer Zeit, wo das simple Grabscheid sich schon in blanken Degen und Flinte umgeändert, ans Lesen hingingen, und da auch sich und ihre Waffenrüstung finden wollten und — so anders fanden als ihnen recht war. — Wer sich aber noch in die Kinderzeit der Welt zurückzusetzen weiß, mit dem lieben Altvater zwischen den Seinen sitzt, und unter der schattigen Eiche sich die Füße waschen läßt — ich meine der wird anders reden!

„Aber nun Sabbath, und an demselben der Unterricht Gottes festgestellt, positive Lehre an den Menschen, positive Anordnung der Naturrechte!“ Und was befremdet Euch da? O wäre unsere Sabbathfeier, wie jene erste, unsere Priester wie jener der Gott lehrte! Wäre das nicht zum Glück der Menschheit, das Euch so am Herzen liegt, zu wünschen?

„Und das Positive!“ Ich dächte wenn etwas wünschenswerth ist, so ist es das. Wo wären wir mit Allem was wir sind und haben, wenn nicht Alles sich endlich an ein Positives von Gott festgesetztes (Er setzt allein fest, daß es bleibt) anschlänge, da Ursprung, Sicherheit, Aufrechthaltung nähme? Rohr von jedem Wind hin und her getrieben! Waisen, von Vater und Mutter verlassen, jetzt auf dieser Höhe stehend, und dann in jenen fürchterlichen Abgrund vom Sturmwind geschleudert! Was jetzt oft nur allzuwillkührlich ist, woran jeder nagt und zerrt, und zusetzt und wegnimmt, es muß doch Ursprung haben, wie der Verfasser genug in die Ohren schreit. — Denkt Himmel und Erde aus, es muß von Etwas festem, Positivem herkommen; wo nicht, so wär's nicht, könnte nicht seyn, ihr hättet nicht einmal womit ihr so allerliebst willkührlich spielen könntet. Wind und Wetter, wodurchs Weg nehmen mußte, hättens schon lange verschlungen, und keine Spur wär mehr davon. Wer aber, wovon ihm Ruhe und Frieden, und Sicherheit und Trost und Labsal seines Lebens hängt, nicht von Gott angeordnet, auf welche Weise es auch sey? nicht von Ihm dem Unveränderlichen festgesetzt wünscht — mir ist der Frieden meines Lebens, Trost und Labsal meiner Tage zu lieb, die Offenbarung meines Gottes zu heilig und zu selig, als daß ich mit ihm einstimmte. In meinem Herzen segn' ich dich, mit Dank denke ich deiner vor Gott, der du mir auch hier die Dämmerung aufhelltest! mit Thatsache mir beweisest, was ich so innig wünschen muß!

„Und der Mensch — Bild Gottes!“ Ist es nicht, wonach in den tiefsten Tiefen eures Herzens alles hinstrebt, woran euch euer Leibesbau und seine Kräfte, euer Geist, sein Flug in den Himmel, sein Anstreben in die Ewigkeit mächtig erinnert? Wie kann mir meine Menschheit wichtiger, mein Daseyn freudiger werden, was kann mich kräftiger als Predigten und Demonstrationen zu meiner Bestimmung hinleiten, und vollkommen zu werden wie mein Vater im Himmel, als wenn mir dieser Vater ruft: Mein Bild bist du, o Mensch! Nach meiner Gleichniß geschaffen! und in lieblichem Echo diese Stimme immer in mir wiederhallet! Wie muß Wonne mich durchströmen, wie hoher Muth in mir erwachen, wie neues Leben in mich dringen! Guter Gott in deinem Himmel, wer unter deinen Menschen gegen diese Stimme sich empöret! den, der sie ihm wiederholend zuruft, mit Spottlächeln wegschickt — Was ist dem zu sagen? Der nicht dein Bild seyn will, der nicht innig wünschte es zu seyn, wenn er es auch nicht wäre! —

„Aber daß nun der Unterricht Gottes an die Menschen gar höchstes Muster und Vorbild der Künste seyn soll" — weil er die erste und letzte Regel aller Künste in sich hält. Eins in Mannichfaltigem und Mannichfaltiges in Einem! und diese Regel in Theilen und Gliedern so herrlich ausgeübt darstellt in den aufeinanderfolgenden Scenen der Tagwerdung, und in der Menschengestalt! Wollt ihr bessere Muster und Vorbild haben, als von Gott? Wußte Aristoteles und Horaz und Boileau und Batteux besser, was dem Menschen das Herz umschlingt, seinen Geist zum Himmel hebt, in wonnigen Melancholien ihn tränket, als — Gott? O so viele die Dichter heißen wollen (ich will von den anderen schönen Künsten nichts sagen), würden uns mit gekünstelten langweiligen Dingern nicht so oft in Schlaf leiern, wenn Sie vor dem Antlitz der Morgenröthe gelernt hätten, wie Gott lehrt; gesehen hätten das große Drama im Himmel und Erde. — Die ihrs gesehen habet und Mutter Natur euch speisen laßt, statt kalter, aufgestutzter, übel abgezogener Regeln — tränket noch lange mich mit den Bächen die Euch entquillen!

Als Vorbild des Kinderunterrichts wird man diesen Unterricht Gottes doch gelten lassen. So in milden allmähligen Fortschritten zu geben was man fassen kann, immer mehr zu geben, je mehr man fassen kann — und dann dies an ein so simples faßliches Bild, Spielzeug zu knüpfen. — Kinderlehrer! wo ist ein größeres, besseres Muster einer der Menschheit so wichtigen Kunst?

„Aber nun gar die Hieroglyphe, womit der Verfasser seine jungen Menschen so lustig spielen läßt?" War es denn (laßt uns doch nicht vergessen, daß, was uns in unserm lichten Jahrhundert choquiren muß, in der Kinderwelt um deswillen nicht minder nöthig und nützlich war), wars denn für die kindliche Menschheit nicht zu wünschen? Wars nicht göttlich und menschlich, väterlich und kindlich, den großen vielfassenden Unterricht an solch Spielzeug zu knüpfen? Und aus diesem Spielzeug erklärt sich nicht da wieder so natürlich, so ungesucht, was ihr auf anderm Wege noch nie erklårt habet — Zeitrechnung und die ersten Schriftversuche? Man lese in der Urkunde S. 105 u. s. w. und antworte hell und klar! — Oder ists etwa unanständig, daß Gott mit seinen Menschen wie ein Vater mit seinen Kindern handelt? Unanständig, wenn der Lehrer, und trüge er auch die ganze Welt in seinem Kopf, sich zu seinem Lehrling herabläßt und — allenfalls mit ihm spielet?

Und waren denn im Alterthum nicht Hieroglyphen, woran viel hing, woher viel kam, worauf sich viel bezog, die man als Heiligthum hielt? Wieviel ist davon geschrieben! Mußten nun diese Hieroglyphen nicht irgendwo angefangen, nicht an irgend einem Vorbild entstanden seyn? (Was entsteht ohne Vorbild?) Wo ist nun dieser Anfang, dieses Vorbild, wovon sie ausgegangen in alle Lande? Ihr sucht noch in Griechenland, Aegypten u. s. w. Seyd aber immer mitten in den heillosen Charaktern und kommt nie aufs Erste. Oder wer hat den Ursprung der Hieroglyphen erklårt, daß er erklårt sey, und ihm nicht noch von zehn andern Seiten und NB. nicht ohne Grund, Faktum und Autoritåt, widersprochen werden könne? Nun nehme man alles, was man von den Hieroglyphen weiß, zusammen, und sehe was fester und sicherer bleibe! Und sehe dann die Hieroglyphe, die der Verfasser darstellt, und was die sicheres gebe, und welchen Lichtpfad durch 1000 Wirrungen die öffne, was man an ihr auf die simpelste, ungesuchteste Weise erklåren, lichten, und in Ordnung bringen könne! — Das Alterthum, es weist ja immer auf fernern Ursprung, auf das Morgenland hin — Da, ruft es mit einmüthiger Stimme, da ward der Faden angeknüpft, da das Samenkorn gesået, das zum Baume wuchs, dessen Aeste durch Zeiten und Lånder sich hinschlingen! Und nachmals gefragt, wo will man Zeitrechnung, erste Schriftversuche, natürlicher und nothwendiger entstehen lassen, wenn der Zufall nicht alles zusammen und wieder von einander blasen soll, als an dieser Hieroglyphe? Man untersuche, forsche nach und antworte!

„Aber nun der Mensch als Vorbild dieser Hieroglyphe — immer ein ewiges Vorbilden und Nachbilden?“ Eben ein ewiges Vorbilden und Nachbilden — hellt die Augen auf; was seht ihr in der Welt anders? Nun wünschte ich, der Verfasser håtte die Aehnlichkeit der Hieroglyphe mit der Menschenfigur etwas nåher gedeutet — aber auch bei dem

Wenigen das er davon sagt ists ziemlich sichtbar. — Wer nun aber sich zu groß fühlt um Vorbild der kleinen Hieroglyphe zu seyn, der — muß es ja eben auch nicht seyn, und bleibt was er ist! — Indeß, aus diesem argen, lächerlichen Sieben möchte sich künftig noch manches anders ergeben, worüber mancher den Kopf noch ärger schütteln, die Wahrheit aber mit allem Schütteln nicht umstoßen wird.

„Aber daß in der Bibel, wo sonst auch gar sonderbare Dinge stehen, nichts so Hieroglyphisches zu finden ist?" Etwa darum weil man es bis auf jetzt noch nicht gefunden hat. — Wenn sich allenfalls noch Dinge in der Bibel finden sollten, die noch nicht darin gefunden worden sind? Aber die könnten bei dem hellen Licht unserer Exegetik und Kritik nicht verborgen seyn. — Also sind wir sicher!

„Und daß nun aus dieser simpeln Hieroglyphe so alle Religion und Kunst und Wissenschaft dem Menschengeschlecht ausgegangen seyn soll!" Der Verfasser sagt, wer dagegen rede, müsse nie ein Werk Gottes in der Natur gesehen haben, und ich meine er hat recht. — Die Eiche mit Stamm und weiten Aesten und Zweigen, wie klein ists, wovon ihr dies alles ausgeht? — und sie hält ihren Wipfel zum Himmel. Kann man sich etwas Gott würdiger denken, als wenn Großes aus dem Kleinen sich so nach und nach entwickelt? Und Analogie liegt ja täglich in der Natur vor Augen. Das innerste, vieltheilige Gebäude unsers Wissens, es war ja vom Anfang nicht also. — So viel Jahrhunderte bauten, so viel Entdeckungen wurden gemacht, so viel Schritte gewagt, so viel und viel, eh's ward, was es ist. Aus dem Kleinen erwuchs es, nahm zu und ward groß. Alle sagen ja! Und woher das Kleine? Von Gott! oder woher denn sonst? Und das Kleine, was? — Doch nicht die Hieroglyphe! aus dem kleinen, unscheinbaren, magern Zauberzeichen, doch nicht das Große und Weite und Herrliche alles ausgegangen! Wer wirds ihm ansehen? — Und ich sage nichts, als: wer wird es dem Samenkorn ansehen, daß es 30, 60 und 100fältige Frucht in sich verborgen hätte, wenn es der Sommer nicht lehrte? Und wer hätte es dem lieben öden Alphabeth angesehen, daß es im Alexandrinischen Brand so wüthen könnte?

Ich sehe, ich werde für einen Brief zu weitläuftig — verzeihen Sie — Mich dünkt, das verspottete und mißkannte Buch, wovon ich rede, ist es werth — dünkt Sie es nicht also? Ich fasse mich kürzer.

„Vom Alterthum des Moses Urkunde." Ich glaube, das ist meistens außer Streit. — Wer Augen hat zu sehen, der sehe!

„II. und III. Theil." Schlüssel zu den heiligen Wissenschaften der Aegypter. Trümmer der ältesten Geschichte des niedern Asiens — aus dem Hauptgebäude zurückgeführt, woraus die Trümmer entstanden. Ich mag nicht detailliren, nicht citiren — bei aller gedrungenen Kürze, bei allem Riesenschritt thut es der Verfasser genug, und ich setze voraus, daß man ihn gelesen habe oder lesen wolle oder schweige! — Schlüssel! Und wer muß ihn nicht wünschen? Wo ist das Schloß aufgeschlossen, wo in das Innere eingedrungen, wo ein Pfad auf dem ich nicht immer strauchle, auf dem ich das Gebäude finde, das meines Suchens Zweck ist? Wieviel Nacht und Nebel liegt noch auf der Geschichte der ältesten Völker, ihrer Religion, Künste, die in unserem Zeitalter und Klima so anders sind? Siebenfach ihre Geheimnisse verhüllt, und immer nur die Hülle hundertfach ausgemahlt und um sie herumgezankt! Welche Wirrungen, daran Scylla und Charybdis! Mit wieviel Muthmaßungen und Theorien und Hypothesen umfangen in Histoires und Developpemens und Origine etc. etc.

Was soll nun der Verfasser thun? Aus 99 Quartanten den 100sten stoppeln, auf daß das Uebel ärger werde? Oder thut er nicht gerade das Beste, das er thun kann, und was, wenn es früher gethan worden, uns um manchen Schritt schon weiter gebracht hätte? Er unterscheidet Zeiten und Länder, sucht, und was daraus sich ergiebt läßt er sich selber deuten. Nimmt es in Sinn und Geist der Zeit, des Landes, wo es enstanden, entblößt die Modificationen späterer Hände, simplificirt, rückt die simpeln Bilder zusammen, und sie sammeln sich zum verständlichen Ganzen. — Wo ein kürzerer, besserer Weg?

Und welcher Aufschluß dann, der sich auf solchem Weg auch allein ergiebt! Welch ein Theseusfaden durch die verworrensten Labyrinthe! Licht ins dunkle Heiligthum der älteste Gebräuche! Die tausendfach zerrissenen Enden des Alterthums gehen zusammen, und schlingen sich um den Nagel, an dem der Faden hängt, der Euch sicherlich leitet.

Was sie vorhin in hundert Glieder zerrissen, und aus jedem Glied ein Ganzes zu formen umsonst sich quälten, ist ein Glied, ein simples Bild, das Angehänge erklärt sich von selbst. Wer hätte geglaubt, daß alles sich so natürlich simplificiren, und durch Simplification so hell erklären lasse? Und siehe es ist! Wer sich noch lieber in den alten Wirrungen herumtreibt, und Hermes sieben Wissenschaften in 7 Jahren nicht auslernt, der kann es! — Die sieben heiligen Buchstaben der Aegypter — Hermes, Theut, Thot mit seinen sieben Wissenschaften — Athos und Phanes, Phthas und Neitha, Osiris und Isis, und Götter und Thiere u. s. w. Welche Dunkelheit lag auf ihnen! Da stehen sie in simpeler Gestalt ihrer Zeit — und weisen auf den Ursprung — auf Morgenland hin!

Wie könnte ich fortfahren — wenn ich nur Zeit hätte, und nicht noch ein paar andere Dinge auf dem Herzen! Welche Entdeckungen immer durch die so natürliche Vereinfachung, durch Hinsetzen in sein Land, seine Zeit, durch Staubabwischen und Zusammenrückung der Glieder! Welche Rettung der alten Gesetzgeber und Philosophen, die in unsern Compendien so schön gefächert dastehen! Welch Licht in die verworrene Geschichte des Sabaismus, und ein Faden durch die verzweifelten Gänge der γνῶσις, die manchem so viel Schweiß treibet! Welch ein Wald aufgeräumt, die Hauptstämme gezeigt, ihre Wurzeln entblößt, so viel nöthig um den morgenländischen Saft zu zeigen, der sie belebt! Und welcher Thatbeweis endlich, daß der Vater der Menschen sich keinem unbezeugt gelassen, seine Offenbarung ausgegangen in alle Welt, ihr Saame bis ans Ende der Erde! Unter dem Saamen wuchs denn auch Unkraut — und in welchem Acker nicht?

Wenn nun das gefunden, wenn — auch nur der zehnte Theil davon gefunden werden kann, lohnt es denn nicht die Mühe, den Gang zu machen, und sich allenfalls auch durch die etwas ungewöhnliche Sprache des Verfassers durchzuschlagen? Ist es denn billig, nur immer gegen die Sprache Feldgeschrei zu machen, und das Publikum bereden zu wollen, als ob in dieser Sprache nichts gesagt würde, das lesenswerth wäre, kein Licht, kein Aufschluß? Ich dächte auch das schlechteste Moralkompendium gäbe von Billigkeit andere Définition.

„Kein Aufschluß!" Nun so gebt ihr den Aufschluß wenn ihr ihn habt! so zeichnet ihr den hellen Weg durch das Alterthum! Si quid novistis rectius — Ihr seyd ja vom Verfasser selber aufgerufen. — Warum gebt ihrs nicht? Und sehen Sie, mein Herr! die es allein geben könnten — sie geben es nicht, sie schweigen; und die, 1000 gegen 1 gesetzt, kein Wort besseres und lichteres an die Stelle zu geben wissen, gehen naserümpfend vorüber, und schreien ins Publikum: „Das Ding habe man alles schon lange vor gewußt, es lohne sich um des Gewäsches willen nicht der Mühe." Wie sich gewisse Leute selber so platt zu prostituiren wissen!

„Aber wieviel Dunkeles bleibt auch noch übrig nach allem was der Verfasser sagt! Wie viel Fragen kann man noch aufwerfen!" Gut! dafür sind es auch die ersten Theile die der Verfasser hier ausgestellt — soll da schon alles ganz hell und klar seyn, so braucht es keiner folgenden — Erwartet es, und es wird schon mehr Licht geben. Der meiste und beschwerlichste Weg ist vorüber.

„Aber ob der Verfasser denn gar keinen Mißtritt thue, nie etwa schief sehe, sich nie irre?" Dafür ist er auch Mensch und sein Werk ein Menschenwerk, und welches eurer gepriesensten Menschenwerke ist ohne Mängel? Und er sagt selber, daß er Mensch sey — beklagt Unadel, Erniedrigkeit, Verwirrtheit seiner Kräfte. — Diese Stelle muß aber wie noch ein paar andere denen entgangen seyn, die ihn für den übermüthigen Schwärmer ausschreien, der Alle für Narren und sich allein für weise hält! Thut der Verfasser Mißtritte so zeigt es ihm und führt ihn wieder auf den Weg — irret er, so belehret ihn! Sagt nur nicht, daß er sich nicht belehren lasse. — Geschrei ist nicht Belehrung! und Mücken säugen, und etwa bei einem Gedächtnißfehler hoch aufschreien: O wie der Mann in Morast bricht! Wie er sich verirret! Wie er vom Hundert ins Tausende folgert! — Ihr Herren, das ist nicht Billigkeit gegen einen Schriftsteller! Aber Schande auf den Kopf derer, die so gegen ein Genie fahren!

„Aber daß ich von den etwanigen Verirrungen des Verfassers kein Wort sage." Der Recensent von Herrn Spaldings Nutzbarkeit des Predigtamts sagt auch kein Wort von den etwanigen Verirrungen des Herrn Consistorialraths und das nahm ihm keiner übel auf. — Und ich glaube, die etwanigen Verirrungen der Urkunde, wahr und falsch, sind schon lange genug angegeben, daß es wohl auch einmal Zeit seyn möge, vom Guten zu sprechen.

„Ja, aber nun gar die abscheuliche Sprache — der alchimistische und kabbalistische Stil!" Man weiß die Vorwürfe — sie schreien alle um die Sprache herum; durften dann nicht tief gehen, wie das vieler Herren Ding auch nicht seyn soll.

Sprache — was ist Sie? Ausdruck, äußere Form der Gedanken und Empfindungen — Vehikulum. — Und äußere Form, ist sie nicht geformt nach dem was drin ist? Also Sprache gebildet nach Geist und Herz, was bei jedem Menschen so individuell ist, als seine Nase. — Nun sollen alle Bücher in gleichem Stilus erscheinen — alle Menschen die gleiche Nasen haben? — Alles über einen Leisten! Concordium Protestantium gratia — Zuerst euer Creditiv, und wir wollen sehen.

Doch da kam ich zu weit, und ich habe Sie schon lange aufgehalten. — Hätte man nicht in solchem Geschrei die Fehler der Sprache so rasend erhöhet, und aus Aerger gegen den Unsinn selber Unsinn gesprochen! — Hätte mans auch so in eben lautem Ton gesagt: „Der Verfasser schreibt oft sehr unverständlich — man hat Mühe seine wahre Meinung zu verstehen, er allegorisirt zu oft, verfolgt seine Bilder zu weit — schwebt zu hoch in den Wolken u. s. w." so hätt ichs mit gesagt. Sage aber, um nicht in Verdacht der Sprachverderberei zu fallen, auch jetzt: daß ich innig wünschte, der Verfasser hätte der Kraft und Fülle, des Numerus und der Energie die in seiner Sprache liegt, und so mächtig ergreift und weckt, ungeachtet, sich näher an der Erde gehalten, sich mehr nach dem üblichen Tone bequemet, damit Licht und Aufschluß das es giebt, mehr Menschen genießbar würde.

Aber dann sage ich noch einmal, daß es eine der größten Unbilligkeiten unter der Sonne ist, um des Verwerflichen der Sprache willen, Sache und Inhalt so anzuekeln und wegzuschikaniren.

Denen Herrn dann, die der lieben sachten langen Perioden — wie auch des guten Geschmacks halber in Sorgen stehen, soll ich nicht umhin, hier die erfreuliche Nachricht zu geben, daß der Herr Verfasser sich in künftig etwanigen seiner Schriften beliebter Deutlichkeit zu befleißen nicht ermangeln wird.

Ueber die verschiedenen Seitenblicke, Winke, auf allerneueste Theologie, Predigtwesen, Exegetik u. s. w. — habe ich nichts zu sagen, als — was verdeckt ist, wird entdeckt werden, und was verborgen ist wird man wissen. —

Es nimmt ein großer Theil unserer, zumal theologischen Literatur, dahin Weg, das große ganze Umfassende, das Gott in uns gelegt hat, in kleine Stücke zu zertheilen, mit abgezogenen Moralien die doch wahrlich mehr bedürfende Menschheit zu sättigen, und das Attachement an den in Christus geoffenbarten Vater, wozu im Evangelio, wenn ich meinen Augen noch trauen darf, so alles hinstrebt, zu leichten duftigen Raisonnements hinabzuschwächen, und in Abstraktionsschaum aufzulösen. — Wozu das am Ende gedeihen wird — mag der Tag lehren.

„Aber nun der Uebermuth, womit in der Urkunde verschiedenen verdienstvollen Männern begegnet wird!" Als ob verdienstvolle Männer sich nie irren könnten — und ob man es diesen verdienstvollen Männern nicht sagen dürfe? Und wo ist der Uebermuth, womit es der Verfasser ihnen sagt? Wo die Verirrung auch gar zu arg war, wie z. B. etwa der Herr Hofrath und Professor Michaelis sich zu verirren pflegt, durfte er da nicht ein wenig Salz beimischen? Sonst giebt er jedem was ihm gebührt. — Michaelis und Warbürton, und Hyde und Beuler und Mosheim. Er sagt, was sie gutes haben. Ob er aber weit genug über diesen Männern sey, um sie an Ort und Stelle zu rangiren! Seinetwegen kann rangiren wer will. — Er sagt was sie geleistet und nicht geleistet haben, und da war er allerdings der Mann sie zu übersehen, welches sich auch in Zukunft noch des Mehreren zeigen möchte.

„Aber der Geschmack, der wird durch solche kauderwelsche Schriften seinem Untergang nahe gebracht. — Der gute Geschmack!" Lugele etc. — dafür wird der Verfasser auch sein Urtheil empfangen. — Und was ist der gute Geschmack? Und wo ist er zu finden? das ist schon eine andere Frage bei den Herren die sich über K. R. und die L. P. ärgern. — Wer wollte daran zweifeln? Sintemal auch Cicero nichts davon hat, daß man so schreiben solle.

O Christus und Johannes und Petrus und Paulus — wie ihr den guten Geschmack untergrabet! Dankt es dem Herrn D. Bahrdt, ihr lieben Jünglinge, daß sie Euch den Geschmack nicht verderben! Bahrdt und Cicero und Batteux, und — und ihr seyd sicher. *Τὸ δὲ περισσόν ἐκ τοῦ πονηροῦ.*

Nun mehr als zu viel, und ich halte Sie nicht länger auf. — Verzeihen Sie, daß ich Ihnen so lange vorgeschwatzt; wie es manchem geht, wenn er einmal anfängt, kann er kaum ein Ende finden. — Auch lag mir das Ding auf dem Herzen. Zwar nicht, daß ich mich unterwinde, Ihnen die Augen aufzuthun; ist auch nicht Noth. Sie wissen den Verfasser und sein Werk zu schätzen, haben auch keine Gemeinschaft an jener ärgerlichen Abfertigung, dazu Ihr Merkur, übel genug! hat Vehikulum seyn müssen. Ich weiß, Sie geben mir, wenn auch nicht in Allem, (und das soll unter dem Monde auch nicht seyn) die Hand, und halten es übrigens nicht für unnöthig, daß der übermüthige Muthwille einiger junger Herren, die sich zu Ihrem Merkur zugedrungen haben, ein wenig gezüchtigt, und ihr allgenugsamer Kitzel zu gehöriger Bescheidenheit hinabgestimmt werde, gegen Männer, an die sie wahrscheinlich auf Kopfslänge weder heute noch morgen reichen werden, wenn sie auch auf immer auf den Zähen stehen, und sich ausrecken bis man ihnen durch den Leib sieht.

Noch einmal lassen Sie mich warm werden! Wenn einst so viele saubere Brochüren und fade Gedichtleins, wo sie die Empfindungen mit einem Maaßstab messen, und was darüber ist, abhauen — verkleisterte Theorien und Histoires universelles und Bibliotheken und Magazine u. s. w. weggeweht seyn werden, wie die Blume des Feldes — dann werden noch stehen die Edeln, gegen die sie zu Felde ziehen mit großem Geschrei und hölzernen Degen. — Ihre Werke mit dem Stempel des Genius für Welt und Nachwelt, wie die Eiche die auf ihrem Wipfel Adler nährt — sie nimmt in kühlenden Schatten den müden Wanderer und deckt ihn mildiglich, wenn der Platzregen herabfällt; denn — sie ist tief gewurzelt!

Wie viel hätte man zu wünschen! Aber da man Erfüllung sich, wie man möchte, nicht gewähren kann, so laßt uns mindestens streben, daß Werde! und im kleinen Zirkel unseres häuslichen Lebens, im Kreise weniger Vertrauten genießen, was wir können — bis es Gott gefällt das Harren der Kreatur zu befriedigen, und vorzuführen, was unseren Augen in dunkeler Ferne nur vordämmert.

Leben Sie so wohl, als ich es Ihnen von Herzen wünsche, und lassen mich Ihrem Andenken empfohlen seyn. Ich kenne Sie nun besser als ehe, und denke Ihrer mit wahrer Achtung.

B. Freitags, den 17. November 1775.

Das Hochburger Schloß *).

Nirgends hab' ich die Wahrheit, theurer W**! über die wir in einsamen Abendgesprächen eins wurden, lebhafter empfunden, daß alle Kunst ewig ist, als in den Gemäuern von Hochburg. Ich weiß nicht durch was für unbekannte Gesetze der Seele mir, wenn ich auf diesen nackten Felsen herumhüpfe, Shakespeare so gerne einfällt — wenn ich jene abgerissene Säule wie eine Insel ihr buschigtes Haupt dem Regen und Ungewitter darbieten sehe, ich König Lear zu sehen wähne, wie er die Winde aufruft es seinen Töchtern zuvorzuthun — wie er mit seinem Narren allein da steht, der durch die äußersten Grausamkeiten des Himmels so weit getrieben wird, daß er seines Amts vergißt und ausruft: Diese kalte Nacht wird uns alle zu Narren und Wahnwitzigen machen. Ich sehe die ganze erschütternde Gesellschaft von Unglücklichen, den Vater, der durch einen Bastard hintergangen, seinen geliebten Sohn für einen Vatermörder hält; den Sohn selbst in einen Tollhäuser verkleidet, vor dem Vater zurückbebend, während Lear ihn zwingen will zu bekennen, seine Töchter hätten ihm das zugezogen; den edlen Kent, der mit Lebensgefahr zurückkommt, diesem Herrn der ihn verbannt hat, in einem Zustande zu dienen, da die ganze Natur wider ihn empört zu seyn scheinet. — Solche Gegenstände müssen an solchem Ort erwogen werden, und sie stellen sich da von selber vor.

Die Natur zerstört Schlösser um herrlichere Gegenstände für die Kunst hervorzubringen; und wär' es nichts weiter,

*) Die Ruinen eines alten Raubschlosses auf einem hohen Berge im Schwarzwalde.

weiter, als dem Geist des nachfolgenden Künstlers aus den Resten dieses großen Werkes zu ahnden übrig zu lassen. Daher das unvollendete oft an dem Höchsten. Der Geist des Künstlers wiegt mehr als das Werk seiner Kunst.

Und nun der Geist, der einen Lear schuf — in diese Wirre von Umständen und Personen die ihn zu dem ersten und unglücklichsten aller Menschen machen — In diesem Alter — mit dieser menschlichen Ungerechtigkeit gegen einen Engel, den er in der letzten Scene todt auf die Bühne trägt! — Welcher Gewaltige hat seinen Bogen höher gespannt, tödtenderes Geschoß darauf gelegt?

Wo ist ein König, der dieses Blatt in die Hand nimmt, und nicht in den innersten Tiefen seiner Seele fühlt: so kann niemand als ein König leiden: so würde ich sprechen, so würde ich zu sprechen wünschen, wenn mir etwas ähnliches widerführe. Diese Hoheit unter der Schmach der Undankbarkeit seiner Kinder, diese feste Ueberredung es könne das nicht geschehen seyn was doch — gar zu grausam! immer vor ihm geschieht, dieser Unglaube an das Laster, diese Schmeicheleien an das letzte Kind das ihm übrig ist, es möchte die Unnatürlichkeit des ältesten nicht nachahmen, diese entsetzlichen Verwünschungen des ersten, um das zweite dadurch von seinem Verbrechen abzuschrecken — dieses unerhörte Gewißwerden einer noch größeren Abscheulichkeit an diesem, dieses Hinausstürzen aus seinen Thoren den aufgebrachten Elementen entgegen, um nur nicht Zeuge dessen zu seyn, das er aus Mitleiden gegen sich selbst, sich zu verhehlen vergeblich gerungen hatte — doch wer darf über Laokoon reden? Und über Lear, wer darf das?

Und nun vollends ihn vertheidigen — ihn gegen Schmähungen retten? — zugeben, daß bei all seinen Fehlern *) —

Doch ich sage kein Wort. Voltärens Brief an die Akademie war das herrlichste Zeugniß für Shakespearn, je schmähender, desto herrlicher, desto redender der Beweis, daß er sich verdunkelt zu werden fürchtete — bei einer Nation die ihm eine Säule setzte, und mit Recht **). Warum

*) S. die Vertheidigung Shakespears gegen einige neue Voltärische u. s. f.

**) Obschon ich dem Genfer Philosophen eine gegenüber wünschte.

Shakespearn vertheidigen? Wozu die Kleinherzigkeit? Etwa weil Voltäre sagte, in dem Ausdruck: Ich habe keine Maus treten hören, läge eine Abgeschmacktheit. Wem ist denn nicht bekannt, daß seine Semiramis kein Kind erschreckt hat, daß Piron ihm darüber zurief: Bourreau tu voudrois bien que je l'eusse faite *) — derweile Shakespears Gespenst Weiber kreißen machte, eben weil es durch diesen ungekünstelten Ausdruck des Soldaten vorbereitet war. O der Schrei der Natur braucht keiner Vertheidigung, er läßt sich in allen Menschen hören.

Alles was Voltäre wider ihn sagt, weist den unglücklichen Liebhaber, der, anstatt sich die Neigung seiner Nation auch dadurch zu erhalten, daß er ihrer Untreue selbst und ihrem Eigensinn in den Vergnügungen, worin denn nun jeder Mensch seinen Eigensinn haben will, Vorschub thut, hingeht, und sich ihr durch seine Eifersucht vollends beschwerlich macht. Nichts als sein Alter kann ihn entschuldigen: wozu braucht es aber bei einem solchen Fehlschritt den er thut — Vertheidigung?

Wird man nicht gezwungen seyn, Shakespearn am Ende gegen seine Freunde, gegen seine Vertheidiger zu vertheidigen? Wenn seine Helden nicht so sprechen als sie zu unsern Zeiten würden gesprochen haben, wem suchte er sie anschaulich, wem interessant zu machen, seiner Zeit, oder der unsrigen? Ist das Fehler, Ihr die ihr Studium aus ihm machen sollt? — Götter und Menschen! ist das Fehler? Kommt es nicht darauf, darauf allein an, wie er sich die Helden gedacht hat, nicht wie sie uns ein schielendes Nebenwort darstellt? Kann er dafür, daß wir an Nebenwörtern hängen bleiben, daß unsere Abstraktionsgabe so klein, unsere Vorstellungskräfte so dürftig sind? Daß Voltäre so thut, verdenk' ich ihm nicht; aber daß seine Gegner so unendlich treuherzig sind, und in vollem Ernst seine Ausflüchte für Schmähungen beantworten — Haben sie denn nie einen Menschen in der Passion sprechen hören? Welch ein Triumph für ein Mädchen, die es bei ihrer Nebenbuhlerin dahin bringt?

Eine ganz andere Vertheidigung von Shakespearn nehme ich über mich, gegen seine Vertheidiger, gegen seine Schutz-

*) Mais tu n'applaudis pas, sagte Voltaire zu Piron, que dis tu de ma piece?

redner, gegen Alexander Popen, der seine Werke herausgegeben hat. Er sagt in der Vorrede seiner Ausgabe von einigen Stücken die er als elend brandmarkt, es sey wahrscheinlich, daß sie Shakespearn untergeschoben worden, und er aufs höchste nur bei etlichen Scenen seine Hand gehabt. Ich muß gestehen, das Beiwort elend, bei Stücken, bei denen er auch nur die Hand gehabt, beunruhigte mich außerordentlich. Wie aber, wenn ich bei näherer Untersuchung gefunden, daß Pope alle diese Stücke die er, um sichs bequem zu machen, unter einen Haufen warf, wahrscheinlich nicht gelesen, geschweige auf kritischer Waage abgewogen? Daß sie nicht ganz von Shakespearn sind, gebe ich zu; daß er bei den meisten vermuthlich nur das Canevas entworfen, glaube ich auch; daß er an dem abscheulichen Stück Titus Andronikus nicht den mindesten Antheil hatte, bin ich überzeugt; aber daß Perikles, der Londner Verschwender, Lord Cobham, Thomas Cromwell elende Stücke sind, getraue ich mich öffentlich zu widersprechen.

Im Perikles König von Tyrus *), ist der ganze Gang des Stücks, so wild er scheint, Shakespearisch. Ein König, der den Nachstellungen eines Mächtigen entfliehet, Schiffbruch leidet, unter Fischer kömmt, sich einen Harnisch auffischt, damit zu den Turnierspielen geht, unerkannt den Preis erhält, mit des Königs Tochter vermählt wird, mit ihr zur See geht, sie dort verliert, ihr Kind, das er Marina nennt, an dem sein ganzes Herz hängt, einem Gouverneur in Tharsus, seinem besten Freunde aufzuheben giebt, derweil er nach Hause eilt, um einen ausgebrochenen Aufruhr zu stillen; darauf wiederkehrt, seine Marina vorgeblich todt findet, und bei ihrem Grabmahl, das man ihm zeigt, die Sprache verliert, darauf drei Monate auf der See umherirrt, weil seine Leute ihn durch die Reise zu zerstreuen suchen, in einem Seehafen ein Mädchen zu ihm an Bord des Schiffes gebracht wird, das ihn mit ihrer Laute, auf der sie Wunder thut, aufzumuntern versuchen soll, er, nachdem er ihr eine Weile zugehört, sie angestarrt, ausbricht: Hum, ha! der erste artikulirte Laut, den man in drei Monaten von ihm gehört,

*) In einer ältern Ausgabe von Shakespears Werken, die zu London 1714 herausgekommen printed for Jacob Tonson, in the Strand.

sie ihm näher tritt, er sie zurückstößt, sie sich nicht erschrekken läßt, bis er zu reden anfängt:

„Mein Weib, sagte er nach einigen Fragen, sah aus wie dies Mädchen und so hätte meine Tochter werden können. Wo wohnst du, wo wardst du erzogen?"

Sie. Meine Geschichte würde dir Lüge scheinen, wenn ich sie erzählte, du würdest die Geduld nicht haben, sie auszuhören.

Er. O erzähle, erzähle! Falschheit kann unter diesen Mienen nicht wohnen, die bescheiden wie das Antlitz der Gerechtigkeit, wie die Wohnung der Wahrheit sind. Ich will dir alles glauben, ich will meine Sinnen zwingen, sich die Unmöglichkeit selbst möglich vorzustellen, denn du siehst einer ähnlich, die ich liebte — Wer sind deine Freunde? Kamst du nicht wieder als ich dich zurückstieß? Ach da überfiel michs, du müßtest nicht von gemeiner Geburt seyn.

Marina. Auch bin ichs nicht.

Perikles. Wer sind deine Eltern? Sagtest du nicht, du hättest viel Unrecht erlitten, und deine Leiden könnten den meinigen gleich kommen, wenn du sie erzähltest?

Marina. So sagte ich.

Perikles. Erzähle mir alles. O wenn es der tausendste Theil meines Ungemachs ist, so bist du kein Mann und ich habe gelitten, als ein Weib. Denn du siehst aus wie die Geduld, die auf die Gräber der Könige hinabsieht, und der äußersten Strenge des Schicksals die Waage aus der Hand lächelt. Wer sind deine Freunde? wie heißest du? Liebes Mädchen komm sitz zu mir nieder.

Marina. Ich heiße Marina.

Perikles. Marina! — O der Himmel spottet meiner, irgend ein erzürnter Gott sendet mich hieher, der ganzen Welt zum Gelächter zu dienen.

Marina. Ich bitte euch, lieber Herr, seyd geruhig, oder ich will hier abbrechen.

Perikles. Fahr fort, fahr fort.

Marina. Es war ein Mann von Ansehen und Macht, der mir diesen Namen gab, es war mein Vater und — ein König.

Perikles. Eines Königs Tochter! und Marina! —

Marina. Ich sagte es euch zum Voraus, daß ihr mir nicht glauben würdet.

Perikles. Du hast Blut in den Adern, du bist keine Erscheinung — und Marina — wo wardst du geboren.

Marina. Auf dem Meer, darum gab mir mein Vater diesen Namen.

Perikles. Gieb mir andere Kleider, Hellikanus u. s. f.

Ich frage, ob eine Wiedererkennung rührender seyn kann, besonders wenn sie vorbereitet worden, wie sie es durch die Schicksale des unschuldsvollen Mädchens ist, die im vorgehenden Akt dargelegt werden. Der Gouverneur von Tharsus erzog sie mit seiner Tochter, die sie in allen Stücken verdunkelte: die Mutter ward neidisch darüber und trug einem Bedienten auf, sie auf einem Spaziergange zu ermorden, der aber durch ihre Schönheit gerührt, sie an Seeräuber verkaufte. Diese thaten sie in ein liederliches Haus, wo ihre Tugend auf die härtesten Proben gestellt ward, und sie die zügellosesten Wollüstlinge in einer Entfernung zu erhalten wußte, daß die Aufseherin des Hauses sagte, ihr Haus sey eine Kirche geworden, sie verliere die Kundschaft, jedermann ginge betend fort. Es ist wahr, diese Scenen sind mit zu wenig Delikatesse behandelt, als daß sie Shakespearn zugeschrieben werden könnten: indessen ist auch hier nicht von der Ausführung, sondern von dem ersten Entwurf des Stückes die Rede.

Im Londner Verschwender ist der Hauptcharakter mit einer Wahrheit angelegt und durchgeführt, die überall den Meister verräth. Man stelle sich vor, was es für Scenen geben muß, wenn ein junger Durchbringer seine Verwandten in London mit Borgen auf ihren Namen so in die Enge treibt, daß sie sich beim Vater darüber beschweren müssen; wenn der Vater, um ein Augenzeuge der Verschwendungen seines Sohnes zu seyn, sich selbst unter einer Verkleidung nach London auf den Weg macht, und bei dem Sohn, der ihn nicht erkennt, in Dienste begiebt; wenn dieser auf die grausamste Art mit ihm umspringt, ihn zwingt, ihm bei allen Wucherern und Geldjuden Geld aufzutreiben; wenn er hernach vorgiebt, sein Vater sey gestorben, und habe ihn zum einzigen Erben eingesetzt, welches dieser mit der entschlossensten Geduld leidet, um zu sehen, wie weit der Sohn es treiben werde; wenn er unter diesem Vorwand eine reiche Erbin heirathet, wozu ihm der Vater selber behülflich ist, weil er hofft, diese Person, welche alle Tugenden ihres Geschlechts besitzt, werde ihn am ersten zurückbringen; wie er nichts desto weniger in seiner Verschwendung fortfährt, bis seine Frau, die einen harten Vater hat, ihr Brod durch Dienen bei ihrer eigenen Schwester suchen muß; wie er erst Bettler, dann Straßenräuber wird, und seiner eigenen Frau, die ihn wohl erkennt, und deren Güte für ihn ohne Grenzen ist, ihren letzten Schilling abbettelt, unter dem Vorwand, er habe eine kranke bettlägerige Frau zu Hause; wie er auch an seinen Schwiegervater kommt, der ihn aber erkennt und übel mit ihm abfährt; wie man ihn endlich in Arrest führen will, seine Frau ihren Vater auf den Knieen bittet, ihr zu erlauben, ihn dahin zu begleiten; wie er durch diese äußerste Probe der Treue gerührt, das erstemal in sich geht, und nun sein Vater hervorspringt und sich zu erkennen giebt u. s. f.

Wer hat junge Verschwender gekannt, und findet hier nicht Geschichte des menschlichen Herzens?

Im Lord Cobham wird ein Bierbrauer Murley von der protestantischen Parthei, wegen Geldmangels von den Rebellen zum Ritter geschlagen, und zum Anführer eines Theils der Armee gemacht, dagegen er über fünftausend Pfund Sterling erlegen muß. Die Scene ist eine von den originellsten die ich gelesen, wo er mit seinen Sporen, die er in den Busen gesteckt, auf dem Schlachtfelde erscheint, und anfangs große Schwierigkeiten macht, die Schlacht auf den Freitag zu liefern, weil in dem Jahr die unschuldigen Kindlein auf den Freitag gefallen sind u. s. f.

In eben diesem Stück zwingt Harpool, ein handfester braver Bedienter des Lord Cobham, den Ministerial des Bischofs von Rochester, der ihn in seiner Abwesenheit ohne Vorbewußt des Königs citiren ließ, um eine Sache an ihm zu haben, wenn jener sich nicht stellte; da der Gerichtsdiener ohnedies sehr hungrig ist, und dieser unter dem Vorwand ihm ein Frühstück reichen zu lassen, ihn ins Haus gelockt hat, seine Citation mit Siegel und allem aufzuessen. Eben dieser Harpool zwingt den Bischof, als er seinen Herrn im Gefängniß besucht, (weil ihm bange ward, der König könnte sich wohl seiner annehmen) mit seinem Herrn die Kleider zu wechseln, der in dem bischöflichen Ornat ungehindert durch die Wachen kommt.

Selbst im Thomas Cromwell sind ausgezeichnet gute Stellen Thomas ist eines Schmids Sohn, schwingt sich aber durch sein unermüdetes Studiren empor. Die erste Scene, in der er bei dem Lärmen der Schmiede studirt, ist gewiß nicht uninteressant, so wenig als die, da er einen Lord aus seinem Vaterlande mitten durch die Wachen seiner nachstellenden Feinde in Italien führt, in dem Kleide eines tölpischen Knechts, den er aus England mitgenommen, und der in dem Kleide des Lords von ihnen gefangen genommen, da sie aber sehen, daß sie auf der Gottes Welt nichts mit ihm anfangen können, wieder losgelassen wird.

Ich bin freilich überzeugt, daß Shakespeare's Ruhm durch diese Stücke nichts gewinnen kann, vielmehr, daß sie ihn verdunkeln würden, wenn man sie ihm ganz zuschreiben wollte. Indessen kränkt es mich doch, daß man ein Stück, das auch nur unter seiner Aufsicht gespielt worden, elend nennt — und daß man für seine Fehler warnen will. Für einen Pfuscher von Nachahmer sind alle Warnungen doch ohnehin verloren; und was sollen sie bei dem übrigen Publikum, das noch viel zu wenig bekannt mit seinem Werth ist, und so leicht wirkliche Schönheiten für Fehler nehmen kann? Wenn soll da je der Geschmack fest und groß und edel werden, und sich nicht an jeder Kleinigkeit stoßen, über die die Meinungen der Menschen doch ewig getheilt seyn werden?

Tantalus.

Ein Dramolet, auf dem Olymp.

Apoll (und) **Merkur** (kommen heraus).

Merkur.

War das nicht eine herrliche Jagd,
Apoll, das mußt du doch gestehen,
Der Sterbliche hat uns Spaß gemacht!
Apoll. Er schnitt, doch der Juno gegenüber,
Eine Figur, als hätt' ers Fieber.
Zeus, den kitzelt' es innerlich —
Aber sag mir, entzaubere mich.
Wo führt' ihn das böse Wetter
Zu uns herauf an die Tafel der Götter?
Merkur. Still, der Einfall kommt von mir.
Wollten Juno ein wenig pikiren,
Und Vater Jupitern desennuyiren,
War ja alles so traurig hier.
Apoll. Ha ha ha! wie er da saß beklommen
Ganz in Nektar und Lieb' verschwommen,
In ihrer Blicke Wiederschein
Meint' er Jupiter selber zu seyn.
Merkur. Nein, aber darüber ging doch nichts,
Der Meisterstreich, den er ausgehen ließ,
Du hast es ja gesehn — der Schnitt des Gesichts,
Als er mit Zeus die Gesundheit stieß.
Apoll. Die Gesundheit mit Zeus — wie ist das zu verstehn?

Merkur. Ei so hast du ja nichts gesehen!
Vater Zeus, Vulkanen zu scheeren,
Stieß mit Mars die Gesundheit an:
Der schönsten Frau vom frömmsten Mann!
Meister Tantalus stieß mit an.
Der Donnerer durfte sein Glas nicht leeren,
Der ganze Olymp schien bestürzt voll Verdruß,
Nur nicht Meister Tantalus.
Apoll. Was sagte Juno?
Merkur. Was sollte sie sagen?
O das ist noch nicht genug.
Hast du denn nichts gehört, man schlug
Beim Nachtisch einen Spaziergang vor,
Mein Tantalus über und über Ohr
Als Juno sagte, sie wollte im Garten
Die andern Göttinnen um zehne erwarten,
Sie setzte spöttisch hinzu: es ist warm,
Herr Tantalus giebt euch vielleicht den Arm.
Mein Tantalus nahm's in Ernst und bückte
Bis unter den Tisch sich, rückte und rückte
Den Stuhl — daß alles für Lachen erstickte.
Bis ihn Juno zurechte wies,
Es sey ihr Ernst nicht — und er's ließ.
Apoll. O still, nun weiß ich, warum mit dem Alten
Cupido vorhin Kriegsrath gehalten.
Sie wollten eine Wolke staffieren,
Ihn, wenn er heimging, zu intriguiren.
Still, da kommt er selber ja wohl,
Wenn ich nicht irre —
Merkur. Er ists, Apoll.
Tantalus (tritt auf).
(Merkur und Apoll halten sich seitwärts ihm zuzuhorchen).
In dieser freundlichen Sommernacht
Wo außer Feuerwürmchen und Heimchen
Kein Geschöpf mehr neben mir wacht,
Niemand mich hört, als Myrthenbäumchen
Und die stillen Schauer der Nacht:
Hier wird es doch erlaubt seyn, das endlose Grauen
Die entzückende Beklemmung meines Herzens,
Den ganzen Himmel meines Schmerzens
Nur mit einem Blick zu überschauen,

Und dir Allmutter Natur, zu vertrauen.
Ich liebe — darf ich mir selber es sagen?
Wohin die verwirrteste Phantasei,
Wohin der Titanen Waghälserei
Nie kühn genug war, sich hin zu wagen,
Wagt mein verrätherisch Herz sich hin,
Ich liebe der Götter Königin.
Es ist gesagt, ihr hörtet es Götter!
Auf denn, führt die rächenden Wetter
Ueber mein schuldiges sterbliches Haupt,
Euch ist die grausame Lust erlaubt.
Ihr selbst fachtet sie an diese Flammen,
Ihr die ihr darin Trost suchen müßt,
Das an andern zu verdammen,
Was euer Lieblingsverbrechen ist.
Da spart euren Witz in Erfindung der Strafen
Was euch unerträglich däucht,
Ist gegen die Qualen, die hier noch schlafen,
Die ihr nicht ahnden könnt, federleicht.
Empfandt ihr je verzweifelnde Triebe
Reicht eure Phantasie dahin?
Ich bin ein Sterblicher und ich liebe
Liebe der Götter Königin.
(Indem er sich umwendet, wird er eine Wolke gewahr, in Junos Bildung).
Sie ists — sie ist es selbst — o Himmel und Erde!
Sie hat es gehört das verwegene Geständniß,
Ihr Blick wird mich tödten, sie hat es gehört.
Sie sieht mich nicht. Im hohen Selbstgenusse
Lustwandelnd unterm Schleier der Nacht,
Froh, wie es scheint, daß unter ihrem Fuße
Die Erde schläft und kein Geschöpf mehr wacht,
Das sich zu ihrem Dienst bemühte.
Hier wacht noch eins, unendliche Güte
In seliger Qualentrunkenheit —
Sie wendet sich — O hat Mnemosyne
Endimions Schicksal nicht geweiht?
O alle Strafen die ich verdiene
Gegen eine mitleidige Miene
Gegen einen Blick, der mir verzeiht —
Sie nähert sich — Kam sie wohl, weil die Nacht
Alle Verhältnisse ähnlicher macht?

(er will sich ihr zu Füßen werfen)

Himmlische Güte! verzeihe, verzeihe,
Jetzt oder nie, der Bewunderung
Des Entzückens verwegensten Schwung.

(das Bild verschwindet)

Ha du fliehst mich — Ungetreue!
Götter was sprach ich? — Lästerung!
Meine Freundin — die schlafende Erde
Ha ich fühls, bebt auf unter mir,
Macht sich, geflügelt auf, ich werde
Bald auf ewig verschlungen von ihr,
Ach auf ewig entfernt von dir,
In des Orkus Abgründe sinken,
Zur Vollendung meiner Pein
Lethens kalte Fluthen trinken,
Und ohne Mitleid elend seyn. —
Wars nur ein Bild meiner Phantasei?
Es ist verschwunden. Nimmer, nimmer!
Meine Thränen, mein Geschrei
Meine Verzweiflung zieht sie herbei.

(das Bild erscheint wieder. Er zieht eine Tafel heraus und fängt an es abzuzeichnen).

Leitet meine Züge, leitet,
Ihr von uns gefeierten Spötter
Unserer Leiden, die ihr bereitet,
Meine Züge, selige Götter!
Laßt durch keine Künsteleien
Eure Zierde mich entweihn.

(indem er zeichnet, verschwindet das Bild)

O muß ich elend denn vor so viel Reizen stehn,
Und, hasch' ich nach, sie spottend fliehen sehn?
Ists möglich, elend in dem Grade!
Im Angesicht so vieler Seligkeit
Erzürnte Götter! Gnade, Gnade!
Nur einen Augenblick, bis ich sie konterfeit!

(das Bild erscheint wieder; er zeichnet es nach)

Lasset euren Zorn erweichen,
Große Götter, hört mein Flehn,
Laßt mich dieses Bild erreichen
Wenn ich werth war, es zu sehn.
Ach ich solls euch wiedergeben

All mein Glück wird mir entwandt.
Strenge Götter! nehmt mein Leben,
Oder führet mir die Hand.
Nein, ihr hört mich nicht, Tyrannen
Ihr beneidt dies Bildniß mir
Weil es milder ist als ihr,
Weil ihm meine Thränen rannen,
Weil es meinen Geist erhebt,
Daß er euch zu nahe schwebt.
Lasset euren Zorn erweichen,
Große Götter, hört mein Flehn,
Laßt mich dieses Bild erreichen,
Wenn ich werth war, es zu sehn.
(Das Bild verschwindet abermals. Er ist außer sich)
Götter! — (sich an die Stirne schlagend).
Amor (erscheint). Ei, wie so fleißig, Herr Tantalus?
Weisen Sie doch her, was giebts da wieder?
Ich hörte, Sie riefen um Hülfe, darum stieg ich
Aus meiner Mutter Schooß hernieder,
Ich dachte, was Ihnen begegnet seyn muß!
Fehlt Ihnen was?
Tantalus. Ich bin verloren
Ich bin zum Unglück bestimmt, geboren —
Amor. Haben Sie was —
Tantalus. Zu Qual und Leid —
Amor. Haben Sie was abkonterfeit?
Tantalus. Bin ich geboren, bin ich erkohren.
Amor. Haben Sie etwa was verloren?
Vielleicht im Monde? — Ich helf' Ihnen suchen.
Hören Sie, weil Sie so artig fluchen —
Mein Vater ist ganz bezaubert davon,
Sie wissen, Zeus ist ein Mann vom Ton —
Läßt er sie ganz ergebenst ersuchen,
Sie möchten ihm künftig die Ehre erweisen,
Alle Tage mit ihm zu speisen,
Mit ihm und Juno —
Tantalus. Unsterblicher Retter!
Ewig sey dir, schönster der Götter,
Meiner Entzückungen Dank gebracht.
Amor. Aber nehmen Sie ja sich in Acht,
Nichts anzurühren, was Ihr nicht gehöret,

Nichts anzusehn, was Ihre Ruhe stöhret,
Sonst lieber Schatz! verschwindet es sogleich.
Ei warum macht Sie denn das so bleich?
Tantalus. Nichts hören noch sehen?
Amor. Nichts hören noch sehen,
Wiewohl das Hören zuzugestehen
Jupiter kein Bedenken sich macht,
Doch nur dann, wenn man ihrer lacht.
Sie sollen überdem alle Nacht
Mit Junos Schatten spazieren gehen,
Aber sobald sie auch nur nach ihm sehen —
Tantalus. Was soll ich denn? Nicht sehen, nicht hören,
Nicht essen, nicht trinken —
Amor. Wer sagt denn vom Hören?
Und ein ächter Liebhaber muß
Eigentlich nichts thun, Herr Tantalus,
Als den Göttern zur Farce dienen.
Leben Sie wohl; ich empfehle mich Ihnen.

Fragment aus einer Farce,
die Höllenrichter genannt.

Eine
Nachahmung der βατραχοι des Aristophanes.

(Bacchus geht nach der Hölle hinunter, eine Seele wiederzuholen).

Doktor Faust (einsam umher spazirend).

In ewiger Unbehaglichkeit,
In undenkbarer Einsamkeit,
Ach! von nichts mehr angezogen,
Verschnauf' ich hier des Erebus Wogen.
Bittre Fluten, liebtet ihr mich,
Wär' ich in eurem Schooß' ersunken,

Hätte da Vernichtung getrunken;
Aber, ach! ihr haßtet mich!
Fühltet ihr, wie's mich gelabt,
Als ihr brennend mich umgabt,
Wie es kühlte meine Pein,
Mich von etwas umfangen zu wissen!
Von der Schöpfung losgerissen
Noch von etwas geliebt zu seyn!
Aber, ach! betrogen, betrogen!
Auch ihr haßt mich, grausame Wogen!
Ist kein Wesen in der Natur,
Das nicht lieben, nicht erbarmen,
Das mich gränzenlosen Armen
Bei sich dulden wollte nur?

Bacchus (tritt von hinten herzu, und berührt ihn mit Merkurs Stab).
Mein Freund!

Doktor Faust (wendet sich um). Ihr Götter!
(Bacchus zu Füßen) Welche Stimme!
Kommst du vielleicht mit zehnfachem Grimme,
Großes Wesen, meiner Pein
Neue endlose Stacheln zu leihn?
Willst du eines Verzweifelten spotten?
Oder kömmst du, wie dein Gesicht,
Liebenswürdigster! mir verspricht,
Mich auf ewig auszurotten? —
Nimm meinen Dank und zögre nicht!

Bacchus. Keins von beiden. — Dein Herz war groß —
Faust — — — du bist deines Schicksals los,
Und, wenn dir die Gesellschaft gefällt,
Komm mit mir zur Oberwelt!

(Faust sinkt in einer Betäubung hin, die, weil sie der Vernichtung so ähnlich war, eine unaussprechliche Ruhe über sein ganzes Wesen ausbreitet).

Pandaemonium germanicum.

Eine Skizze.

Difficile est satyram non scribere.

Der Teutschen Wändekritzler Heer,
Unzählbar, wie der Sand am Meer,
Ist meiner Seel' beim Lichten besehn,
Nicht einmal werth, am Pranger zu stehn.

Ein Dunsiadisch Spottgedicht
Lohnt da, Gott weiß! der Mühe nicht,
Und ihre Namen nur aufzuschreiben,
Das ließ' der Teufel selbst fein bleiben.

Erster Akt.

Erste Scene.

Der steile Berg.

Göthe. Lenz (im Reisekleid).

Göthe.

Was ist das für ein steil Gebirg mit so vielen Zugängen?

Lenz. Ich weiß nicht, Göthe! ich komme erst hier an.

Göthe. Ist's doch so herrlich dort oben zuzusehn, wie die Leutlein ansetzen, und immer wieder zurückrutschen. Ich will hinauf.

(Geht um den Berg herum und verschwindet).

Lenz. Wenn er hinaufkommt, werd' ich ihn schon zu sehen kriegen. Hätt' ihn gern kennen lernen, er war mir wie eine Erscheinung. Unterdessen will ich den Regen von meinem Reiserock schütteln, und selbst zusehen, wo heraufzukommen.

(Erscheint eine andere Seite des Berges, ganz mit Busch überwachsen. Lenz kriecht auf allen Vieren).

Lenz (sich umkehrend und ausrufend). Das ist böse Arbeit. Seh' ich doch niemand hier, mit dem ich reden könnte. Göthe! Göthe! wenn wir zusammen blieben wären. Ich fühl's, mit dir wär' ich gesprungen, wo ich jetzt klettern muß. Wenn mich einer der Kunstrichter sähe, wie würd' er die Nase rümpfen! Was gehn sie mich an, kommen sie mir hier doch nicht nach. Aber weh', es fängt wieder an zu regnen. Himmel, bist du so erbost über einen handhohen Sterblichen, der nichts als sich umsehen will. — Fort! das Nachdenken macht Kopfweh. (Klettert weiter).

(Wieder eine andere Seite des Berges, aus dem ein kahler Fels hervorsticht. Göthe springt herauf, sich umsehend).

Göthe. Lenz! Lenz! welche herrliche Aussicht. — Da, o! da steht Klopstock. Wie, daß ich ihn von unten nicht wahrnahm. Ich will zu ihm. Er deucht mich auszuruhen, auf den Ellbogen gestützt. Edler Mann, wie wird's dich freuen, jemand Lebendiges hier zu sehen!

(Wieder eine andere Seite des Berges. Lenz versucht zu stehen).

Lenz. Gottlob, daß ich einmal wieder auf meine Füße kommen darf, mir ist das Blut vom Klettern so in den Kopf geschossen. O, so allein! Daß ich stürbe. Hier seh' ich wohl Fußtapfen, aber alle herunter, keinen hinauf. Gütiger Gott! so allein.

(In einiger Entfernung Göthe auf einem Felsen, der ihn gewahr wird. Mit einem Sprung ist er bei ihm).

Göthe. Lenz, was Teutscher machst du denn hier?

Lenz (ihm entgegen). Bruder Göthe! (drückt ihn an sein Herz).

Göthe. Wo Henker bist du mir nachgekommen?

Lenz. Ich weiß nicht, wo du gegangen bist, aber ich hab' einen beschwerlichen Weg gemacht.

Göthe. Bleiben wir zusammen. (gehen beide einer andern Anhöhe zu).

Zweite Scene.

Die Nachahmer.

(Göthe steht auf einem Felsen und ruft herunter, zu einem ganzen Haufen Gaffer).

Meine werthen Herren, wollt ihr's eben so gut haben, dürft nur da herumkommen — denn da — denn da — 's ist gar nicht hoch, ich versichere euch, und die Aussicht ist herrlich. Lenz, nun sollst du deinen Spaß haben.

(Geht ein jämmerlich Gepurzel an. Bleiben ihrer etliche am Fuß des Berges auf Feldsteinen stehen und rufen den andern zu:)

Meine werthen Herren, wollt ihr's auch so gut haben u. s. w.

Andere aus dem Haufen. Sollst gleich herunter seyn, Pickelhering, bist ja nur eine Hand hoch höher, als wir, und machst solchen Lärm da (stoßen sie hinunter, jene wehren sich mit den Steinen, auf welchen sie standen).

Die Vorigen. Wollen doch sehen, ob wir die von oben nicht auch so herunterbringen können.

Einer. Hast du nicht eine Lorgnette bei dir, ich kann sie nicht recht unterscheiden. Ich möchte gern an den, der zuerst herunterrief.

Zweiter. Mensch, wo denkst du hin? Wie willst du an ihn kommen?

Einer. Ich will schleudern. Wie, wenn ich mich auf jenen Stein stelle, dort gegenüber, sag' mir, wo ich hinwerfen soll. (schwingt die Schleuder, ruft:) Hör', Dritter, rück' mir doch den Arm ein, er ist mir aus dem Gelenk gegangen.

Zweiter (durch die Lorgnette guckend). Da, da, wo ich mit dem Finger hindeute, da steht der Göthe; ich seh' ihn eigentlich mit seinen großen, schwarzen Augen.

Einer (schleudert aus aller Macht). Da mag er's denn darnach haben! (der Stein fällt wieder zurück und ihm auf den Fuß. Hinkt herum) Aye! Aye! was hab' ich doch gemacht?

Zweiter. Weis' mir her, altes Weib (faßt den Stein wüthend, und wirft blindlings über die Schulter seinem Nachbar ins Gesicht, daß er todt zur Erde fällt). Der Teufel, ich dacht' ihn doch recht gezielt zu haben. Wird doch heut zu Tage kein vernünftig Glas mehr geschliffen.

Göthe. Wollen uns doch die Lust machen und was hinunterwerfen! Hast du einen Bogen Papier bei dir?

Lenz. Da ist.

Göthe. Sie werden meinen, es sey ein Felsstück. Du sollst dich zu todt lachen.

(Läßt den Bogen hinabfallen. Sie entlaufen alle mit erbärmlichem Geschrei:)

Er zermalmt uns die Gebeine.

Er wird einen zweiten Aetna auf uns werfen.

Schone, schone, weitwerfender Apoll.

(Einige springen ins Wasser, andere kehren alle Viere in die Höhe, als ob der Berg schon auf ihnen läge).

Göthe (kehrt sich lachend um, zu Lenz). Die Narren!

Lenz. Ich möchte fast hinunter und sie bedeuten.

Göthe. Laß sie doch. Wenn keine Narren auf der Welt wären, was wäre die Welt?

(Der ganze Haufe kommt den Berg hinangekrochen, wie Ameisen. Rutschen alle Augenblicke wieder herunter und machen die possierlichsten Kapriolen).

Unten. Das ist ein Berg.

Der Henker hol' den Berg.
Ist ein Schwernothsberg.

(Kommt ein Haufen Fremde zu ihnen, sie komplimentiren sie. „Kennen Sie Herrn Göthe?“ „Und seinen Nachahmer, den Lenz?“ „Wir sind eben bei ihnen gewesen; die Narren wollten nicht mit herunter kommen, sie sagten, es gefiel' ihnen so wohl oben in der dünnen Luft).“

Fremder. Wo geht man hinauf, meine Herren! ich möchte sie gerne besuchen.

Einer. Ich rath' es Ihnen nicht, wenn Sie zum Schwindel geneigt sind.

Fremder. Ich bin nicht schwindlich.

Einer. Sie werden's schon werden. Und dann sind die Wege verflucht verworren durcheinander. Wir wollen ihnen lieber winken, sie werden schon herunterkommen. (winken mit Schnupftüchern, jene gehen fort).

Einer. Sie werden gleich da seyn.

Zweiter. Ja, wart' du bis morgen früh; da sind sie schon anderswo, eine halbe Stunde höher.

Einer. Das ist doch impertinent. Der Lenz ist doch einer von meinen vertrautesten Freunden, er schreibt kein Blatt, das er mir nicht weist. Ein junges aufkeimendes Genie aus Kurland, der nun bald nach Hause reisen wird.

Fremder. So?

Dritte Scene.

Die Philister.

(Lenz an einem einsamen Orte, spricht mit einigen Bürgern aus dem Thale).

Erster. Es freut uns, daß wir einen Ort ausgefunden haben, von dem wir Sie näher kennen lernen konnten.

Zweiter. Es verdrießt mich aber doch, daß Ihre Stücke meist unter einem andern Namen herumwandern.

Lenz. Und mich freut's. Sollt' ein Vater sich kränken, daß der Sohn seinen Namen verändert, wenn er so ein geschwinderes Glück macht?

Erster. Wenn man aber zu zweifeln anfinge.

Lenz. Laß sie zweifeln. Was würd' ich durch ihren Glauben gewinnen? Das Gefühl, an diesem Herzen ist er warm geworden, aus diesem Herzen hat er alle gutartige Mienen bekommen, die andern an seinem Gesicht Vergnügen machen, ist stärker und göttlicher, als alles Schmettern der Trompete der Fama in seinem Busen eins aufschütteln kann. Dies Gefühl ist mein Lohn, und der angenehme Taumel, in den ich bei'm Anblick eines solchen Sohns bisweilen wieder versetzt werde, und der fast der Entzückung gleicht, mit welcher er geboren ward.

(Göthe, über ein Thal herabhängend, aus welchem eine Menge Bürger und Gelehrte hervorgucken, die Hände in die Höhe, als ob sie sich vor einem Felsstück schützen wollten).

Einer. Traut ihm nicht.

Der Andere. Gewiß in der andern Hand, die er auf dem Rücken hat, hält er nichts Gutes.

Ein Gelehrter. Es scheint, der Mann will gar nicht recensirt seyn.

Ein Bürger. Ihr Narren! wenn er euch freien Willen ließ', er würde bald unter die Füße kommen. Und er streitet nicht für sich allein, sondern auch für seine Freunde. Ich bin nur ein Philister, aber weil mich der Himmel mit dem Gelehrteneide verschont hat, der der schlimmste unter allen ist, so kann ich gesunder davon urtheilen, als ihr.

Eine Menge Kunstrichterlein. Wir wollen uns unter seinen Schutz begeben.

Vierte Scene.

Die Journalisten.

Einer. Es fängt dort oben an bald zu wölken, bald zu tagen. Hört, Kinder, es ist auch kein anderer Rath, wir müssen hinaufsehen, wie die Leute das machen.

Zweiter. Ganz gut, wie kommen wir aber hinauf?

Alle. Wir wollen ein Luftschiff machen, wie die bösen Geister im Noah, das uns in die Höhe hebt.

Erster. Ein vortrefflicher Einfall! Es kommt auch so ein Wind von oben herab, der uns schon heben wird.

Zweiter. Ich habe auch eben nichts bessers zu thun.

Dritter. Mir wird die Zeit auch verflucht lang hier unten.

Vierter. Und ich will meine Acten in den Ofen werfen. Was nutzen einem die Brodstudia?

Fünfter. Und so können wir mit leichter Mühe berühmt werden.

Vierter. Und Geld machen obenein. Ich will eine Theaterzeitung schreiben.

Fünfter. Ich eine Theaterchronik.

Sechster. Ich einen Theateralmanach.

Siebenter. Ich einen Geist des Theaters.

Achter. Ich einen Geist des Geists. Das geneigte Publikum wird doch gescheut seyn und pränumeriren?

Alle. Fort, laßt uns keine Zeit verlieren. Wer zuerst kommt, der mahlt zuerst.

(Heben sich alle auf ihrem Luftschiff mit Göthens Wind und machen ihm ihre Komplimente).

Göthe (zu Lenz). Wollen den Spaß mit den Kerlen haben (wirft ihnen ein Seil zu. Die Journalisten verwandeln sich in Schmeißfliegen, und besetzen ihn von oben bis unten). Nun wollt ihr herunter? (schüttelt sie ab).

(Sie bekommen die Gestalt kleiner Jungen und laufen auf dem hohen Berge herum, Hügelein auf Hügelein ab. Göthe steigt eine neue Erhöhung hinan. Eine Menge von ihnen läuft hinzu und umklammert ihm die Füße):

Nimm mich mit, nimm mich mit.

Göthe. Liebe Jungen, laßt mich los, ich kann selbst nicht weiter kommen.

Einer. Womit soll ich dich vergleichen? Alexander, Cäsar, Friedrich, das waren alles Pygmäen gegen dich.

Zweiter. Was sind die großen Genie's unserer Nachbarn, die Shakespeare, die Voltaire, die Rousseau?

Dritter. Was sind die so sehr gerühmten Alten selber, der Schwätzer Ovid, der elende Virgil und dein Homer? Du, du bist der Dichter der Nation und hebst die Teutschen über die Griechen.

Lenz (sein Haupt verhüllend). O weh, sie verderben ihn!

Göthe. Daß euch die schwere Noth! (schüttelt sie von den Beinen kopflangs den Berg hinunter) Ihr Schurken, daß ihr euch immer mit fremder Größe beschäftigt, und nie eure eigene ausstudirt. Wie seyd ihr im Stande, zu fühlen, was Cäsar war, oder was Friedrich ist? Wie seyd ihr im Stande, zu fühlen, was ich bin? Wie unendlich anders die Größe eines Helden, eines Staatsmanns, eines Gelehrten und eines Künstlers! Ich bin Künstler, dumme Schmeichler, und verlangte nie mehr zu seyn. Sagt mir, wo mir's in meiner Kunst geduckt ist, wo ich einen Strich wider die Natur gemacht habe, und dann sollt ihr mir willkommen seyn. Uebrigens haltet's Maul mit euren wahnwitzigen Ausrufungen ohne Sinn, und merkt euch die Antwort, die der König von Preußen einem gab, der ihn zum Halbgott machen wollte, und der König von Preußen war doch ein ganz anderer Mann, als ich bin.

Die Journalisten (im Fallen). Wir wollen alle Künstler werden.

Göthe. In Gottes Namen. Ich will euch dazu behülflich seyn.

Einer. Wir brauchen deiner Hülfe nicht. Ich bin schon ein zehnmal größerer Mann, als du bist.

Lenz (steht wieder hervor). Also auch als alle, die er vorher unter dich gesetzt hat.

Göthe (lachend). So aber gefällt mir der Pursche.

Lenz. Lieber Bruder, ich möchte mein Daseyn verwünschen, wenn's lauter Leute so da unten gäbe.

Göthe. Haben sie's andern Nationen besser gemacht? Woher der Verfall der Künste, wenn sie zu einer gewissen Höhe gestiegen sind?

Lenz. Ich möchte denn doch lieber mit Rousseau, wir hätten gar keine, und kröchen auf allen Vieren herum.

Göthe. Wer kann davor?

Lenz. Ach, ich nahm mir vor, hinunterzugehn, ein Maler der menschlichen Gesellschaft zu werden; aber wer mag malen, wenn's lauter solche Fratzengesichter da giebt? Glücklicher Aristophanes, glücklicher Plautus, der noch Leser und Zuschauer fand. Wir finden, weh' uns, nichts als Recensenten, und könnten eben so gut in die Tollhäuser gehen, um die menschliche Natur zu malen.

Zweiter Akt.

Der Tempel des Ruhms.

Erste Scene.

(Hagedorn spaziert einsam herum und pfeift zum Zeitvertreib einige Lieder:)

Wie wird mir die Zeit so lang, Gesellschaft zu finden!

(setzt sich an eine schwarze Tafel und malt einige Thiere hin).

(Lafontaine, mit einigen andern Franzosen, auf einem Chor, hinter einem Gegitter, bückt sich über dasselbe hervor, ruft und klatscht in die Hände, indem er ihm zusieht:)

bon! bon! cela passe!

(Tritt herein ein schmächtiger Philosoph, rucknackigt, mit hagerem Gesicht, großer Nase, eingefallenen, hellblauen Augen, die Hände auf die Brust gefaltet. Als er hereinkommt, bleibt er verwundrungsvoll Hagedorn gegenüber stehen, ohne aus seiner Stellung zu kommen. Auf einmal erblickt er Lafontaine, und schleicht in den Winkel, um nicht gesehen zu werden. Nach einer Weile kommt er mit einigen Papieren voll Zeichnungen hervor, die er sich vor die Stirne hält. Hagedorn läßt die Kreide fallen, eine Menge Menschen umringen und bewundern ihn, er verzieht seine sauertöpfischen Mienen, und sagt mit hohler Stimme und hypochondrischem Lachen:)

„Was seht ihr da? Wenn ihr gute Worte gebt, will ich euch Menschen malen."

(Gleich drängen sich verschiedene, die sein frommes Ansehen dreist macht, zu ihm, unter denen ein großer Haufe alter Weiber und zuthätiger Mütterchen. Eh' sie sich's versehen, steht eine von ihnen auf dem Papier, da denn ein überlautes Gelächter von einer und ein Geschimpf von der andern Seite angeht:)

Ein altes Weib. Der böse Mensch, der gottvergessene Mensch, er hat keine Religion, er hat keine Frömmigkeit, sonst würd' er des ehrwürdigen Alters nicht spotten; er ist ein Atheist!

(Bei diesen Worten fällt Gellert auf die Knie und bittet um Gotteswillen, man solle ihm sein Bild zurückgeben, das man ihm schon aus den Händen gewunden er wolle es verbrennen).

Einige Franzosen (hinterm Gitter). Ah l'original!

Molière (streicht sich den Stutzbart). Je ne puis pas concevoir ces Allemands-là. Il se fait un crime d'avoir si bien réussi. Il n'auroit qu'à venir à Paris, il se corrigeroit bientôt de cette maudite timidité.

(Herr Weiße, einer aus dem Haufen, sehr weiß gepudert und mit Steinschnallen in den Schuhen, läuft schnell heraus, um sich ein Billet auf dem Postwagen nach Paris auszunehmen).

(Gellert unterdessen, drängt sich zu seinem Winkel, kniet nieder, weint bittere Thränen, fängt auf einmal geistliche Lieder an zu singen, dann verfällt er in ein gänzlich trübsinniges Stillschweigen, als ob er ein schweres Verbrechen auf dem Gewissen hätte. Ein Engel fliegt vorbei und küßt ihm die Augen zu).

Eine Stimme. Redliche Seele! auch in deinen Ausschweifungen zeigtest du, daß eine teutsche Seele keiner unedlen Narrheit fähig sey.

Einige Franzosen (als er stirbt:) Il est fou, cet homme.

Rousseau (am äußersten Eck des Gitters, auf seine beiden Ellbogen gestützt). C'est un ange.

Zweite Scene.

Rabener (tritt herein, den Haufen um Gellert zerstreuend). Platz — Platz für meinen Bauch (mit der Hand) und nun für meine Laune, daß er bequemlich auslachen kann! Was in aller Welt sind das für Gesichter hier? (zieht einen cylindrischen Spiegel hervor. Sie halten sich die Köpfe, und laufen alle, wie eine Heerde gescheuchter Schafe. Einige ermannen sich und treten sehr gravitätisch näher, den Spiegel zu besehen. Als sie nahe kommen, können sie sich doch nicht enthalten, mit dem Kopfe zurückzufahren, so erschrecken sie über ihre Gestalt. Als vernünftige Leute aber lachen sie selber über die Grimassen, die sie machen).

Rabener. Seid ihr's bald müde? (giebt ihnen den Spiegel herum, sie erschrecken einander damit).

Rabelais (und) **Skarron** (von oben). Au lieu du miroir, s'il s'étoit ôté la culotte, il auroit mieux fait.

(Liskow horcht herauf, und da eben ein Paar Waisenhäuser-Studenten neben ihm stehen, zieht er sich die Hosen ab, die schlagen ein Kreuz, und er jagt sie so rücklings zur Kirche hinaus).

(Ein ganzer Wisch junger Studenten bereden sich, bei erster Gelegenheit ein Gleiches zu thun.

(Kloß bittet sie, nur so lange zu warten, bis er sich zu jenen drei Stufen emporgedrängt, auf die er steigen, und sodann zu allgemeiner Niederlassung der Hosen das Signal geben will).

Kloß. Das wird einen Teufels-Jocus geben. Keine einzige honette Dame bleibt in der Kirche.

Einer. Desto besser, wenn nur die Komödiantinnen bleiben.

Zweiter. Und die H...n. Wir wollen Oden auf sie machen.

(Anakreons Leier wird hervorgesucht und gestimmt. Die honetten Damen, die etwas merken, entfernen sich in eine Ecke der Kirche. Die andern treten näher).

(Rost spielt auf. Zu gleicher Zeit zieht Klotz die Hosen ab. Eine Menge folgen ihm. Das Gelächter, Gekreisch und Geschimpf wird allgemein. Die honetten Damen und Herren von gutem Ton machen einen Kreis um Rabener, der den Spiegel eingesteckt hat).

Die Franzosen (von oben). Voilà qui est plaisant. Ils commencent à avoir du ton, ces drôles d'Allemands-là.

Chaulieu (und) Chapelle. Voilà un qui ne dit pas mot, mais qui sourit à tout. Il semble bon enfant, il faut le reveiller un peu. (stoßen ihn von oben mit dem Stock an und winken ihm heraufzukommen; er thut's).

(Gleim tritt herein mit Lorbeern um's Haupt, ganz erhitzt, in Waffen. Als er den neckischen, tollen Haufen sieht, wirft er Rüstung und Lorbern von sich, setzt sich zu der Leier und spielt. Der ernsthafte Zirkel wird aufmerksam).

(Utz tritt aus demselben hervor, und löst Gleimen ab. Der ernsthafte Zirkel tritt näher.

Ein junger Mensch (folgt Utzen mit verdrehten Augen, die Hände über dem Haupt zusammengeschlagen:) Ω πω πο, was für ein Unterfangen, was für eine zahmlose und schamlose Frechheit ist dies? Habt ihr so wenig Achtung für diese würdigen Personen, ihre Augen und Ohren mit solchen Unflätereien zu verwunden? Erröthet und erblaßt, ihr sollt diese Stelle nicht länger mehr schänden, die ihr usurpirt habt, heraus mit euch Bänkelsängern, Wollustsängern, Bordellsängern, heraus aus dem Tempel des Ruhms!

(Ein Paar Priester folgen dicht hinter ihm drein, trommeln mit den Fäusten auf die Bänke, zerschlagen die Leier, und jagen sie alle zum Tempel hinaus).

(Wieland bleibt allein stehen. Die Herren und Damen beweisen ihm viel Höflichkeiten für die Achtung, die er ihnen bewiesen).

Wieland. Womit kann ich den Damen jetzt aufwarten, ich weiß in der Geschwindigkeit wahrhaftig nicht — sind Ihnen Sympathieen gefällig — oder Briefe der Verstorbenen an die Lebendigen — oder ein Heldengedicht, eine Tragödie?

(Kramt all' seine Taschen aus. Die Herren und Damen besehen die Bücher und loben sie höchlich. Endlich weht sich die eine mit dem Fächer, die andre gähnend).

„Haben Sie nicht noch mehr Sympathieen?"

Wieland. Einen Augenblick Geduld, wir wollen gleich was anders finden — nur einen Augenblick, gnädige Frau! lassen Sie sich doch die Zeit nur nicht lang werden. (geht herum und findet die zerbrochene Leier, die er zu stimmen anfängt) Wir wollen sehen, ob wir nicht darauf etwas herausbringen können.

(spielt. Alle Damen halten sich die Fächer vor den Gesichtern. Hin und wieder ein Gekreisch:)

„Um Gotteswillen, hören Sie auf!"

(Er läßt sich nicht stören, sondern spielt immer feuriger).

Die Franzosen. Oh le gaillard! Les autres s'amusoient avec des grisettes, cela débauche les honnêtes femmes. Il a bien pris son parti au moins.

Chaulieu (und) **Chapelle.** Ah ça, descendons notre petit (lassen Jakobi auf einer Wolke von Nesseltuch nieder, wie einen Amor gekleidet) cela changera bien la machine.

(Jakobi spielt in der Wolke auf einer kleinen Sackviolin. Die ganze Gesellschaft fängt an zu tanzen. Auf einmal läßt er eine ungeheure Menge Papillons fliegen).

Die Damen (haschen). Liebesgötterchen! Liebesgötterchen!

Jakobi (steigt aus der Wolke, in schmachtender Stellung). Ach mit welcher Grazie!

Wieland. Von Grazie hab' ich auch noch ein Wort zu sagen.

(Spielt ein anderes Stück. Die Damen minaudiren entsetzlich. Die Herren setzen sich, einer nach dem andern, in des Jakobi Wolke und schaukeln damit. Viele setzen die Papillon's unter's Vergrößerungsglas, und einige legen die Finger an die Nase, die Unsterblichkeit der Seele daraus zu beweisen. Eine Menge Offiziers machen sich Kokarden von Papillonsflügeln, andere kratzen mit dem Degen an Wielands Leier, sobald er zu spielen aufhört. Endlich gähnen sie alle).

(Eine Dame, die, um nicht gesehen zu werden, hinter Wielands Rücken gezeichnet hatte, unaufmerksam auf alles, was vorging, giebt ihm das Bild zum Sehen. Er zuckt die Achseln, lächelt bis an die Ohren hinauf, reicht aber doch das Bild großmüthig herum. Jedermann macht ihm Komplimente darüber, er bedankt sich höchstens, steckt das Bild, wie halb zerstreut, in die Tasche, und fängt ein ander Stück zu spielen an).

(Die Dame erröthet. Er spielt. Die Palatine der Damen kommen in Unordnung, weil die Herrchen zu ungezogen werden. Er winkt ihnen lächelnd zu, und Jakobi hüpft, wie unsinnig, von einer zur andern umher. Alle klatschen wollüstig gähnend:)

bravo, bravo, bravo! le moyen d'entendre quelques chose de plus ravissant.

Göthe (stürzt herein in den Tempel, glühend, einen Knochen in der Hand). Ihr Teutsche? — Hier ist eine Reliquie eurer Vorfahren. Zu Boden mit euch und angebetet, was ihr nicht werden könnt.

(Wieland macht ein höhnisches Gesicht und spielt fort).

(Jakobi bleibt mit offenem Munde und niederhängenden Händen stehen).

Göthe (auf Wieland zu). Ha! daß du Hector wärst, und ich dich so um die Mauern von Troja schleppen könnte! (zieht ihn an den Haaren herum).

Die Frauenzimmer. Um Gotteswillen, Herr Göthe, was machen Sie?

Göthe. Ich will euch spielen, obschon's ein verstimmtes Instrument ist. (Setzt sich, stimmt ein wenig und spielt. Alles weint).

Wieland (auf den Knieen). Das ist göttlich!

Jakobi (hinter ihm, gleichfalls auf den Knieen). Das ist eine Grazie, eine Wonnegluth.

Eine ganze Menge Damen (Göthe umarmend). O Herr Göthe! (Die Chapeaux werden ernsthaft, einige laufen heraus, andere setzen aber gleich wieder ab. Der Küster, der das sieht, läuft und stolpert aus der Kirche).

Dritte Scene.

Küster. Pfarrer.

Küster. O, Herr Pfarrer! um Gotteswillen, es geschieht Mord und Todschlag in der Kirche, wenn Sie nicht zu Hülfe kommen. Da ist der Antichrist hereingetreten, der hat ihnen allen die Köpfe umgedreht, daß sie sich das Leben nehmen wollen. Sie haben alle Schießgewehre bei sich; meine arme Frau, meine armen Kinder, wer weiß, wie leicht ein Fehlschuß sie treffen kann.

Pfarrer (zitternd und bebend). Meine Frau ist auch drin. Kann Er sie nicht herausrufen?

Küster. Nein, Herr Pfarrer, Sie müssen selbst kommen, das ganze Ministerium muß kommen. Das Skandalum ist zu groß.

Pfarrer (sich trostlos umsehend). Wenn meine Frau nur kommen wollte! (Die Hände ringend) Hab' ich das in meinem

Leben gehört, sie wollen sich das Leben nehmen, und warum denn?

Küster. Um unserer Weiber willen, allerliebster Herr Pfarrer. Das ist Gott zu klagen, der Schwarzkünstler hat sie alle aufgebracht. Vorhin saßen sie da, in aller Eintracht, hübsch artig, und spielten mit Papillons, da führt ihn der Satan herein und sagt: wenn's doch gespielt seyn soll, so spielt mit Pistolen.

Pfarrer. Ob sie aber auch geladen sind?

Küster. Das weiß ich nun freilich nicht. Aber auch mit ungeladenen ist's doch sündlich. — Und die Weiber sind alle wie besessen darauf, sie sagen, sie haben so etwas in ihrem Leben noch nicht gehört. In Böhmen ist neulich der Bauernkrieg ausgebrochen; geben Sie nur Acht, das wird hier einen Weiberkrieg geben, wo am Ende keine lebendige Mannsseele am Leben bleibt, als ich und der Herr Pfarrer. Wir wollten freilich das menschliche Geschlecht nicht ausgehen lassen.

Pfarrer. Seyd unbesorgt! — Wo meine Frau bleibt? — Wenn ich mich durch die Hinterthür in die Kirche schleichen und dem Unwesen zusehen könnte. Ich wollte sodann ganz in aller Stille die Kanzel hinaufkriechen und auf einmal zu donnern anfangen. Das muß gewiß gute Wirkung thun.

Küster. Ja, ich mein' es auch wohl. Und ich will den Glauben zu gleicher Zeit zu singen anfangen.

Pfarrer. Hernach, hernach, wenn ich fertig bin. Da könnt Ihr das Te Deum laudamus singen.

Vierte Scene.

(Göthe zieht Wieland das Bild aus der Tasche, das er vorhin von der Dame eingesteckt).

Göthe. Seht dieses Blatt an — und hier ist die Hand, die es zeichnete.

Eine Prüde (weht sich mit dem Fächer). O, das wäre sie nimmer im Stande gewesen, allein zu machen.

Eine Kokette. Wenn man ein so großes Genie zum Beistand hat, wird es nicht schwer, einen Roman zu schreiben.

Göthe. Erröthest du nicht, Wieland? Verstummst du nicht? Kannst du ein Lob ruhig anhören, das so viele Schande über dich zusammenhäuft?

Wieland. Ich mußt' ihr meinen Namen leihen, sonst hätte sie keine Gnade bei den Kunstrichtern gefunden.

Göthe. Du warst der Kunstrichter. Du glaubtest, sie würde deiner Danae Schaden thun. Wie, daß du nicht deine Leier in den Winkel warfst, demüthig vor ihr hinknietest und gestand'st, du seyst ein Pfuscher? Das allein hätte dir Gnade bei'm Publikum erworben. (stellt das Bild auf eine Höhe, alle Männer fallen auf ihr Antlitz) Seht Plato's Tugend in menschlicher Gestalt! Sternheim! wenn du einen Werther hättest, tausend Leben müßten ihm nicht zu kostbar seyn!

Pfarrer (von der Kanzel herunter, mit Händen und Füßen schlagend). Unholde, Bösewichter, Ungeheuer! von wem habt ihr das Leben? Habt ihr das Recht, darüber zu schalten und zu walten?

Einer aus der Gesellschaft. Herr Pfarrer, halten Sie das Maul.

Küster (mischt sich unter sie). Ja, erlauben Sie, meine großgünstigen Herren, es ist ein Unterschied unter einer schönen Liebe und unter einer so wilden, gottsvergessenen, satanischen Leidenschaft, nehmen Sie mir nicht übel; und der Herr Pfarrer hat auch so Unrecht nicht, denn, sehen Sie, meine Nachtruhe ist mir lieb, und ich wollte nicht gern, daß meine Frau eines armen Menschen Leben auf ihr Gewissen lüde, der hernach käme und mir vorspukte, sehen Sie wohl!

Einer. Kerl, Ihr habt nichts zu besorgen.

Küster. Ja, und ich habe meine Frau für mich geheirathet, und also, mit Ihrer gütigen Erlaubniß, meine Herren, dächt' ich, meines Bedünkens nach, wir gingen nach Hause und schlössen die Kirchthür zu. Wer Lust hat, den Werther zu machen, kann immer drin bleiben, ich mein', er wird doch in der Einsamkeit schon zur Vernunft kommen, wir vernünftigen Leute aber gehen heim nach dem Sprüchlein Lutheri:

Ein jeder lern' sein' Lection,
So wird es wohl im Hause stohn.

Göthe. Geht in Gottes Namen, ich bleibe allein hier. (Einige bleiben bei ihm. Der Küster schließt die Kirchthür zu).

Küster. So! Du sollst mir auch nicht mehr herauskommen.

Pfarrer. Nur die Schlüssel der Frau nicht gegeben.

Frau Pfarrer. Männchen! der arme Werther.

Pfarrer (und) Küster (fahren zusammen). Da haben wir's. Ich wünscht', er läg' auf unserm Kirchhof, oder der verabscheuungswürdige Prometheus oder Proteus, wie er da heißt, an seiner Stelle. Wir wollten die Knochen herausgraben, andern zur Warnung verbrennen und die Asche aufs Meer streuen.

Küster. Ich wollt' einen Mühlstein an die Asche hängen und sie ersäufen lassen. Er hat mich und meine Frau geärgert. — Es ist wohl gut, daß in Teutschland keine Inquisition eingeführt ist, aber es ist doch nicht gar zu gut. Solche Rebellen, gegen alle göttlichen und menschlichen Gesetze, sollten exemplarisch bestraft werden.

Küsters Frau. Er wär' ein Rebell?

Küster. Bist du auch schon angesteckt? Sag' ich nicht — Weib, um Gottes willen, bedenk' nur, was für schnöde Worte er im Munde führt, wenn man das alles auseinander setzen wollte, was der Werther sagt — Gotteslästerung, Blasphemien, Injurien.

Küsters Frau. Er sagt' es ja aber in der Raserei, da er nicht recht bei sich war.

Küster. Er soll aber bei sich bleiben, der Hund. Red' mir nichts von ihm — kurz und gut, ich will euch ein Buch schreiben, da ihr euch alle schämen sollt, ihn gelobt zu haben. Ich will — und kurz und gut, lieber einen Schwager, als einen Werther, kurz und gut, da hast du meine Meinung.

Fünfte Scene.

Die Komödienschreiber.

(Weiße und Küsters Frau vor der Kirchenthür).

Weiße. Da bin ich wieder aus Welschland angekommen, ich hab' alle Taschen voll, mach' Sie mir nur auf, liebe Frau, Ihr Mann wird nichts dawider haben. Ich werd' drinnen keinen Unfug anrichten, das sey Sie versichert!

Gebt in die Kirche. Da sitzen auf einer langen Bank französische Dramenschreiber im Grunde des Theaters, und zeichnen nach griechischen Originalen. Hinter ihnen, auf einem kleinen Bänkchen, teutsche Uebersetzer und Nachahmer, die ihnen oft über die Schulter gucken und Zug für Zug nachkritzeln).

Weiße (tritt mit einer edlen Freimüthigkeit mitten in die Kirche, aber doch sehr höflich. Er hat einen französischen Gallarock mit einer drap d'ornen Weste, und dazu eine kurze englische Perücke. Nach vielen Scharrfüßen fängt er an:) Meine werthe Gesellschaft! möchten Sie lieber lachen, oder möchten Sie weinen? Beides sollen Sie in kurzer Zeit an sich erfahren. (Murmelt abgekehrt, vor sich die Ausdrücke, als ob er sie repetirte: hell! destruction! damnation! Dann deklamirt er sie auf Teutsch mit erschrecklichen Contorsionen).

Herr Schmidt (ein Kunstrichter, stellt sich neben ihn, beide Finger auf den Mund gelegt:) Es ist mir, als ob ich in London wäre. Ich wünschte Garrik hier.

Der seelige Michaelis. Es ist unser teutscher Shakespeare.

Ueberall tönt: „Shakespeare! Teutscher Shakespeare!"

Schmidt. Sehen Sie nur, welch' eine wunderbare Vereinigung aller Vollkommenheiten, die das englische sowohl als französische Theater auszeichnen, das griechische mit eingeschlossen.

Weiße (sehr höflich und freundlich). So viel es meiner Bescheidenheit kostet, mich in diesen Streit zu mischen, so muß ich doch gestehen, daß ich glaube, Herr Schmidt habe mich am richtigsten beurtheilt.

Michaelis. Herr Schmidt ist unser teutscher Aristarch er hört nicht auf das, was andere sagen, sondern fällt sein eigenes Urtheil mit einer Festigkeit und Gründlichkeit, die eines Scaligers würdig ist.

Schmidt. O, ich bitte um Verzeihung, ich richte mich mit meinem Urtheil immer nach der allgemeinen Stimme von Deutschland. Zu dem Ende korrespondire ich mit den Pedellen aller teutschen Akademien und bleibt mir nicht viel Zeit übrig, im Scaliger zu lesen und seine Manier anzunehmen. Ich bin der Mund der Nation.

Weiße. Belieben Sie nur noch ein Pröbchen einer andern Art (nimmt den Hut untern Arm und trippelt auf den Zehen). Mais, mon Dieu, ah, ah, ah — (im Soubrettenton) Vous êtes un sot animal, Monseigneur, voyez mes larmes.

Schmidt. Ist mir's doch, als ob ich in Paris wäre. Es ist wahr, alle die Züge sind nachgeahmt, aber mit solcher

cher Delikatesse, als man die blaue Haut einer Pflaume anfaßt, ohne sie abzustreifen.

Michaelis. O, wunderbarer Ausspruch eines kritischen Genie's! — — Ich habe solche Kopfschmerzen. — Herr Schmidt, wollen Sie mich denn nicht auch beurtheilen vor meinem Tode? Hier ist auch eine Operette.

Schmidt. Mir sind die letzten Briefe ausgeblieben.

Michaelis. Ei was, Sie sind ja wohl Mannes genug, selber ein Urtheil zu fällen.

Schmidt. Nein, nein, erlauben Sie mir, das wag' ich nicht. Seit der seelige Klotz vor mir die Hosen abgezogen hat, bin ich ein wenig geschreckt worden. Herr Lessing hat mir auch einmal einen Faustschlag unter die Rippen gegeben, von dem ich zehn Tage lang engen Athem behielt. Ihn wieder zu besänftigen, hab' ich hernach wohl zwanzig Nächte nach einander aufgesessen, um nach seiner Idee zehn Stücke in eins zu bringen, und der erhabene Plan hat mir eine solche Migräne gemacht, daß ich fürchte, er hat sich auf die Art noch schlimmer an mir gerächt, als auf die erstere.

Michaelis. So muß ich denn wohl unbeurtheilt sterben. Deinen Segen, teutscher Shakespeare.

Weiße (mit feiner Stimme, wie unter der Maske). Bon voyage, mon cher ami, je vous suis bien obligé pour toutes vos politesses.

Schmidt (der derweilen geschwind in den Literaturbriefen aufgeschlagen). Der Mann hat eine wunderbare Gabe, sich in alle Formen zu passen.

Sechste Scene.

Lessing, Klopstock, Herder (treten herein, umarmt, Klopstock in der Mitte, in sehr tiefsinnigen Gesprächen, ohne Weiße gewahr zu werden).

Lessing (steht auf einmal auf). Was ist das, was haben die Leute? (Weiße macht seine Kunststücke fort) Soll das Nachahmung der Franzosen seyn, oder der Griechen?

Weiße (sich bückend). Beides.

Lessing. Wißt Ihr, was die Franzosen für Leute sind? Laßt uns einmal ihre Bilderchen besehen. (geht zu der angen Bank und rollt ihre Gemälde auf) Da zu hoch, da zu breit, da zu schmal, nirgends Zusammenhang, nirgends Ordnung, nirgends Wahrheit, und das sind eure Muster? — — Nehmt doch lieber die Alten vor, da findet ihr was. (Crayonnirt flüchtig etwas nach Plautus, und wirft's unter sie, sie fangen es begierig auf, setzen sich auf den Boden hin, und anstatt nach den Alten zu zeichnen, zeichnen sie seine Kopie nach und vervielfältigen, verändern und verstellen sie auf hundert Arten. Er ruft:) So gebt doch auf die menschliche Gesellschaft Acht, mischt euch unter sie, lernt ab, was ihr schildern wollt, und dann lernt den Alten ihre Manier ab. (Wirft Minna von Barnhelm unter sie: da geht das Gekritzel noch ärger an. Er geht unmuthig zu Klopstock zurück).

Herder. Ich hörte einen unter euch von Shakesspeare murmeln — kennt ihr den Mann? — — Tritt unter uns, Shakespeare, seliger Geist! steig herab von deinen Himmelshöhen.

Shakespeare (einen Arm um Herder geschlungen). Da bin ich.

(Weiße schleicht zum Tempel hinaus. Sein ganzer Anhang folgt ihm. Jedermann drängt zu, Shakespeare zu sehen, einige fallen auf ihr Angesicht).

(Die Franzosen gucken, einer nach dem andern, nach ihm herüber, setzen sich aber gleich wieder, mit einer verachtungsvollen Miene. Die teutschen Jungen machen es ihnen nach).

Klopstock (vor Shakespeare). Ich kenne dies Gesicht.

Shakespeare (den Arm um Klopstock schlingend). Wir wollen Freunde seyn.

Klopstock (umarmt ihn brünstig, zuckt auf einmal). Ach, meine Griechen! verlaßt mich nicht!

(Shakespeare verschwindet. Herder, in sanfter Melancholei, tritt vorwärts, und sieht der französischen Ruderbank zu. Sein Blick fällt auf einen Jungen, der im Winkel sitzt und den Franzosen Gesichter schneidet).

Herder (zu Lenz). Was machst du da?

(Lenz erschrocken, steht auf und antwortet nicht).

Herder. Was schneidest du für Gesichter da?

Lenz. Es macht mich lachen und ärgern, beides zusammen.

Herder. Was?

Lenz. Die Primaner, die uns weiß machen wollen, sie wären Wunder was, und der große, hagere Primas in ihrer Mitte, und sind Schulknaben wie ich und andere. Kritzeln da ängstlich und emsig nach Bildern, die vor ihnen liegen und sagen, das soll unsern Leuten gleich sehen. Und die Leute sind solche Narren und glauben es ihnen.

Wieland. Das ist Rothwelsch!

Herder (ohne auf ihn zu hören). Was verlangst du denn?

Lenz. Ich will nicht nachzeichnen — oder gar nichts. Wenn Ihr wollt, Herr, so stell' ich Euch ein Paar Menschen hin, wie Ihr sie da so vor Euch seht. Was den Alten galt mit ihren Leuten, soll uns doch auch wohl gelten mit unsern.

Herder. Probier es einmal.

Lenz (kratzt sich den Kopf). Ja, da müßt' ich einen Augenblick allein seyn.

Herder. So geh' in deinen Winkel, und wenn du fertig hast, bring mir's.

(Lenz geht fort).

Wieland (stößt Herdern an, verächtlich:) Ei, was kann da Kluges herauskommen?

(Lenz bringt einen Menschen nach dem andern, keuchend, und stellt sie vor Herdern hin).

Herder. Mensch, die sind zu groß für unsere Zeit.

Lenz. So sind sie für die kommende. Sie sehen doch wenigstens ähnlich. Und Herr! Die Welt sollte doch jetzt größere Leute haben, als ehemals. Ist doch so lang' gelebt worden.

Lessing. Sie sind eher für ein bürgerliches Trauerspiel.

Lenz. Was ehmals auf dem Kothurn ging, Herr! sollte doch jetzt an unsere im Soccus reichen. So viel' Trauerspiele sind doch nicht umsonst gespielt worden; was ehmals Helden grausen machte, sollt' jetzt Bürger lächeln machen.

Lessing. Und unser heutiges Trauerspiel?

Lenz. O, da darf ich nicht einmal darnach hinaufseh'n. Wenn es ginge, wie es gehen sollte. Das hohe Tragische von heut' — ahndet ihr's nicht? Seht in die Geschichte, seht einen emporsteigenden Halbgott auf der letzten Staffel seiner Größe gleiten, oder einen wohlthätigen Gott schimpflich sterben. Die Leiden der griechischen Helden sind für uns bürgerlich, die Leiden unserer sollten sich einer verkannten und duldenden Gottheit nähern. Oder, maltet ihr Leiden der Alten, so wären es biblische, wie dieser that. (Klopstock ansehend) Leiden, wie die der Götter, wenn eine höhere Macht ihnen entgegen wirkt. Gebt ihnen alle tiefe, voraussehende, Raum und Zeit durchdringende Weisheit der Bibel, gebt ihnen alle Wirksamkeit, Feuer und Leidenschaften von Homers Halbgöttern — und mit Geist und Leib stehen eure Helden da. Möcht' ich die Zeiten erleben!

Klopstock. Gott segne dich.

Göthe (springt hinzu und umarmt ihn). Mein Bruder!

Lenz. Wär' ich alles dessen würdig! Laßt mich in meinem Winkel! (auf dem halben Wege steht er still und betet): Zeit, du große Vollenderin aller geheimen Rathschlüsse des Himmels; Zeit, ewig wie Gott, allmächtig wie er, immer fortwirkend, immer verzehrend, immer umschaffend, erhöhend, vollendend, lass' mich — lass' mich's erleben! (ab)

Klopstock, Herder, Lessing. Der brave Junge! Leistet er nichts, so hat er doch groß geahndet.

Göthe. Ich will's leisten. —

(Eine Menge junger Leute stürmen herein mit verstörten Haaren).

„Wir wollen's alle leisten."

(Bringen mit Ungestüm Papier herbei, Farben herbei, schmieren und malen zusammen, was sie gesehen und gehört haben, heben die Papiere hoch empor:)

Göthe (sehr sanftmüthig). Hört zu, Kinder, ich will euch eine Fabel erzählen. Als Gott der Herr Adam erschuf, macht' er ihn aus Erde und Wasser sehr sorgfältig, bildete alle seine Gliedmaßen, seine Eingeweide, seine Adern, seine Nerven, blies ihm einen lebendigen Odem in die Nase, da ging der Mensch herum und wandelte und freute sich, und alle Thiere hatten Respekt vor ihm.

Kam der Teufel, sagte: Ei sieh', was eine große Kunst ist denn das, solche Figuren zu machen, darf nur ein Bissel Mörtel zusammen packen und darauf blasen, wird's gleich herumgehen und leben und die Thiere in Respekt erhalten. Thät er dem auch also, schmiert eine gewaltige Menge Lehm zusammen, rollt's in seinen Händen, behauchte und begeisterte es, blies sich den Odem aus, fu fu fu — aber cacatum non erat pictum!

Dritter und letzter Akt.

Gericht.

(Nacht).

Geister. Stimmen.

Eine Stimme.

Ist Tugend der Mühe werth?

Zweite Stimme. Machen Künste und Wissenschaften glücklich?

Eine Menge Geister (rufen:) Tugend ist der Müh' nicht werth.

Eine Menge Geister (rufen:) Künst' und Wissenschaften machen elend.

Weltgeist. Eßt, liebt und streitet, euer Lohn ist sicher.

Ewiger Geist. Euer Lohn ist klein. — Schaut an Klopstock, der auf jene steinigten Pfade Rosen warf. Der muß tugendhaft gewesen seyn, der von gegenwärtigem Genuß auf seine Brust hin verweisen kann. Schaut an Herder, der jene Labyrinthe mit einem breiten Wege durchschnitt, die nur immer um Künste herum, nie zur Kunst selber führten. Tausend Unglücklichen, Verirrten ein Retter, die sonst nicht wußten, wo sie hinaus wollten, und in dieser tödtlichen Ungewißheit an Felsenwänden kratzten. — Wer von euch schweigt, bekennt, er sey nicht fähig, euch zu loben. — Schweig Säkulum!

Lenz (aus dem Traum erwachend, noch ganz erhitzt). Soll ich dem kommenden rufen?

Die Demuth.

Ich wuchs empor, wie Weidenbäume,
Von manchem Nord geschlenkt,
Ihr niedrig Haupt in lichte Wolken heben,
Wenn nun der Frühling lacht.

Ich kroch empor, wie das geschmeide Epheu
Durch Schutt und Mauern Wege find't,
An dürren Stäben hält, und höher
Als sie, zum Schutt an ihren Füßen
Hinunter sieht.

Ich flog empor, wie die Rakete
Verschlossen und vermacht, die Bande
Zerreißt, und schnell, sobald der Funken
Sie angerührt, gen Himmel steigt.

Ich kletterte, wie junge Gemsen,
Die nun zuerst die Federkraft
In Sehn' und Muskeln fühlen, wenn sie
Die steile Höh' erblicken, empor.

Hier hang ich' jetzt aus Dunst und Wolken
Nach dir, furchtbare Tiefe, nieder —
Giebt's Engel hier? o komm' ein Engel
Und rette mich!

O wenn ich diesen Felsengang stürzte,
Wo wär', ihr Engel Gottes, mein Ende?
Wo wär' ein Ende meiner Thränen
Um dich, um dich, verlor'ne Demuth?

Dich, der Christen, und nur der Christen
Einziger, allerhöchster Segen!
Heiliger Balsam! der die Wunden
Des schwingeversengenden Stolzes heilt.

Einzige Linderung edler Gemüther,
Wenn in der trostlosen, heißen, öden,
Heißen, öden, verzehrenden Wüste
Eitler Ehre sie sich verirret.

Wenn sie, verzweifelnd um Schatten, wühlten
Wege nach Morgen, nach Mittag, nach Abend,
Und nicht fanden, nicht fanden, nicht fanden
Wo ein Schatten sie kühlete.

Wenn sie auf unmitleidigen Sand hinab
Sich stürzten und streckten und weinten,
Ach, die Thränen rollten auf und nieder,
So heiß war der Sand.

Komm, der Christen Erretter und Vater,
Komm, du Gott in verachteter Bildung!
Komm und zeige der Demuth geheime
Pfade mir an.

Führe mich weit und nieder hinunter
In ihre dunkele Schattenthale
Voll lebendiger springender Brunnen,
Wo die Einsamkeit oder die Freude
Also lispelt.

Komm, geröſteter Laurentius,
Unglückseliger Sterblicher!
Ruh' von deinem Streben nach Unglück,
Ruhe hier aus.

Oder wenn vom glücklichern Streben
Du zu ruhen Beruf in dir fühlst,
Wenn deine Flügel sinken,
Wenn deine Federkraft sich zurücksehnet,
Du die Gebeine nur fühlst, der Geister
All' entledigt — Gerippe,
Ruh' hier aus.

Horch, hier singen die Nachtigallen!
Auch Geschöpfe wie du, und besser,
Denn ein Gott hat sie singen lehren,

Und sie dachten doch nie daran, ob sie
Besser sängen, als andre.

Hier, hier, Sterblicher! sich hier rauschen
Quellen in lieblichen Melodien,
Jede den ihr bezeichneten Weg hin
Ohne Gefahr.

Sieh, hier blühen die Blumen, wie Mädchen
In ihrer ersten Jugend-Unschuld
Unverdorbne Lilienmädchen.
Ja sie blühen und lächeln und buhlen
Ungesehn und unbewundert
Mit den Winden der lauen Luft.

Lerne von ihnen, für wen blühen sie?
Für den Gott, der sie blühen machte
All' in ihrer unnachahmlichen
Blumennaivetät.

Sieh den Weg an! irrete hier jemals
Ein animalischer Fuß?
Blüh'n nur, blühen dem guten Schöpfer
Der sie gemacht.

Hier, hier, Sterbliche! hier wo Jesus,
Als er ein Knabe war,
Hier, wo Jesus, dein Jesus geschlummert
Bis ins dreißigste Jahr.

Hier, wo er aus dem Getümmel der tollen,
Plumpen Bewunderer sich hergestohlen;
Hier seinen reinen Athem dem Vater,
Seufzend über die Thorheit und Mühe
Menschlicher Grillen, zurückgeschickt hat.

Hier, hier Sterblicher! hier, wo Jesus
Von seinen Gottesthaten geruht,
Hier, hier ruhe von den Spielen
Deiner dir anvertrauten Kindeskraft.

Das Vertrauen auf Gott.

Ich weiß nichts von Angst und Sorgen,
Denn, erwach' ich jeden Morgen,
Seh' ich, daß mein Gott noch lebt,
Der die ganze Welt belebt.

Dem hab' ich mich übergeben,
Er mag auf mich Achtung geben,
Er ist Vater, ich das Kind,
Meinem Vater folg' ich blind.

Ich bins so gewohnt von Langem,
Unverrückt an ihm zu hangen.
Wo ich bin, da ist auch er,
Wenn es auch bei'm Teufel wär'.

Toben Stürme, Unglücks-Wellen,
Wenn die Feinde noch so bellen,
Bin ich ruhig, denn mein Gott
Half mir noch aus aller Noth.

Und wenn auch die Noth am größten,
Eben recht, so dient's am besten:
Wenn die Wege wunderlich,
Gehn sie immer seliglich.

Wenn du willst an Ihm verzagen,
Dich mit eitlen Sorgen plagen,
Ei so sag' nicht, daß du bist
Gotteskind, ein wahrer Christ.

Der aus Nichts die Welten machte,
Unser Gott im Himmel sagte:
Ruf' mich an, so führ' ich dich,
Helf' dir, und errette dich.

Gott hat Jesum uns gegeben,
Daß wir möchten durch Ihn leben;
Jesum, Seinen lieben Sohn,
Sandte Er vom Himmelsthron.

Er ist unser Fürst geworden,
Er soll helfen aller Orten,
Denen, die sich Seiner freu'n,
Und ihr Herz der Liebe weih'n.

Wird denn Der dich lassen sterben,
Der dich hat gesetzt zum Erben?
Der für dich geschmeckt den Tod?
Gott bleibt immer Gott, dein Gott!

Hoffe nun, steh' fest im Glauben,
Laß dir nichts die Hoffnung rauben;
Ließe dich dein Fürst in Noth,
Würd' Er selbst der Feinde Spott.

Ausfluß des Herzens.

Eine esoterische Ode.

Oft fühl' ich's um Mitternacht,
Dann stehn mir die Thränen im Auge,
Und ich fall' im Dunkeln vor Dir aufs Knie —
Du prüfst mir dann's Herz und ich fühl' es noch wärmer.

Heilig ist es — von Gott —
Was im Herzen glüht. Laut ruft es in mir
Gott! — Laut ruft's Dir entgegen. Es dringt
Durch die Gebein' — und auch die Gebeine fühlen's.

Wo ist dies Bild? — Daß ich's umfasse —
Das Bild Gottes, das meine Seele liebet.

Ich wollt' es durchschauen, mein Arm sollt' an es verwachsen,
Und tief prägt' ich's in's Herz.

Ach ein Bild — Gott, Du hießt es
Den Genius mir vors Auge halten;
Wach' ich früh am Morgen, so steht es vor mir —
Leg' ich mich nieder, so schwebt es vor meiner Stirne.

Bet' ich zu Dir — wenn Himmel und Erden
Um mich vergehen — wenn Du nur und ich in Dir
Noch bin — dann lächelt dies Bild in voller Klarheit
Mir entgegen, daß das Herz mir hinwegschmilzt.

Weg! daß der Strom — er kocht mir im Herzen —
Sich hier vor dem Herrn ergieße —
Herr, ich will — ach ich will es noch mehr! —
Herr! dies Verlangen, den himmlischen Zug!

Ach vor Dir! ja vor Dir — o führe mich hin!
Es ist eine Seele gleich gestimmt mit mir —
Ich bin nicht ganz ohne sie — mit ihr
Eins, soll ich die Einigkeiten genießen.

Herr ich sahe ein Mädchen. So wie dies
Muß es ein Mädchen seyn —
Die edle Gottesseele flammt im Auge —
Lieb', Unschuld, Größe, Wonne, Adel!

Ach Gott, mich däucht ich sähe das Bild,
Das vor meiner Seele schwebt.
Die ganze Seele fing an sich zu heben —
Noch nie gefühlte heilige Erschütterung

Durchschauert' jede Nerve mir,
Der Geist wuchs — ich liebte dich reiner —
Ich fühlte mir Kraft, Tugend zu üben,
Wie ich zuvor nie sie gefühlt.

An **.

In der Nacht im kalten Winter
Wird's so schwarz und graulich nicht,
Als in meinem armen Herzen
Fern von deinem Angesicht.

Aber wenn es wieder lächelt
In die Seele mir hinein,
Werd' ich jung und neu geboren,
Wie das Feld im Sonnenschein.

Du allein giebst Trost und Freude;
Wärst du nicht in dieser Welt,
Stracks fiel' alle Lust zusammen,
Wie ein Feuerwerk zerfällt.

Wenn die schöne Flamm' erlöschet,
Die das All gezaubert hat,
Bleiben Rauch und Brände stehen
Von der königlichen Stadt.

Die arme Magd.

Ein Volkslied.

Ihr Junggesellen alle und auch Jungfräulein,
Hört was ich euch will singen, und merket allgemein:
Ein Junggesell allda, welcher sich hat versprochen
Mit einer armen Magd.

In Flandern thate liegen ein Schloß gar wohl bekannt,
Darauf das Mensch thät dienen bei zehen Jahre lang,

Ein Städtelein auch allda, vom Schloß eine Viertelstunde,
Wie ich euch sage wahr.

Darinnen thate dienen ein reicher Bürgerssohn,
Der auch gar oft thät kommen zu dieser armen Magd.
Einstmals zu ihr thät sprechen: herzliebes Jungfräulein,
In Ehren ich begehre, daß Ihr mein Schatz sollt seyn.

Keine Andere will ich nicht, denn Ihr mir thut vor allen
Schönste unter allen Magedin gefallen,
Und ich Euch ganz und gar von Herzensgrund thu lieben
Weil ich das Leben han.

Darauf sie thäte sprechen und ihm zur Antwort gab:
Bedanke mich der Ehre, ich bin eine arme Magd.
Ich glaube sicherlich daß Ihr könnt reiche haben
Und nehmt mich Arme nicht.

Darauf er sich verpflichtet und diese Worte sprach:
Wenn er sie sollt verlassen, sollt von ihm weichen ab
Die heilige Dreifaltigkeit und keinen Theil wollt haben
Mehr an dem Himmelreich.

Als sie nun thäte hören die Worte die er sprach,
Dacht sie, er meints in Ehre, und ihm zur Antwort gab:
Sie wollt' desgleichen auch von Herzensgrund ihn lieben,
Gab ihm die Hand darauf.

Darauf er ihr thät schenken ein goldnes Ringelein,
Und zu ihr thäte sprechen: Herzallerliebste mein,
Das hast du auf die Hand. — Bewahr mein Christ, o höre,
Wie bald die Lieb' verschwand.

Nicht weit davon thät liegen ein kleines Dörfelein,
Ein Kirchweihfest gewesen nicht lange nach der Zeit,
Der Junggesell allda mit seiner Liebste that drauf gehen
Und darauf lustig war.

Ein reiches Mensch daneben wohl zu dem Gesellen sprach,
Warum thut Ihr Euch henken an diese arme Magd,
Giebts denn keine reiche nicht, Ihr seyd ja gar ein reicher,
Und nehmt die Arme jetzt.

Das lose Mensch thät dichten und trachten stets darnach
Ein Unglück anzurichten bei dieser armen Magd,
Ganz freundlich zu ihm sprach, thu sie wieder aufgeben
Und nehme darnach mich.

Der Junggesell thät sagen, ich kann sie lassen nicht,
Und wenn sie gleich ist arm, so wird Gott geben mir
Allzeit ein Stücklein Brod, so weiß ich daß ich habe
Eine die mich lieben thut.

Darauf er doch thät gehen zu dieser armen Magd,
Und thät sie wieder aufgeben, das Mensch gar traurig sprach,
Ist das die Treue jetzt die du mir hast versprochen,
Der Gott wird strafen dich.

Ach hört mein Christ mit Wunder den andern Tag darauf
Das arme Mensch wollt' gehen wohl auf den Jahrmarkt auch
Und wollte kaufen ein, das hatte er vernommen,
That ihrer warten fein.

Als sie nun thäte kommen wohl an die Brücke nauf,
Im Arm er sie genommen und zog den Degen raus,
Bereite dich nur fein, denn du mußt jetzo sterben,
Kein andere Bitt' wird seyn.

Darauf fiel sie bald nieder auf ihre Knieelein
Mit ausgestreckten Armen, und sprach, Herzliebster mein,
Betrachte deine Seele und thu dich doch erbarmen
Ueber mich armen Tropf.

Es kam da kein Erbarmen bei diesem Bösewicht,
Er sprach, du mußt nun sterben es hilft kein Bitten nicht.
Darauf sie thät die Händ zu Gott ausstrecken,
Meine Seel' ich dir befehle, nimm sie in Gnaden an.

Darauf er ihr thät stechen den Degen durch die Brust,
Weil er von Gott gewichen war kein Erbarmen nicht
Bei seiner Tirannei, thät ihr noch fünf Stich geben,
Warf sie ins Wasser 'nein.

Darauf er thäte gehen nach Haus, ach hört mein Christ,
Schneeweiß sie ihm erschienen wo er gegangen ist.

Wohl an dem Abend noch vor Furcht that er erbleichen
Das Gewissen wacht ihm auf.

Den andern Tag mit Wunder der Fischer fischen wollt'
Wohl an der Brücke drunten er sie gefunden hat
Das Mensch im Wasser da mit vielen Stichen und Wunden
Er sie gefunden hat.

Er that es gleich anzeigen dem hohen und weisen Rath
Der Mörder ward erreichet und gleich gefraget da,
Worauf er ganz betrübt freiwillig hat bekennet
Und sprach es reuet mich.

Daß ich sie hab erstochen meine herzallerliebste Braut
Das darf ich niemand danken als dieser reichen Magd.
Drum will ich gerne jetzt freiwillig wieder sterben
Zum Tod bereiten mich.

Er that es gleich anzeigen, der hohe weise Rath
Daß er mit dem Schwerdt sollt sterben vom Leben zu dem Tod.
Das Mensch desgleichen auch mit Ruthen 'nausgehauen
Und zum Land jagen 'naus.

Als er ins Kreuz that treten bat er die Herren fein
Um etlich Wort zu reden zu allen insgemein
Weil ich muß sterben dann, noch eins thu ich euch bitten
Nehmt dies zur Warnung an.

Ihr Junggesellen alle und auch Jungfräulein
Ach thut euch an mir spiegeln und betet alle fein
Ruft Gott zum ersten an so wird auch euer Heirathen
Glücklich von Statten gehn.

Nun will ich gerne sterben denn Jesus geht voran,
Wird mir meine Sünd vergeben die ich hab all gethan.
Kniet darauf nieder fein, die Augen ließ zubinden
Das Haupt abschlagen gleich.

Zur Hochzeit zweier Täubchen,
Von jeher Mann und Weibchen,
Die nicht sich auserkohren,
Die nur sich nicht verloren
Soll Euer Liebden Gnaden
In aller Ehrfurcht laden,
In ihrem Namen zwar
Der Hochzeitsbitter Paar.
Wer Herz hat froh zu seyn
Wo treue Liebe thronet
Im vollen Sonnenschein,
Wens stärket, wens belohnet,
Der trete froh herein;
Versuch es, mit zu schwärmen
Und fühlt er eignen Schmerz
An ihrem Glück zu wärmen
Sein schweizerliches Herz.
Exempel nur genommen,
Es wird an ihn auch kommen,
Die Welt ist rund und breit,
Hat jeder seine Zeit.
Es kann durch langes Trauern
Leicht unser Herz versauern,
Und wenn wir uns zerstreun,
Ist doch die Lust nicht rein.
O! der ist proskribiret
Wen fremdes Glück nicht rühret,
Der kann es selbst nie seyn,
Kein Thier freut sich allein;
Es müßt denn seyn von Thieren —
Doch wo komm' ich hinein
Mit meinem Pourparliren?
Wollt Euch nur demonstriren,
Daß wenn sich zwei geniren
Und jeden invitiren
Vor ihnen zu scharmiren,
Ihr nicht dürft sagen: Nein!

Aufopfern dich, du himmlischer Gewinn,
Dich Engel! einer Bulerin? —
Nein nimmer, nimmer! möge mit Erröthen
Mein Schutzgeist auf mich niedersehn,
Und mich verderben sehn in meinen Nöthen,
Fänd ich dich jemals minder schön.
Und will mein Herz für andern Reiz entbrennen,
Und seine Liebe Freundschaft nennen,
So stürm die Leidenschaft wie heut die Larv' ihr ab
Und stoß mich einen Schritt voraus ins Grab.

Den 19. April 1774.

Liebe! sollte deine Pein
Werth der Lust der Freundschaft seyn?
Wenn ich deinen Dornen blute
Wird mir bei ihr wohl zu Muthe,
Und wie rächt's! wenn ich, Tyrann,
Deiner mit ihr lachen kann.

Aus ihren Augen lacht die Freude,
Auf ihren Lippen blüht die Lust,
Und unterm Amazonenkleide
Hebt Muth und Stolz und Drang die Brust:
Doch unter Locken, welche fliegen
Um ihrer Schultern Elfenbein,
Verräth ein Seitenblick beim Siegen
Den schönen Wunsch besiegt zu seyn.

Auf eine Quelle worin *** sich gewöhnlich baden soll.

Heilige Quelle,
Wie so schön helle!
Ach wärst du nicht so rein
Ich legte mich hinein.
Zwar wär es Sünd' auf lebenlang:
Doch macht mir nicht die Hölle bang.
Hab' ich sie doch im Busen hier,
So lange W — fehlet mir.
Heilige Quelle
Wie so schön helle!
Ach! trocknetest du nicht vor Gluth,
Als sie sich legt' in deine Fluth,
Ach! hast du nicht mit geistigem Verlangen
Den schönen Leib umfangen?
Warf nicht der Baum sein blühend Haar
All hin auf ihrer Augen Paar,
Und deckte, daß sie es verstund
Mit Lilien den Rubinenmund,
Mit Lilien sie um und um
Und klagte so sein Leiden stumm?
Heilige Quelle,
Wie so schön helle!
Du weißt es wohl, daß sie dich kennt,
Dir gerne deine Freude gönnt
Ach aber ich — mich kennt sie nicht
Und gönnt mir nicht ihr Angesicht.

Bebe, beb' ihr auf zu Füßen
Frühlingserde, und ein Flor
Junger Veilchen sie zu grüßen
Keim' aus deinem Schooß hervor.

Sagt ihr Veilchen eure Wonne,
Daß ihr sie zu sehn gekriegt,
Sagt ihr daß in eurer Sonne,
Fern von ihr, ein Bruder liegt.

Verzeih den Kranz, den eines Wilden Hand
Um dein geheiligt Bildniß wand,
Hier, wo er unbekannt der Welt,
In dunkeln Wäldern, die ihn schützen,
Im Tempel der Natur es heimlich aufgestellt,
Und wenn er davor niederfällt
Die Götter selbst auf ihren Flammensitzen
Für eifersüchtig hält.

Ach, ihr Wünsche junger Jahre
Seyd zu gut für diese Welt!
Eure schönste Blüthe fällt;
Unser bestes Theil gesellt
Lange vor uns sich zur Bahre.

An ihrem Blicke nur zu hangen
Verlang ich, weiter nichts,
Und von dem Reichthum ihres Lichts
Ein Fünkchen in mein Herz zu fangen.

Ich will, ich will den nagenden Beschwerden
Ein Ende machen, will zur Quelle werden.
Tief unterm Herzen diese Quaal
Ach Gott, verweint' ich sie einmal!
Vielleicht, vielleicht, versäh sie sich,
O seelger Quell! und nehme mich für dich!

Den 28. October 1775.

Die Todeswunde tief in meiner Brust,
Um euch nicht zu betrüben
Ihr Freunde, die mich lieben,
Steh ich und lache Lust.

Stille Freuden meiner Jugend,
Ach wo seyd ihr hin?
Seit ich nicht mehr in die Tugend,
Nein, in mehr verzaubert bin!

An **.

Ach eh ich dich, mein höchstes Ziel,
Eh ich dich fand, welch muthlos Streben,
Welch regelloses Fibernspiel,
Bald der, bald der mein junges Leben
Mit allen Freuden Preis zu geben,
Nachdem es ihrem Stolz gefiel.
Und keine sah es was ich litte,
Und keine hörte meine Bitte,
Verstand mein Sehnen, meine Pein,
Mir liebenswerth, mir was du bist zu seyn.
Jetzt hab' ich dich — und soll dich lassen,
Eh möge mich die Hölle fassen.

Aufschrift eines Pallastes.

Ihr stillen Zeugen meiner Mühe,
Ihr stummen Redner meiner Pein,
Wann ich am Schluß der Laufbahn glühe,
Wer wird mein Sachverwalter seyn?

Ach! unter Statuen zu wandeln
Ist ein sehr eingeschränkter Trost,
Für diese Statuen zu handeln
Ward einem Menschen zugeloost.

Doch wenn er keiner sie beglückte
Als Wahn und Leidenschaft erträumt,
Die jeden zarten Keim erstickte
Des Danks, der für die Tugend keimt,

Dann wardt ihr Steine die hier beben
Bewegt von einer höhern Macht,
Die so viel Neider uns gegeben
Als sie uns Großmuth zugedacht.

Als jüngst Amalia *) zu ihrem Prinzen reiste,
Und Vater Zeus vernahm, daß sie die Nacht dort speiste:
Gab er dem Sonnengott, und dieser seinem Sohn,
Die Ordre zur Illumination,
Zwar, wie man denken kann, Apoll nach langen Plagen,
Doch er war einmal nicht gemacht was abzuschlagen,
Und Junker Phaëton versprach auf Ehre nun
Zur Rettung seines Ruhms sein Aeußerstes zu thun.

Der klettert denn herum, packt Wolken aufeinander,
Daß einem bang' wird; krängelt, wie Mäander,
Die Wurst zu seinem Blitz voll Kolofonium
Um seine Donnerfässer 'rum.

Dann strich er sich das Kinn, und lehnte
Auf eine Wolke sich voll Selbstgenuß, und dehnte
Sich überm ganzen Himmelssaal,
Stolz, wie Apollo selbst auf Zeuxes Piedestal.
In beiden Händen Donnerlunten
Guckt sorglos das Original
Nach der Prinzessin Wagen drunten,
Der Läufer klatscht ihm das Signal.

*) Amalie, die Herzogin Mutter von Weimar.

Sie kommt — er sieht — sie kommt — nur wieder
aufzustehen
Vergißt er als er sie gesehen,
Er hält die Lunten hinterrücks
An einem Blitz, und augenblicks
Geht — Ha! mit einem erbaulichen Stoß
Raketen, Feuerräder und Töpfe,
Und Pulverwürste und Katzenköpfe,
Der ganze Plunder mit einemmal los,
Und schreckte Schöpfer und Geschöpfe.

Nun stelle man Vater Zeus sich vor,
Dem dies zum zweitenmal arrivirte,
Daß solch ein Geck ihn kompromittirte,
Und doch nicht die Geduld verlor!
Was war zu thun? — die tollen Flammen
Er regnete sie all' zusammen.
Befahl dem Junker aufzustehn,
Auf tausend Jahr in Arrest zu gehn.
Und gab die Consigne den himmlischen Wachen:
Inskünftige, wenn die Herzogin her
Von Tibu führe, wolle er
All'zeit das Feuerwerk selber machen.

Die erwachende Vernunft.

Du nicht glücklich? stolzes Herz,
Was für Recht hast du zum Schmerz?
Ists nicht Glück genug für dich
Daß sie da ist, da für sich?

Süße Schmerzen meiner Seele,
Angenehme Pein,
Und doch muß bei dem Gequäle,
Die Seele heiter seyn.

Muß geliebt von allem was auf Erden,
Liebenswerth und heilig ist
Seiner Sehnsucht Opfer werden,
Wie mein Bruder! du es bist.

Inpromptu auf dem Parterre.

Dies Erschrecken, dies Verlangen
Das mich, als du kamst, umfangen
Dies Gefühl — wer zauberts nach?
Gott! wie schlug das Herz so schwach —
Als mein Glas ihn überraschte
Jenen Blick nach dem ich haschte
Jenen Blick — o Huldgöttin!
Welch ein Himmel war darin!
Sich mein Herz, das nach dir bebte,
Kannt' ich gleich die Ursach nicht,
Zog, obschon ich widerstrebte,
Stets mein Aug auf dein Gesicht,
Bis ich, ohne daß ich wußte
Wer du wärest, weinen mußte.

Wie freundlich trägst du mich auf deinem grünen Rücken
Uralter Rhein,
Wie suchest du mein Aug' empfindlich zu erquicken
Durch Ufer voller Wein,
Und hab ich doch die tausend Lustgestalten
Tief im Gedächtniß zu behalten.
Nun weder Dinte noch Papier,
Nur dieses Herz das dich empfindet, hier!
Es scheint fast, du liebest, Allzugroßer,
Nicht mehr der Maler Prunk, der Dichter Klang,
Es scheint, du willst wie Schlosser,
Nur stummen Dank.

Mit schönen Steinen ausgeschmückt,
Von frohen Lichtern angeblickt,
Da sitzest du vielleicht anitzt,
Wo doch dein Auge heller blitzt.

Und denkest nicht, daß hier in Nacht
Ein ausgeweintes Auge wacht,
Das überall, wohin es flieht,
Kein Mittel mich zu retten sieht.

Dies Reißen in der Stirn und Brust,
Der Todesbote, meine Lust,
Auch er, auch er läßt mich allein,
Ach! der Betäubung dumpfer Pein.

Wo war ich doch, wer war ich doch —
Gefühl voll Angst! ich lebe noch.
Ich dachte schon, ich läg in Ruh,
Und Freundeshand die deckte zu.

Ach! aber Freundeshand bringt mir
Den Kelch des Todes, und von dir,
Von dir, von dir! mehr als der Tod
Was über'm Grabe schlimmer droht.

Fern und verachtet und mißkannt,
Wo niemand weiß, wer mich verbannt.
Ach wie so glücklich ist der Mann,
Der dir zu Füßen sterben kann.

Ach wär's auch nur vor deiner Thür,
Vor'm Thor der Stadt — nicht aber hier,
Wo ihn der Himmel selbst nicht kennt,
Und kaum die Erd' ein Grabmal gönnt.

Der verlorene Augenblick, die verlorene Seligkeit.

Eine Predigt über den Text: die Mahlzeit war bereitet, aber die Gäste waren ihrer nicht werth.

Von nun an die Sonne in Trauer,
Von nun an finster der Tag,
Des Himmels Thore verschlossen;
Wer ist der wieder eröffnen,
Mir wieder entschließen sie mag?
Hier ausgesperret, verloren,
Sitzt der Verworfne und weint,
Und kennt im Himmel auf Erden
Gehässiger nichts, als sich selber,
Und ist im Himmel auf Erden
Sein unversöhnlichster Feind.

Aufgingen die Thore,
Ich sah die Erscheinung;
Und war's kein Traum?
Und war's so fremd mir?
Die Tochter die Freude,
Der Segen des Himmels
In weißen Gewölken
Mit Rosen umschattet,
Duftete sie hinüber zu mir,
In Liebe hingesunken,
Wie schrecklich in Reizen geschmückt
Schon hatt' ich so selig, so trunken
Fest an mein Herz sie gedrückt,
Ich lag im Geist ihr zu Füßen,
Mein Mund schwebt über ihr,
Ach! diese Lippen zu küssen,
Und dann mit ewiger Müh
Den süßen Frevel zu büßen. —

In dem einzigen Augenblick,
Große Götter, was hielt mich zurück?

Kommt er nicht wieder?
Er kehrt nicht wieder!
Ach er ist hin, der Augenblick,
Und der Tod mein einziges Glück.

Daß er käme!
Mit bebender Seele
Wollt ich ihn fassen,
Wollte mit Angst ihn
Und mit Entzücken
Halten ihn, halten
Und ihn nicht lassen,
Und drohte die Erde mir
Unter mir zu brechen,
Und drohte der Himmel mir
Die Kühnheit zu rächen,
Ich hielte, ich faßte dich
Heilige, Einzige,
Mit all deiner Wonne
Mit all deinem Schmerz,
Preßt' an den Busen dich!
Sättigte einmal mich,
Wähnte du wärst für mich,
Und in dem Wonnerausch
In den Entzückungen
Bräche mein Herz.

Nur der bleibende Himmel kennt
Was er den schwachen Sterblichen gönnt,
All ihr Glück, erstohlen von Qualen,
Hinter Wettern zitternde Strahlen,
Was ihr Herz sich gestehlt und verheelt,
Alles hat er ihnen zugezählt
Unerbittlich — All ihre Triebe
Alle Grad und Gestalten der Liebe,
Alle Reibungen von Wünschen und Schrecken,
Hoffen und Zagen bei schwimmenden Zwecken.

An Henriette.

Von Gram und Taumel fortgerissen,
Verzweiflungsvoll dein Bild zu küssen,
Ach, alles, was mir übrig ist.
Dies Bild will ich am Munde halten
Wenn alles an mir wird erkalten
Und du mir selbst nicht denkbar bist.

So kurz das Leben ist, so sehr mein Herz erschrickt
Vor seinem kühnen Unternehmen,
Und still steht vorm Gedanken, daß die bangen
Accente seines Grams bis zu ihr selbst gelangen,
Des Grams, den ich so gern verschwieg,
Der nie zur Sprache sich verstieg, —
Doch jetzt, ach jetzt, wer kann ihm widerstehen,
Dem Wunsch, sich wenigstens von ihr bedaurt zu sehen —
Von euch, ihr himmelvollen Augen, deren Licht
Mir Witz und Sprache leiht, die meinem Schmerz gefehlet
Und jeden Mund der von euch spricht,
Mit göttlicher Beredsamkeit beseelet.

Ach soll so viele Trefflichkeit,
So wenig Erde decken?
In diesem dürren Mooseskleid,
Und kümmerlichen Hecken,
Ist dieses schlechte Kissen werth,
Daß hier dein Haupt der Ruh begehrt?

Wie mach ich es? wo heb ich Berge aus
Mich ihr zu nähern? wer kömmt mir zu Hülfe?
O wär ich leicht wie Zephir, wie ein Sylphe,

Ach oder dürft ich in ihr Haus
Unmerkbar leise wie die Maus!
O wär ein Zaubrer da, mich zu zerschneiden, spalten
Mich tausendartig zu gestalten:
Gönnt er mir nur das Glück ihr Angesicht zu sehn,
In tausend Tode wollt ich gehn.
Die schwarzen Augen deren süßes Feuer
Zu Boden wirft was ihnen naht, der Schleier
Des unbezwungnen Geistes, der von jedermann
Anbetung sich erzwingt, auch wer ihn hassen kann.
Das holde Mündchen das so fein empfindet,
So zärtlich liebet, das schalkhafte Kinn
Gebildt von einer Huldgöttin.

So soll ich dich verlassen, liebes Zimmer,
Wo in mein Herz der Himmel niedersank,
Den ich aus ihrem Blick, wie selig, aus dem Schimmer
Der Gottheit auf der Wange trank,
Wenn sich ihr Herz nach ihm, nach ihm empörte,
Und ihr entzücktes Ohr der Sphären Wohllaut hörte,
Wenn sie mit Shakespeare der ihren Geist umfing
Ha zitternd oft für Furcht und Freude,
Der Engel Lust im süßen Unschuldskleide,
In die Mysterien des hohen Schicksals ging:
Auch ich sah ihren Pfad, auch mir
War es vergönnt ein Röschen drauf zu streuen,
Zur Priesterin des Gottes sie zu weihen
Und hinzuknieen vor ihm und ihr.

Ach wär ich nur so rein gewesen,
Als die Erscheinung dieses Glücks
Vorausgesetzt Ihr höhern Wesen,
Verzeiht dem Strauchelnden, euch waren sie erlesen,
Doch Ewigkeiten Lust sind Kranken, die genesen,
Nur Freuden eines Augenblicks.

Ja es erwarten dich du Himmelskind! der Freuden
Unzählige, durch selbst gemachte Leiden
Dir unbegreiflich, längst erkauft,

Mit Thränen ingeheim getauft;
Ja es erwartet dich, was du nicht lösen könntest,
Der Räthsel Allentwickelung,
Und höherer Gefühle Schwung
Wovor dir schwindelte, die du dir selbst nicht gönntest.

Indessen wird die weiße Hand
Des Jünglings Ungestüm beschränken,
Und wenn die Seele schon auf blassen Lippen stand
Die Lust zum Leben wiederschenken,
Ich aber werde dunkel seyn,
Und gehen meinen Weg allein.

Ich suche sie umsonst, die heilige Stelle,
Schwang hier umsonst dem Sturz des Berges hinüber,
Schau über Bäumen zur Wiese hinab,
Finde sie nicht.
Hier wars, hier wars, wo die Bäume sich küssen,
Sich still und heilig auf ewig umarmen,
Hier wars, wo die unermüdete Quelle,
Sanft nach ihr weint — nimm meine Trauer mit.
Hier wars, hier, wo der grausame Himmel,
Hinter dem freundlichern Laube verschwindt
Und mein schont. Empfange mich, Erde,
Daß du mein Grab wärst — ich soll euch verlassen,
Sie verlassen, von ihr vergessen,
Wie ein vorüber gewehter Windhauch!
Ach, ich beschwör' euch, ihr schöner zu grünen,
Wann der Frühling sie wieder hieher lockt,
Wann sie unter Gelächter und Freunden
Und ihrer Kinder Jubelgetümmel,
Zu euch kehrt, euch blühender macht.
Unglückliche, ihr kommt nicht zu ihr,
Euer Wehen, eure Seufzer,
Eure Klagen hört sie nicht.
Aber sie wird, wenn sie euch vorbeigeht,
Süßern Schauer empfinden, sie wird euch
Mit ihren Blicken segnen, ihr werdet
Glücklicher seyn, als ich.

Ueber die deutsche Dichtkunst.

Hasch ihn, Muse, den erhabnen Gedanken —
Es sind ihrer nicht mehr,
Ihre Schwestern haben die Griechen und Römer
Und die Hetrurier weggehascht,
Und die meisten ergriffen die kühnen Britten,
Und Shakespeare an ihrer Spitze,
Und trugen sie alle fort wie der Sabiner sein Mädchen.
Mancher brauchte sie zum andernmal,
Aber sie waren nicht mehr Jungfraun.

O traure, traure Deutschland,
Unglücklich Land! zu lange brach gelegen!
Deine Nachbarinnen blühen um dich her voll Früchte
Wie goldbeladne Hügel um einen Morast,
Wie junge kinderreiche Weiber
Um ihre älteste Schwester,
Die alte Jungfer blieb.

O Homer, o Ossian, o Shakespeare,
O Dante, o Ariosto, o Petrarka,
O Sophokles, o Milton, o ihr untern Geister —
O ihr Pope, ihr Horaz, ihr Polizian, ihr Prior, ihr Waller,
Gebt mir tausend Zungen für die tausend Namen,
Und jeder Name ist ein kühner Gedanke —
Ein Gedanke — tausend Gedanken
Unsrer heutigen Dichter werth.

Deutschland, armes Deutschland,
Die Kunst trieb kranke Stengel aus deinem Boden,
Höchstens matte Blüthen,
Die an den Aehren hingen vom Winde zerstreut,
Und in der Hülse, wenns hoch kam,
Zwei Körner Genie
Wenn ich dichte und — —

O ich schmeichelte mir viel,
Als nur dunkles Morgenroth
Von dem braunen Himmel um mich lachte;
Junge Blume, so dacht' ich,
O was fühlst du für Säfte emporsteigen,
Welche Blume wirst du blühen am Tage,
Deutschlands Freude und Liefland Stolz.

Als es aber Tag um mich ward,
Kroch meine Blüthe voll Schaam zurück,
Denn ich sah neben mir, auf meinen Beeten Schwestern
Mit wohlriechenden Busen düften,
Mit bescheidener Röthe lächeln.

Aber als der Mittag nieder auf mich sah,
Und ich auf benachbarten Beeten
Fremde Blumen, himmlischer Zier,
Mit englischem Aushauch verbunden erblickte,
Wunder den Augen, der Nase, den Sinnen,
Süßes Wunder, selbst dem stolzen, kalten Verstande.

O da fühlt ich, auf einem Sandkorn
Stehn meine Wurzel, ein Regentropfe
Seyn alle meine Säfte, ein Schmetterlingsflügelstäubchen
Aller meiner Schönheit Zier. —

Nehmt sie an, meine Zither
Eichen von Deutschland, und laß von Petrarken
Einen Ton ihre schnarrenden Saiten berühren,
Daß sie mir ein Grablied singe,
Unberühmt will ich sterben. —
Will in ödeste Wüste im schwarzen Thale mein Haupt hin
Legen in Nacht, — kein Chor der Jünglinge soll um das Grab des Jünglings
Tanzen, kein Mädchen Blumen darauf gießen,
Kein Mensch drauf weinen, Thränen, voll Nachruhm,
Weil ich so verwegen, — so tollkühn gewesen
Weil auch ich es gewagt, zu dichten.

Und du, mein Genius, wenn Gott mich würdig hielt
Einen mir zum Geleit zu geben,
Schütze, treuer Gefährte des Lebens,

Schütze mein einsames Grab,
Daß kein Blick aus dem Reiche der Seligen
Von Shakespeares brennendem Auge,
Oder dem düster leuchtenden Auge Ossians,
Oder dem rothblickenden Auge Homers,
Sich auf dasselbe verirre,
Damit sich meine Asche im Grabe nicht empöre
Für Schaam, daß auch ich einst wagte zu dichten.

Allwills erstes geistliches Lied.

Wie die Lebensflamme brennt!
Gott, Du hast sie angezündet,
Ach! und Deine Liebe gönnt
Mir das Glück, das sie empfindet.

Aber brenn' ich ewig nur?
Gott! Du siehst den Wunsch der Seele;
Brenn' ich ewig, ewig nur,
Daß ich andre wärm', mich quäle!

Ach wo brennt sie himmlisch schön,
Die mir wird in meinem Leben,
Was das Glück sey zu verstehn,
Was du seyst zu kosten geben?

Bis dahin ist all mein Thun
Ein Gekett von Peinigungen,
All mein Glück ein taubes Ruhn,
All mein Dank an Dich erzwungen.

Du erkennst mein Innerstes,
Dieses Herzens heftig Schlagen,
Ich ersticke seine Klagen,
Aber Gott! Du kennest es.

Es ist wahr, ich schmeckte schon
Augenblicke voll Entzücken,

Aber

Aber Gott, in Augenblicken,
Steht dann da dein ganzer Lohn?

Funken waren das von Freuden,
Vögel die verkündten Land,
Wenn die Seele ihrer Leiden
Höh und Tief' nicht mehr erstand.

Aber gäb' es keine Flamme?
Und betrög uns denn Dein Wort,
Sucht' uns, wie das Kind die Amme
Einzuschläfern fort und fort?

Nein ich schreie — Vater, Retter,
Dieses Herz will ausgefüllt,
Will gesättigt seyn; zerschmettere
Lieber sonst Dein Ebenbild.

Soll ich ewig harren, streben,
Hoffen und vertraun in Wind?
Nein ich laß dich nicht, mein Leben,
Du beseligst denn dein Kind.

Erwach ich zum Gefühl, stößt die beklemmte Brust
Die Seufzer aus, die sie erstickt sich unbewußt,
Ist's recht auch, daß zu deinem Grab die Thränen fließen,
Die zur Erleichtrung sich aus trübem Aug' ergießen?
Ists Pflicht, sich sinnenlos um eingestandne Pein,
Verstummend, unerklärt im Herzen zu verzeihn?
Verdunkelt sind nunmehr die Freuden meiner Tage
Dein traurig Schicksal bleibt der Vorwurf meiner Klage,
Und laß die Welt mich schmähn, Albert wird mir verzeihn,
Dich liebt ich als den Freund höchst zärtlich, engelrein
Ein allzuzärtlich Herz verlangte Albert nicht,
Gern hätt es eingestimmt zu der geliebtern Pflicht,
Dem unglückseelgen Freund keinen Hoffnungsblick gegeben
Um ihm die stille Gluth im Busen zu beleben
Ja ich, ich wars die ihn aus seiner Brust fortriß,
Durch mich beweint in hoffnungsloser Kümmerniß
Die Mutter den geraubten Sohn

Und Wilhelm seinen Freund, den er dort fern vom Thron,
Dem Abadona gleich vielleicht von weiten sieht;
Und heiliger verklärt von ihm, nun traurig fleht.
Dort wo du einsam ruhst, dort irrt die Phantasie
In schwermuthsvolle Lust, und bricht in Melodie
Der Trauertöne aus, häuft Vorwurf auf den Schmerz,
Der langsam tödtend auch zerreißt mein leidend Herz.
Ach! wär' es mein Geschick, dich einst zu überleben,
Für was für einen Preis hätt ich mich dir ergeben. —
Das rührende Geschenk das deine Hand mir gab,
Erinnert mich ans Grab,
Ich schaudre, fühle Frost durch meine Adern gehen,
Versteinert bleibt mein Herz als Monument hier stehen.

Die Kleinen.

Ach ihr großen aufgeklärten Menschen, wenn ihr wüßtet, wie es in dem kleinen engen Zirkel der Gedanken jener Unterdrückten aussieht, denen ihr ihn immer weiter einschränkt, wie schwach und ohnmächtig jeder Entschluß, wie dunkel und traurig jede Vorstellung.

Was Wunder, daß sie sich am Sinnlichen halten, und bei dem Bret, das sie im Schiffbruch ergriffen, und mit dem sie ans Land schiffen, eurer hohen und übertriebenen Ideen, eurer Schiffe und vollen Segel auf der hohen See lachen und spotten?

Dies Gelächter über edlere und feinere Vergnügen ist der höchste moralische Verderb, und wenn ich so sagen darf, die höchste Verzweiflung. Laßt euch dadurch nicht irre machen, glaubt nicht, daß die Leute vergnügt sind, wenn sie ihr Zwerchfell zum Lachen erschüttern, sie fühlen den Abstand eures Glücks vor dem ihrigen zu gut, und wollen sich dafür, wie der Fuchs, der die Traube nicht langen kann, durch Lachen schadlos halten. O! setzt euch in ihren Gesichtspunkt, und lernt die bemitleiden, deren eingebildetes Glück ihr beneidet; haltet euch herunter zu ihnen, um sie zu euch emporzuheben. Auch von ihnen könnt ihr dennoch vieles lernen, das richtige, wahre Ebenmaaß bei dem Versteigen eurer Imagination.

Es geht den großen Genies und aufgeklärten Köpfen, wie den Hauptstädten, in denen sich alles, was edel und vortrefflich in der Provinz ist, versammlet, und sie dadurch erst schimmernd und vorzüglich macht. So lernen wir von den Kleinen mit unserm Gedächtniß, was jene in ihrer ganzen Empfindung haben und thun.

Aretin am Pfahl gebunden mit zerfleischtem Rücken.

Ihr hochwohlweisen Herrn Philantropins,
Auf Knien bitt ich hört die Thränen Aretins;
Die Proben eurer Lieb auf meinem Rücken,
Verzeiht, sie können nicht mein Naturell ersticken.
Ich bitte um ein Wort und sag ich mehr
So lächelt eine Welt von Prügeln auf mich her.
Bei dem was ihr verspracht aus unserm Volk zu machen,
Fing mir das Herz im Leibe an zu lachen,
Der Othem stund mir still, das Wasser lief
Mir aus dem Maule Ellentief;
Doch als ich so dem Ding ein wenig nachgedacht
Da ward, verzeih mirs Gott, das Herz mir schwer gemacht
Das werden Köpfe nur ihr lieben Herrn! auf Erden
Ach lauter Drahtmaschienen werden!
Das reitet, ficht und tanzt nach euren Winken
Darf weder essen, weder trinken
Noch schlafen, noch verdaun, als zur gesetzten Zeit
Und k— sogar mit Sittsamkeit — —
Ihr Heilande der Welt habts nie erfahren,
Daß große Tugenden nie ohne Laster waren,
Daß äußerlich Gepräg nur schöngeschminkter Mist,
Daß Schlaffigkeit das größte Laster ist,
Daß unser innrer Trieb, das Beste aus uns machet
Und eurer sichern Kunst der Gott im Menschen lachet.

Das gäbe Püppchen nur nach eurem Bild geschnitzt,
Mit schönfrisirtem Haar, wo nichts darunter sitzt,
Mit nimmer ruhigen, verwünschten Plappermühlen
Die noch für Gott, noch Welt, noch für sich selber fühlen.
Lehrt ihnen was dafür und dann schickt sie nach Haus,
So werde was da will, nur nicht ein Affe draus.

Herr Schnuppen ein sauböser Gast
Der jedermänniglich zur Last,
Und doch dabei impertinent
Wie auf dem Wirthshaus ein Student,
Den Mann bei dem er sich logiert
Als wie ein Hackbrett tribulirt,
Und hält er dann die Mittagsruh
Ihm stopfet Nas' und Ohren zu:
Der kehrte sonst bei Mägdelein
Und Jungferndienern höchstens ein,
Wo er im Köpfchen den Verstand
Gemeinhin delogiret fand,
Doch ward ihm in der Leere bang,
Und öfters Zeit und Weile lang.
Drum schnell er sich einst resolvirt
Weil einen Teufelsgelüst er spürt
Zu seyn in ein vergöttert Haupt
Auf vierzehn Tage eingeschraubt,
Zu sehn wies ihm zu Muthe sey
Dort in der großen Weltgeisterei.
Für einen Tag, wiewohls nicht fein,
Der Spaß ihm hin möcht gangen seyn
Doch vierzehn Tag ist gar zu frech
Für einen dummen Herrn von Pech
Zu sitzen und zu halten Schmauß,
Als wär er hier der Herr vom Haus.

Leopold Wagner,

Verfasser des Schauspiels von neun Monaten im Wallfischbauch.

Eine Matinee.

(Der Schauplatz stellt den Bauch eines Wallfisches vor mit allen dazu gehörigen Ingredienzen).

Leopold Wagner (stürzt herein über Hals und Kopf).

Potz Millius! was eine Hast und Tumult —
(sich umsehend)
Ganz anders als an meinem Pult.
'S pflegt doch sonst von Felsen und Höhen
Berg hinab immer sachte zu gehen,
Hier stürzt man oberst zu unterst hinein
'S muß ein rechter Saumagen seyn.
(es kommt ein großer Schwall Wasser den der Wallfisch einschluckt).
Läßt das Vieh noch die Hinterthür offen
Wäre bald an seinem Schnaps ersoffen.
(schüttelt sich)
Ist mir so frostig und so weh
Hätt ich doch hier nur eine Tasse Thee,
Oder Stahl mir Feuer an zu schlagen
Hab nie noch geraucht im Wallfischmagen,
Vielleicht den Tabacksrauch er scheut
Und wieder ans Land hinaus mich speit
(schlägt die Hände ineinander)
O wie schlimm habens doch die Frommen!
Weiß nicht, wie hier hineingekommen.
Mit Gunst zu melden der Gott Apoll
War, glaub ich, betrunken oder gar toll,
Mich hier in einen Fischbauch zu zwingen
Um mein neu Drama zu Ende zu bringen.
Ist doch weder Wein noch Bier
Zur tragischen Begeisterung hier,
Soll mein Exilium so lang dauern,
Kann wohl hier zehn Jahre lauern,

Eh hier ein Gedanke reift
Man am Wasser zum Fisch sich säuft.
Will doch einmal mit List probiren,
Ob ich mich kann hinaus produziren,
Will ihm kützeln die Galle sehr
Daß er frißt keinen Wagner mehr. — —

Shakespeare's Geist.

Ein Monolog.

(Der Schauplatz das Theater zu London. Die Coulissen mit einer Reihe Logen bemahlt, aus der eine unzählige Menge Köpfe hervor guckt. Im Grunde die spielenden Personen der Gespenster-Scene in Hamlet. Garrick spielt. Shakespeare tritt auf).

Wie? welche Menge? welche Stille?
Als wärens Geister. Welche Grille
Bezaubert diese tausend Köpfe?
Ich?
Mein Hamlet? Mein Stück!
Welch ein unerwartetes Glück!
Hamlet vor mir!
Gott! — Schafft dein Schicksal
Menschen nach? Realisirt
Was ich in unvergeßlichen Stunden
Durchgezittert, durchempfunden,
In meiner Seele aufgeführt?
O welch Herablassen! Deinem Affen
Würdigst du, Vater! nachzuerschaffen. —

Meine Shakespeare's! Ihr schenkt mich mir wiederum
Liebes, liebes Publikum.
Guckt nur, bis ihr seht was ich sah
Als die Offenbarung mir geschah.
Bis euer Puls so fliegt, euer Leben erhitzt
So das Augenlied schwingt, bis euer Auge blitzt
Voll unaussprechlicher Verlangen

Die sich Luft machen auf den Wangen.
O ihr alle Shakespeare's an diesem Abend, alle
Meine Kinder! meine Wiederhalle!
Bleibt nur den Abend so — darnach laß ich euch los,
Darnach werdt ihr wieder gewaltig und groß,
Seht hinaus über mich, könnt wider mich schreien
Könnt mir ins Angesicht speien
Kritik, Galle, Zorn,
Könnt, mich zu höhnen
Mich krönen
Mit Dorn,
Könnt, ihr armen Ehrgeizigen
Meinethalben mich kreuzigen:
Hatte mein Gott, dessen Erdenkloß
Ich nur bin, doch kein besser Loos,
Hat euch doch ewig selig gemacht
Da ich euch nur um zwei Stunden gebracht.

Bleibt die zwei Stunden nur so — liebe Ichs
Liebe Shakespeare's! — Gott! wie beseligt mich's
Dies Dein Gefühl, Urquell aller Gaben!
Menschen mich mitgetheilt zu haben.

Diese zwei Stunden nur — genug! —
Nun zu Gott zurück mein Flug!

(verschwindet).

An Wieland.

Auf dem Lande unweit W.

Wenn dir, der du mein Vaterland
An Rosenseilen des Geschmackes leitest,
Dem zauberreichen Gängelband,
Dem jeder folgen muß, obschon ihm unbekannt,
Wohin dein höherer Verstand
Ihn führen wird; (froh, daß du ihn begleitest,
Verläßt er sich auf deine Hand)

Wenn dir aus meiner glücklichen Höhle,
Dem schönen Hafen dichtrischer Ruh,
Ein Ton aus allen Saiten der Seele
Gefallen kann, so höre mir zu.

Zu lange falschen Heilgen gleich,
Die, weil sie selbst sich plagen, verlangen,
Es dürfe glücklich zu seyn kein Sterblicher sich erfangen,
Und nur für andere witzig und reich,
Zu keinem Genuß des Daseyns gelangen.
Zu lange wärmt' ich mich mit hämischem Gesicht
An deinem mir zu blendenden Licht,
Das wie des Himmels Gestirn sanft schmeichelnd über uns gleitet,
In finstre Wälder Klarheit verbreitet,
Und unbekümmert, ob wir's sehen,
Aecker, Wiesen und Wein volle Höhen,
Klippen und Thäler, Sümpfe und Seen,
Die ganze Außenseite der Welt,
So wie sie ist, uns vor Augen stellt.
Was sag ich, wie sie ist? die magische Binde,
Durch die du sie weisest, stimmt uns gelinde,
Sie mit Entzücken zu sehn, und geschwinde
Kleidt sich alles in Aether ein;
Und wir glauben, unsterblich zu seyn.
O, für den Augenblick was geben,
Freudewecker! wie danken wir dir!
Nur in solchem Moment ist das Leben
Werth der Mühe, darnach zu streben,
Nur in solchem Moment ist das Herz
Höherer Wesen Lustspiel und Scherz.
Denn es umfaßt mit Liebe und Freude,
So wie sie das Weltgebäude
Mit allem was es von Glück umschließt;
Fühlt sich Gott gleich, und genießt.

Laß den Müßiggänger wähnen,
Auch ihm werde die frohe Angst
Bei all den Schätzen, mit denen du prangst,
Der feine Spott, die wollustreichen Thränen
Die du aus unsern Augen saugst,

Im Sopha kommen, wenn er, um besser zu gähnen,
Mit Nerven von Laster und Trägheit erschlafft,
Aus deinem Witze sich Opium schafft,
Gleich einem Sultan ohne Sehnen,
Erbarmenswerth im Arm paradiesischer Schönen.

Oder laß die andere Art
Gleich unheilbarer Müßiggänger,
Aufgeblähter Schmetterlingsfänger,
Kunstrichter mit und ohne Bart,
Bald in dir Moralen suchen,
Bald wie Bube Simei fluchen,
„Ihr taubes Ohr hört nur Geschrei;
In ihrer knechtischen Phantasei
Wird jedes reizende Bild Verbrechen
Thalia, dich an ihnen zu rächen,
Geht ungesehn bei ihnen vorbei."

Thalia, die dir die seltene Gabe,
Mit unwiderstehbarer Melodie
Das Laster hinweg zu scherzen, verlieh,
Wies sich mit deiner Sympathie
Für's Schöne und Große der Erde noch nie,
Schlug nie mit diesem Zauberstabe
Im kühlsten Herzen Gefühle hervor,
Die 's selbst im Glücke nicht verlor,
Bewaffnete nie das wildeste Ohr
Selbst im bacchantischen Augenblick
Mit diesem Nerven für Anderer Glück,
Mit diesem Sinn für die Schöne der Tugend,
Gekleidt in ewige Schimmer der Jugend,
Wie sie der trägsten Seele gefällt,
Gekleidet wie Venus, die Freude der Welt.

Wer kennt, wie du, die feinen Uebergänge
Von Licht zu Schatten, von Wahrheit zum Scherz?
Und wer versteht das Farbengemenge,
Wie du, bei Sachen für das Herz?
Durch Labyrinthe blühender Gänge
Gaukelnder Liebesgötter Gedränge
Gehts unversehn zu einsamen Plätzen,
Wo wir uns hin zu weinen setzen;

Uns überfällt ein seliger Schmerz;
Der ganze Himmel sinkt in das Herz.
So wälzet die Welt die brausenden Fluthen
Des scheinbaren Bösen immer zum Guten,
Wo sie ein Götteraug übersieht;
So weiß auch dein unsterbliches Lied
Der Thorheit kühlsten Mummereien
Absichten, die sie nicht kennt, zu leihen;
Und führet sie tanzend mit thränendem Blick
Auf Rosen zu ihrem Herzen zurück.

O komm, mein Wieland, werde mein Lehrer
Nicht im Gesang; wer sänge nach dir?
In jener Kunst — dem Freudenstöhrer,
Dem unberufnen Heidenbekehrer
So Mährischer Wald! — der Tugend' Panier
Mitten im Meere der Welt zu pflanzen,
Und Faune zu zwingen umher zu tanzen,
Bacchantinnen, ergriffen von ihr,
Zum Wunsch ihrer Kindheit zurücke zu bringen,
Thrazierinnen fühlbar zu singen,
Zu singen, sag ich, mit deinem Gesang,
Und auf dem dornigten Lebensgang,
So lang man nicht träumen will, dornigt und rauh,
Noch immer Blumen genug zu finden,
Um draus elysische Kränze zu winden.

Komm, schließe dich mit Goethen an,
Melpomenens Liebling, mich zu bilden;
Und macht aus einem Waregischen Wilden,
Der keinen Vorzug kennt, als daß er fühlen kann,
Einen eurer nicht unwerthen Mann.

An meinen Vater.

Von einem Reisenden.

In wärmern Gegenden näher der Sonne
Am Ufer des viel entscheidenden Rheins,

Umschwärmt von aller Thorheit und Wonne
Leichterer Sitten, und feurigen Weins,
Denk ich in die beschneiten Gefilde
Ach! der Einfalt und der Ruh
Mich zurück — da winkest du
Sehnsuchtsvoll mir, Vater! zu.
Ich seh's und wein' und knie vor dem Bilde —
Aber ach der schweifende Wilde
Fliehet neuen Thorheiten zu.
Als aller Schicksals-Ahndungen voll
Dein Flügel sorgsam über mir schwebte
Ich unter deinen Fittigen strebte
Nach unbekannten Weh und Wohl:
Erinnerst du dich da — wohl mir! wenn diese Scene
Mein Lied dir ins Gedächtniß bringt —
Erinnerst du dich noch des Glücklichsten der Söhne,
Als du von Kindern und Freunden umringt
Ihm, schon geweiht zur langen Reise
In T—sts Haynen ein Blümchen brachst
Und feierlich mit Propheten Weise
Die unvergeßlichen Worte sprachst:
Mein Sohn, komm ich dir aus dem Gesicht,
Auch in der Ferne — vergiß mein nicht!
Laß mich das erstemal in meinem Leben
Dir dein Geschenk jetzt wiedergeben.

Die erste Frühlingspromenade.

Der Baum, der mir den Schatten zittert,
Der Quell, der mir sein Mitleid rauscht;
Der Vogel der im Baume zwittert,
Und ob ich ihn auch höre lauscht;
Die ganze freundliche Natur
Nimmt mich umsonst in ihre Kur.

Die Weisheit, strengen Angesichtes
Und guten Herzens, aber kalt,

Lacht meines glühenden Gedichtes
Von Liebe — und doch glaubt sie's bald
Will mich bezaubern, trösten mich,
Bezaubert und verirret sich.

Die Schöne die auf jungen Rosen
Des liebesbangen Mayen liegt,
Von der dem Kummer liebzukosen,
Mir Blick und Wunsch entgegenfliegt,
Die schraubt mein mir entrücktes Herz
Nur höher auf zu wildem Schmerz.

Ach Phyllis! um gleich jenem Knaben
In Sturmhaub' und Perrück' und Stern,
So froh die Fluren zu durchtraben,
Müßt' ich von diesen weisen Herrn
Die Kälte und die Blindheit haben;
Müßt' ich, in meinem Selbst vergraben
Dich Gottheit nie gesehen haben;
So hold, so nah mir — und so fern — —

Der Dichter, verliebt.

Ich dich besingen, Phyllis? Nein!
Ich fühle dich zu sehr, um jetzt nicht stumm zu seyn.

Ode auf den Wein.

1748.

O Wein! nur deines Geistes voll,
Kann mir dein ewig Lob gelingen:
Ich will ein Lied, das dauern soll,
Den Trinkern später Nachwelt singen.

Die Enkel sollen Zeugen seyn,
Den Wein durch mich, mich durch den Wein,
Vom Rhein an bis zur Oder kennen;
Und, bis der letzte Weinberg sinkt,
Wo man liest, keltert, zapft und trinkt,
Mich bei berühmten Namen nennen.

Mich reizt und spornt ein feurig Lied,
Das an der Alster Ufern tönet;
Wenn Hagedorn, vom Wein durchglüht,
Sein Haupt mit frischen Rosen krönet,
Und, mit dem Becher in der Hand,
Witz, als ihn Deutschland nie gekannt,
In zauberische Töne kleidet;
Und, weiser als Pythagoras,
Uns, aus dem Heidelberger Faß
Der tiefsten Weisheit Lehren leitet.

Entfernt euch, die ihr nüchtern seyd,
Vom Geist der Trauben nie begeistert,
Bei Gram und Durst und Dunkelheit
Den Wein verdammt, die Freude meistert!
Kein trockner Schäfer höre mich,
Der an den Wasserbächen sich
Zu spröder Schönen Füßen krümmet!
Kein thränenvoller Heraklit
Entweihe dies geweihte Lied,
Dies Lied, das sich der Lust bestimmet!

Euch mein ich und euch sing ich nur,
Die ihr der Freude Werth empfindet,
Und, in dem Anblick der Natur,
Bloß Anlaß zum Vergnügen findet:
Euch Frommen, die die Bibel lehrt,
Daß zu dem Leben Wein gehört;
Euch, ihr dem Wein gewognen Schönen,
Die, wenn der Wein den Kuß erweckt,
Auch wenn der Kuß nach Weine schmeckt,
Sich spröden Ekel abgewöhnen.

Bringt Wein! kommt, laßt das heitre Gold
Vom Rhein in volle Becher fließen!

Laßt Vollonay, der Menschen hold,
Sich schäumend in das Glas ergießen!
Schenkt strudelnden Champagner ein!
Laßt den entfernten Chier Wein
Vom Cap im rothen Feuer spielen;
Und das, durch Tockays edle Gluth,
Zu wallende zu heiße Blut,
Statt Wassers, bleichen Mosler kühlen!

Schon trink ich, schon erhebt mein Geist
Sich, Hallern gleich, auf Adlers Flügeln.
Wo bin ich? Welch ein Anblick weist
Sich meinem Aug auf fernen Hügeln?
Geschrei und Jauchzen, Blitz und Knall
Verkündigen dem nahen Thal
Der reichen Lese rege Freuden;
Der Winzer schmeckt der Beeren Kost,
Und taumelt schon vom frischen Most,
Den seine Keltern erst bereiten.

Zurück! mit mir in jene Zeit,
Die unsern Vätern Ehre brachte,
Als Muth und Durst und Ehrlichkeit
Sie andern Völkern kenntbar machte:
Als man Verdienst bei Kannen maß,
Und auch im Rath nicht trocken saß,
Und trunkne Helden Wunder thaten.
O Zeit, die man nicht mehr genießt!
O Zeit, die jetzo nirgends ist,
Als an den Tafeln der Prälaten!

Was vor ein Jubel? Hört ihr nicht
Den muntern Rundtrank jauchzend singen?
Und Glas, das sich an Wänden bricht,
In die gerührten Saiten klingen?
Der Lärm vom schmetternden Metall,
Der Pauken kriegerischer Schall
Ermuntert sie zu neuen Thaten:
Bestürmt das halb gestürzte Faß,
Setzt heldenmüthig Glas auf Glas,
Und jagt Rasaden mit Rasaden.

Bei nicht geringrer Fröhlichkeit,
Beflammt mit gleichem Muth und Feuer,
Vertrinkt ein Dorf die Kirmeszeit,
Beim heisern Ton der niedern Leier.
O Wein! wie glücklich machst du sie!
Wie leicht vergessen sie die Müh,
Den Durst der schwülen Erndtentage,
Der Steuern und der Gaben Last,
Die Frohnen, die der Landmann haßt,
Und auch die schwerste Landesplage!

Wer ist durch Schwermuth so gebeugt,
Der, wenn er deine Thränen trinket,
Sich, wenn der Geist zu Kopfe steigt,
Noch elend und verworfen dünket?
Wein! du erfreust des Menschen Herz,
Verleihst den dümmsten Köpfen Scherz,
Und plumpen Seelen edle Triebe:
Pedanten sind durch dich galant,
Der Stutzer borgt von dir Verstand,
Und selbst die Milzsucht Menschenliebe.

Dein Feuer mehrt die Munterkeit,
Den Reiz der aufgeweckten Jugend;
Das Alter selbst vergißt sein Leid,
Und mäßigt seine strenge Tugend:
Der Greis schenkt seinen Becher ein,
Gebt Acht, wie bald wird ihm der Wein
Die Runzeln von der Stirne scheuchen!
Er trinkt, sein Glas wird zweimal leer,
Nun hört man schon kein Murren mehr,
Kein Husten und kein tödtlich Keichen.

Unnütze Knechte der Natur,
Ihr blinden Kenner ihrer Kräfte!
Brennt, läutert, preßt und kocht uns nur
Der niedern Kräuter matte Säfte;
Preist sie und lästert auf den Wein,
Wer schmeckt, wird nie so thöricht seyn,
Euch, wider die Natur, zu glauben;
Sucht, wenn ihr weise heißen wollt,

Kein Panacee, kein trinkbar Gold,
Es steckt bloß in dem Saft der Trauben.

Du aber, unsrer Zeit Galen,
Berühmter Hoffmann! sey gepriesen,
Daß du so bündig stark, als schön,
Der Weine Heilsamkeit bewiesen.
Und trink ich je dein stärkend Naß,
O Wein! so schmecke mir kein Glas,
Wenn ich ihm nicht die Ehre gebe,
Und, nach dem Fürsten der mich schützt,
Und nach der, die mein Herz besitzt,
Ruf: Hoffmanns ewger Nachruhm lebe!

Verflucht sey Mahomets Gesetz!
Verflucht sey das, was er gelogen!
Nicht etwan, weil sein falsch Geschwätz
Den dritten Theil der Welt betrogen;
Nicht, weil er ihm im Paradies
Ein ewig Karneval verhieß,
Und hier der Weiber Zahl vermehrte;
Nein, weil er, o der Raserey!
Daß, Wein zu trinken, Sünde sey,
In seinem Alkorane lehrte.

Vor Alters war am Nil der Sitz
Der allertiefsten Wissenschaften.
Wie lange schienen Geist und Witz
Auf Griechenland allein zu haften?
Wie kommt es, daß sie, neurer Zeit,
So wohl an Witz als Sittlichkeit,
Der Väter alten Ruhm verlieren?
Die tranken Wein, jetzt trinken sie
Das leichte Wasser, wie das Vieh,
Und sind am Geist drum gleich den Thieren.

Ihr Länder, wo der Sonnen Blick
Und milder Boden Trauben zeugen;
Ihr dürft in eurem stolzen Glück,
An Vorzug keinem Peru weichen!
Erhebt nur Böhmen, wie ihr wollt,
Sein Korn und sein verstecktes Gold,

So lang wir hier nur Hopfen pflücken;
Ich preise dich, beglückter Rhein!
Du kannst kein Gold, wohl aber Wein
Der Welt in reichen Lasten schicken.

Ihr, die ihr thörigt Schätze häuft,
Um sie, nicht eigen, zu besitzen,
Die, wenn euch einst der Tod ergreift,
Euch weder trösten noch beschützen!
Schafft euch, wenn ich euch rathen soll,
Die Kasten leer, die Fässer voll,
Jedoch zum zapfen, nicht zum schonen;
In kurzem überführ ich euch:
Der Wein, der Wein allein macht reich,
Und glücklicher, als Millionen.

Wie mancher sucht, mit Angst und Müh,
Ein eitles Glück am Hof zu gründen!
Der Ehre Durst erlaubt ihm nie,
Sich bei dem Schenktisch einzufinden;
Er bändigt durch Geduld und Zeit,
Der Größern Stolz, der Kleinern Neid,
Und wird, was er gewünscht, zum Sklaven;
Sogleich sieht er die Thorheit ein,
Verflucht sein Glück und trinket Wein,
Und geht dann, wie ein König, schlafen.

Auf! Helden, auf! man bläst zur Schlacht,
Der Lärmschuß giebt ein dreifach Zeichen;
Ein tausendfacher Donner kracht;
Schon stürzen Leichen über Leichen:
Schon fließen ganze Ströme Blut,
Hier ficht der Schmerz, dort würgt die Wuth,
Der Schrecken drängt sich im Getümmel.
Das trunkne Schwert frißt seinen Raub,
Die Erde bebt, und Dampf und Staub
Bedeckt mit dichter Nacht den Himmel.

Der Tod wirft ganze Schaaren hin,
Jedoch der Helden Muth nicht nieder;
Sie stehn mit edlem Eigensinn
Und schließen die getrennten Glieder.

Was stärkt den Muth? Die Ehre? Nein!
Der Wein, der Heldentrank, der Wein
Lehrt sie Gefahr und Tod verachten.
So siegte schon die Vorderwelt,
Und noch gewinnt so mancher Held
Durch trunkner Heere Kraft die Schlachten.

Uns soll der Wein zu keinem Streit,
Zur Wuth, zur Mordsucht nicht erhitzen.
Auf! Laßt uns in Gefälligkeit,
Bei brüderlichen Gläsern sitzen,
Und in der Freundschaft sanftem Band,
Uns, mit dem Römer in der Hand,
So glücklich als die Fürsten dünken!
Und den besingen, der uns gönnt,
Daß, unter seinem Regiment,
Wir guten Wein im Friede trinken!

Auf die Musik zu Erwin und Elmire.

Von Ihrer, Durchlaucht, der verwittibten Herzogin zu Weimar und Eisenach gesetzt.

Wenn Sterblichen vergönnet wäre
Zu seyn wozu der Dichter sie
Mit gotterhitzter Phantasie
Erschafft der Welt und sich zur Ehre;
Und in des Waldgebirges Thal
Versenkte sich in schwarzvertrauten Schatten,
Um seiner Qualen Wuth durch Duldung abzumatten,
Ein heutiger Erwin zum zweitenmal,
Und hofft' umsonst im dichtrischen Reviere

Den Tag, die Nacht, den andern Tag,
Den dritten Tag, und Tag um Tag,
Auf seine wirkliche Elmire: —
Den Armen, welchen Rath könnt ihm ein Menschenfreund,
Könnt' ihm der Dichter selbst mit nassen Augen geben?
Vertraure, Unglücklicher! dein hassenswürdig Leben,
Und trägst du's länger nicht, so tödte deinen Feind!

Ich aber wußte was ich riethe,
Ich, dem der Halbgott Aeskulap
Trotz Antiochus Arzt *), geheime Mittel gab,
Und die ich auch nicht jedem Kranken biete:
Ich setzte meinem lieben Schwärmer
Ein klein Spinetchen in sein Thal,
Und spielt' ihm auf dem kleinen Lärmer
Der Herzogin Musik einmal;
Und wenn dann mein Erwin aus seinen letzten Zügen
Nicht aufspräng' als ein junges Reh,
Und sie allebend kommen säh
Vom Berg herab, ihm in die Arme fliegen,
Und schwüre nicht, daß sie allliebend vor ihm steh,
Und er für Wohl an ihrer Brust vergeh:
So wollt' ich unter seinem Weh,
Mit ihm ersinken und erliegen!

Ja ja, Durchlauchtigste, du zauberst uns Elmiren
In jede wilde Wüstenei:
Und kann der Dichter uns in seliger Raserei
Bis an des Todes Schwelle führen:
So führst du uns von da noch seliger und lieber
Bis nach Elysium hinüber.

*) Antiochus, Sohn des König Seleukus in Syrien, verliebte sich in seine Stiefmutter, und ward krank darüber. Der Arzt brachte endlich das Geheimniß von ihm durch Musik heraus, womit er ihn auch heilte.

Die Erschaffung der Welt.

Ein Traum in den Schweizergebirgen.

Auf ihr Geister, zur Arbeit, es ist noch viel des Geschäftes bevor! Schaut, dort liegt die Erde vor euch, ein dunkler Klumpen, aber der Herrlichkeit, die ihm mein Rath beschloß, soll es kein Ende seyn. Daß wir aber nicht schaffen in der Luft, sondern am Abend des Tagewerks uns freuen, setz' ich auch Götter daher wie wir, in einen Leib, der aller Creatur Inbegriff und Abbild ist. Mehr und weniger. Horcht! und denkt diesem Gedanken nach in die Unendlichkeit.

Welche Verschiedenheit, welche Einheit! Feuer und Wasser die großen Räder, die alles drehen. Ewigen Feuers Kraft! wie viel Feindschaft bei dir! und ohne sie das Ganze doch todt; Feuer leuchtend, Wasser dunkel und verschlingend die himmlischen Strahlen, Feuer treibend, Wasser ersinkend, Feuer auflösend, Wasser verdichtend, und ihre Festigkeit Erde genannt, und die ewige himmlische Freundschaft jauchzt der Siege, die daraus entstehen!

Schaut eine Ebene voll Kräuter und Lilien, die des Feuers Anblick gemahlt, schaut die Gebirge, die sie umschließen, und die Felsen aus Wasser gekocht. Schaut das Rauchwerk der Naturdünste, die sich der Sonne zu heben, dann in tausend Farben zurück über die Welt als Wolken schweben. An den Felsen herab hangt ein Mensch, dessen Auge wie die Erde gebildet, alles was darauf ist verkleinert empfindet, daß er für Staunen und Lust nicht vergeh. In dem Wasser seines Auges stecken Geheimnisse, nie zu ergründen, hängt die Gemeinschaft Himmels und der Erde und ihre Geister, all euer Glück. In dem Feuer seines Auges stecken Geheimnisse, nie zu ergründen, und du Erde, die ich gebildet, deine Verherrlichung und dein Glück, damit sucht er, damit liebt er, damit bildet er, setzt zusammen, was er gesucht, geliebet, gebildet und erschafft — o Spiegel von mir, wenn du den Kreis deiner Kräfte kennest.

In dem Wasser seines Auges tauchen sich alle Feuertriebe einer Schöpfung selig und ruhen selige Geister, da ruhet ihr und beglücket ihn und werdet beglückt. O du ewige himmlische Freundschaft! o der Wunder Unendlichkeit!

Weh uns, weh, so riefen die Geister! o das Mittel die ewig verschiednen, all die Götter zu herbergen.

Furcht und Begier, die großen Mittel, Feuer und Wasser die ganze Natur. Wähnen sie wärens, fühlen sich Götter, fühlen sich todter als Staub und Nichts. Zagt nicht Geister, sie sollen beisammen, alle beisammen in einer Welt ewig sich lieben, ewig sich hassen, und nicht wissen wie sehr sie sich lieben, wie sie sich hassen, wie sehr sie sich wohlthun und wie alles in mir schwindet.

Schaut die Liebe ist ihre Seele, Liebe ihr Wirken, was es auch sey. Schaut die ewigen Funken des Himmels, schaut die Wunder, die er erschafft. Aber die Furcht die Ruhe der Schöpfung, Furcht das große Grab der Natur, wo alles erstarrt, doch haben sie keine größere, keine ungemessnere, als die ewige Furcht vor einander, weil sie ihr Glück von einander erwarten. Schaut das hält sie, zaget nicht.

Jeder glaubt dem andern das was er ist und mehr. Und unendlich weniger, wenn er mich fühlt. Schaut das hält sie, zaget nicht.

Schaut die ewigen Wunder der Furcht. Jeder weist dem andern die schlechteste Seite von sich selbst — die beste zu mir. Und das hält sie, sie würden erbittert Einer des Andern Absicht durchkreuzen, und ein Chaos würde die Welt; daß die kleinen Außenseiten Platz bei einander im Ganzen finden, haben sie sich ein Mittel erfunden, ihre Begierden auszutauschen, und das Mittel nennen sie Geld.

Aber die große Begierde von mir tauschen sie nie. — Entweder sie schlummern im Eise der Furcht, oder sie wirken im Feuer der Liebe ewige Gottesverschiedenheit. Tausend wissen nicht was sie wirken, und noch minder warum —

Jeder scheut des Andern Auge, scheute gern meins und leugnete mich — leugnet mich — und beweist mich durch Thaten.

Nur das Genie, das, seiner Schöpfungskraft sich bewußt, mich trunken fühlt in jeder Natur und Gestalt der Schöpfung, nur das Genie erzittert nicht. Schau es enthüllt sich ewig den andern ohne Furcht und fühlet in andern den sich neu offenbarenden Gott; fühlt er höhere Wirkungskreise, wirkt auch er auf seine Weise und setzt alles ins Gleichgewicht. Nur das Genie mißtrauet sich nicht. Wie zwo Berge bei einander, ohne sich zu berühren, stehn, und doch immer ihre eigne, immer des andern Größe sehen.

Zwar auch sie in Grenzen zu setzen, unter Menschen Menschen zu seyn, fühlen die Furcht in ihrer Schwäche, wenn sie müde von der Arbeit ruhn, wenn die Sonne den Himmel verläßt, alle Gestalten zusammenschwimmen, die dem Geist nach sich widerstimmen mit von ihrer Kälte gepreßt. Ach da thürmen sich Schreckbilder auf, wie kein Mittelgeschöpf sie empfunden. Und ein zürnender Gott scheint ihm sein Bruder, der ihm den Fuß auf den Nacken setzt; jeder Mensch ihm größer und besser, jedes Geschöpf ihm lebendiger als er, bis in die innerste Wurzel der Seele sich die Urstimme wieder erhebt. Hier ist Berg — und Götter und Menschen werden auf dir ihres Daseyns froh.

Schaut so schaff ich und so bestehn alle Geschöpfe neben sich, Stärke und Schwäche so innig verbunden, ewig verschieden, ewig einander ähnlich und mir. Schaut die Wunder meiner Schöpfungs-Demuth so nahe der Größe.

In ihren Augen finden sie Ruhe, denn von da aus sprech ich sie an, und nur wo sie in ihnen mich finden, wie sie denn überall, wo das Paradies nur sich ahnden läßt, auch wider Willen suchen mich müssen — freuen sie sich. Ich der Urstoff ihrer Begierden und Frechheit, ihre Sättigung ewig Ich.

Schaut am glatten Felsen hinunter rinnt der Quell im Sonnenschein. Nicht umsonst so silbern und rein, da keucht einer den Felsen hinan, dem die Sonne das Leben genommen; zehnfach wird ers wieder bekommen, himmlische Kühlung du wartest auf ihn. Seitab im Thale die ruhige Hütte.

In ihrem Eingang mit glänzendem Kinn harrt unterm Strohhut ein Engel auf ihn. Arme und Busen strebt ihm entgegen, um der Unsterblichen Neid zu erregen.

Schaut er klimmet zur Quelle hinauf.
Gute Stoa, sich selbst zu bezwingen,
Magst du Starken, als Weisheit singen.
Ströme hier Gift, ich schlürfte die Pein
Zuckend zu sterben, mit Wollust ein.

Und seine hohle Hand gewährt ihm einen Himmel — er kniet und dankt für einen Tropfen in dem ich war.

Ach an diesem Busen zu ruhen, Himmel und Hölle in diesem Arm, eine schnelle Entzückung lang. Macht dann auf ewig mit mir was ihr wollt.

Und er kommt und sieht ihr ins Auge, und vergißt, was er von ihr verlangt.

Niemals ist er frömmer gewesen, als in diesem Augenblick, in sein ganzes entzücktes Wesen fließt der ganzen Gottheit Glück.

Nun, nun darf er sie umarmen wie er den Fuß einer Heiligen umarmet, darf ihre heilige Lippe berühren, wie ein Sünder die Hostie küßt.

Erdegebückt geht ein Anderer vorüber, dem der Most die Begier geschwellt, der die Gottheit des Auges nicht fühlt, dem das Geschlecht allein gefällt, und er bleibt versteinert da sitzen, sieht auf jenen mit Mitleid herab, weil die Natur sich so zu erhitzen, zu viel Furcht und Hochmuth ihm gab. Meint er habe sich selbst überwunden, dünkt sich weiser und bleibt ein Thor, bis er die Furcht in thierschen Stunden mit einem Thier das ihm gleicht, verlor.

Schaut so halt ich sie alle beisammen, wie den Berg und das strupfigte Thal, all' in unterschiedlichen Flammen, unterschiedlicher Lust und Qual. Fürchtet nicht ihr höhern Seelen euren Genuß vom Neide der Niedern jemals getrübt zu sehen. Ihr genießt mitten unter ihnen. Sie begreifen's und ahnden's nicht.

Schaut da steht er, der göttliche Mahler hängt an Felsenwand herab über der Aussicht die seinem Pinsel die Natur zur Eroberung gab. An dem Fuße des Felsen kauert sich der Landmann über den Pflug. Schaut wohl empor und lachet des Gottes der ihn zu der Unsterblichkeit trug. Aber sein Schweiß düngt jenen die Erde, der seinen Geistern mit Fröhlichkeit naht, dort durch Leiden hier durch Beschwerden wird ein Heiland des andern werth.

Schaut die Augen wie ewig verschieden hier der sonnigte Feuerblick, dort die Bläue das Bild des Friedens, wo sie dunkler das Zeichen der Duldung — und in jedem des andern Glück.

Wie die Sonne in dunkle Fluthen gern all ihren Glanz versenkt, bohrt das brennende Aug' im Guten, bis es all seine Pein dort ertränkt.

Lieb ist allen das Wirken und Streben. Selbst der zweifelnde Lästerschrei, denn die Foltern die ihn umgeben, wirken allein auf sein Geschrei, wenn er alles was lebet fürchtet, fürchtet er sich nur vor sich selbst, und der ärmste der ganzen Schöpfung lebt im Goldgebirg — und er — —

Ha mein Donner hat sie gezeichnet, sie zersplittern wie Felsen, da liegen sie und missen auf ewig, ach! der Wollust der Aehnlichkeit! Auf sie treten meine Gesalbten mit der ganzen Natur befreundet. Auf sie treten sie hin wie auf Felsen die mit keinem Geschöpf sich verzweiten.

Doch auch sie sind fest wie Felsen,
Aber nicht trocken und hart wie die,
Grünend blühend von Sympathie,
Scheint in ihnen erschaffen durch sie
Eine ganze lebendige Welt sich zu wälzen,
Schaut das Feuer sprengt ihre Seele,
Mit der Liebenden Ungeduld,
Schaut das Wasser erhält ihre Seele
Mit allhoffender Geduld.
Schaut die Erde macht ihren Vorsatz
Unerschütterlich ewig, wie sie.
Ihr könnt Welten aus Angeln heben,
Aber nicht ein liebendes Herz, — nie!

Geschichte des Felsen Hygillus.

In der Nacht eines Myrthenwaldes lag das Landhaus der Königin Thaumasia, unweit des Meeres. An einem Frühlingsmorgen, als die zärtlichen Klagen der Nachtigallen ihr den Schlaf störten, und sie das Fenster, das über dem Abhang der glättesten Felsenwand ins unermeßliche Meer hinausführte, eröffnet hatte, um an dem Schauspiel der brausend aufwachenden See im Morgenduft die Sorgen einzuwiegen, die das Erbtheil jeder fein gestimmten Seele sind, sah sie, sobald die ersten Strahlen des Tages aus den schwarzen Fluthen widerleuchteten, eine unkenntliche weiße Gestalt wie hülflos auf denselben hin- und herwallen. Anfangs hielt sie sie für eine Welle; wie aber der Blick auf Dinge zu ruhen pflegt, die durch ihre Undeutlichkeit die Neugier reizen, und die veränderte Gestalt des rosenfarbenen Himmels die Farbe dieser Welle nicht verändern wollte, erkannte Thaumasia endlich durch Hülfe eines Sehrohrs, daß es ein lebendiges Geschöpf war, das hier mit Wasser und Winden nicht sowohl zu kämpfen, als ihnen durch seinen ohnmächtigen Widerstand zum Spiel zu dienen schien. Wie nun das unwürdigste Ding, wenn man es in gewissen Augenblicken und mit gewissen Empfindungen sieht, einen Werth bekommt, so ging es auch hier. Thaumasia konnte, sobald sie überzeugt war, daß dieses Geschöpf nicht leblos wäre und Nerven hätte, es unmöglich der grausamen Gewalt der fühllosen Wellen und Winde Preis gegeben sehen, sie weckte ihre Sklavin, die sogleich einige Fischer beordern ließ, es ans Land zu bringen. Es war ein artiges Hündchen, das noch Zeichen des Lebens von sich gab, und sobald es erwärmt und getrocknet war, vor Thaumasia gebracht wurde, der er mit so viel Schmeichelei das Herz zu stehlen wußte, als ob er es gewußt hätte, daß er nur ihr das Leben schuldig war.

Sie entdeckte zu größerem Vergnügen, daß sein Fell so weiß und glatt war, daß es schien, als wäre die Hündin der Diana durch einen der seltsamsten Abentheuer in ihre Insel gekommen: und da seine Schmeicheleien immer artiger wurden, jemehr das Ungestüme des Gefühls der Dankbarkeit nachließ und ihn muthiger und freier machten, so beschloß sie, ihn zu ihrem Schooßhunde zu machen, zu welcher Würde er auch gleich durch ein Halsband mit ihrem Namen eingeweiht wurde, bei welchem er sich so artig benahm, daß sich ihre erste Vorstellung seines wahren Ursprungs immer mehr bestätigte.

Wie groß war ihr Erstaunen, als sie an einem der schönsten Mayabende sich in dem blühenden Orangenhain, der an die südliche Seite ihres Pallastes stieß, vertieft hatte, und ihre kleine Cynthia, (so nannte sie sie mit dem liebenswürdigen Spott, der nur die schönere Hälfte des menschlichen Geschlechts kleidet, weil er die einzige Waffenrüstung ist, mit der die Natur sie gegen Gewalt und List ausgesteuert) die sich schien verloren zu haben, lange vergeblich rief: wie groß war ihr Erstaunen, sage ich, als sie sich umwandte und einen Sklaven ihr folgen sah, dessen Bildung ihr eben so fremd war, als sein Anzug ihr bekannt vorkommen mußte, weil es der war, den sie ihren Sklaven gewöhnlicher Weise zu geben pflegte.

Wer seyd Ihr? redete sie ihn an, ein wenig hastig. Er warf sich ihr zu Füßen und antwortete:

Du siehst hier, siegreichste aller Königinnen, den unglücklichsten aller Menschen würde ich sagen, wenn nicht, um mein Unglück vollkommen zu machen, die Rache der Götter mir zu ihren übrigen verhaßten Geschenken zu meiner größern Strafe auch noch die Unsterblichkeit geschenkt hätten. Ich bin der durch seine Verwandlungen und die ewig neuen und ewig mißverstandenen Qualen seines Herzens so berüchtigte Hygillus, der Bruder eines Halbgottes, den Jupiter mit seinen Keilen erschlug, weil er das schwache Menschengeschlecht zu abgöttisch liebte, und sie den unsterblichen Göttern gleich machen wollte. Ich bin der Bruder Aeskulaps.

Erzähle mir deine Geschichte, sagte die Königin.

Ich half meinem Vater die Cyklopen erlegen, die die Donner geschmiedet hatten, an welchen mein Bruder erlag, oder vielmehr, zu ohnmächtig, Pfeil und Bogen zu führen, reicht ich ihm nun die verderblichen Pfeile, die weder Entfernung noch Widerstand aufhält. Dies war genug, den Vater der Götter, dessen Zorn meines Vaters Verbannung vom Olymp noch nicht befriedigte, auch zu meiner Bestrafung sinnreich zu machen, und zwar erfand er ein Mittel, das des Scharfsinns eines Gottes würdig war, mir den Widerwillen dessen zuzuziehen, den ich ohne Grenzen liebte, indem er mich zum Werkzeug seiner empfindlichsten Leiden erkor. Er schuf mir nämlich die Gestalt eines Schäfchens, das seiner geliebten Daphne ehemals gehört, und er mit einem Bande von ihrer Hand gezeichnet hatte, und da ich unter dieser Gestalt ihn überall begleiten mußte, so flößte er mir zugleich die unüberwindliche Neigung meines Bruders Aeskulaps ein, mit dem fatalen Talent, mich, sobald diese mich befiel, in alle mögliche Gestalten zu verwandeln. Das Unglücklichste war, daß, so lange ich bei Apollo war, mir keine Gestalt leichter war anzunehmen, als eben die seinige, welches ihn in tausend Verdrießlichkeiten verwickelte. Als er einst dem König Admet die Freuden des Weins und der Liebe unter dem Bilde des Bacchus, der sich in eine Traube verwandelt hatte und so die schöne Ariadne überwand, mit den zaubervollsten Tönen zu kosten gegeben, und der König so überwältigt von der Magie des Liedes, daß er es eine Woche lang täglich zu hören wünschte, ihm aber die Freiheit wieder schenken wollte, kam ich, als er kaum hinausgegangen war, unter seiner Gestalt wieder zurück, und weil ich wußte, der König hätte das Podagra und seine Maitresse die großen Blattern, sagte ich sogleich, ich wüßte noch ein anderes Lied von eben dem Werth. Als es der König zu hören wünschte, sang ich die Vorzüge der Nüchternheit und Keuschheit, als wär ich der Schulmeister des Orts gewesen, in einem so unleidlich grauenvollen Kranich-Ton, daß der König und der ganze Hof zu gähnen anfing, und er schwur, Apollo sollte sein Ohr nie wieder beleidigen. Man stelle sich vor, wie diese Nachricht meinen Vater außer sich setzte, der mich dennoch aus Liebe zu seiner Daphne nicht anders zu strafen wußte, als daß er mich eine gute Dosis Nieswurz essen ließ, die mir die medizinischen Grillen aus dem Kopf brachten. Aber das Heilungsmittel war von kurzer Dauer. Kaum hatte er ein neues Lied fertig gemacht, das Göttern und Menschen das Herz emporschwellen machte, so hielt ich schon eine neue Antistrophe bereit, vor der Götter und Menschen erschraken, bis mein Vater es nicht länger aushalten konnte, und mich mit Steinen von sich warf. Hierauf fing ich an, um die Götter zu buhlen, verwandelte mich in eine Taube so natürlich, daß Venus mich vor den Wagen spannte. Kaum aber hatte ich sie das erstemal gezogen, als ich, da sie mit Liliensstengeln mich aufmuntern wollte, ein so entsetzliches Eulengeschrei verführte, daß sie bald ohnmächtig vom Wagen gefallen wäre. Sogleich mußten die Amors mich ausspannen, ich verwandelte mich in eine Eule und flog Minerven zu. Kaum hatte sie mich zu ihrem Begleiter erkiest, als ich in einer Frühlingsnacht, da sie den wichtigsten Spekulationen nachging, mit so zerschmelzenden Nachtigalltönen ihr vorzusingen wußte, daß sie alle ihre Ideen verlor und wollüstig wie Venus ward. Sobald sie sich erholt, bekam ich abermals meinen Abschied, verwandelte mich in eine Hündin, und kam zur Diana. Sie nahm mich mit sich auf die Jagd, weil ich ihr gefiel — wie ihr ward, gnädigste Königin, als ich einst, da sie erhitzt und ermattet von einem Hirsch, den sie vergeblich verfolgt hatte, an einer dunkeln Buche unter dichten Büschen, die sie umkränzten, sich auf Blumen niederwarf, und ich auf einmal in Gestalt ihres Endymions ihr zu Füßen lag —

Flieh! sagte Thaumasia, hier von der kecken Sprache Hygillus, die eher eines Stutzers aus Persien würdig gewesen wäre, zu empfindlich beleidigt und voller Unwillen, so über seine Gestalt wie Betragen als über seine Abentheuer und Verwandlungen. Dieses Wort war ein Donnerschlag im eigentlichen Verstande für ihn; sofort verlor er alle Zeichen des Lebens, seine Arme dehnten sich in zwei schwarze Fichtenbäume aus, die von seiner Brust, die in einen grauen schroffen Fels verwandelt war, furchtbar herunternickten; seine Füße schroben sich als zwei Pilasters in den Boden, die diese ungeheure Last unterstützten; sein Haupt ward zu einem Berge, der mit langem Grase bewachsen sich in der Gegend der Augen schied, um einer Quelle, die in dem Augenblick in der Mitte des Berges entsprossen war, Raum zu einer Cascade zu machen, von der mit klagendem Geräusch ein unversiegbarer Strom herabfiel.

Seit undenklichen Zeiten herrschte die Fee Urganda, an Geist und Schönheit nicht ihres gleichen kennend, in den mittlern Regionen der Luft. Nur selten berührte der Saum ihres Regenbogenmantels die seligen Gefilde, und ließ Hesperiden an mannichfaltigen Blumen zum Zeichen ihrer Gegenwart hinter sich. So besuchte sie ehemals das reizende Gräcien, nunmehr Welschlands orangendüftende Küsten, von da schwebte sie in ewigem Wonnegenuß ihrer selbst zu den rauheren Gegenden Allemanniens herüber. Nie hatte ein Schatten von Furcht oder Mißtrauen in sich selbst, oder Eifersucht über Vorzüge Anderer, die an den ihrigen auslöschen wie Kerzen am Sonnenlicht, ihre ewig heitere Seele getrübt. Sie hatte sich vorgenommen, die Welt zu durchschiffen, um einen Gegenstand zu finden, der es wagen durfte, seine Reize mit den ihrigen zu messen, und um den Vorzug streiten zu lassen, denn das Einerlei von Triumph ohne Widerstand fing an sie zu ermüden. Wie groß war ihr Erstaunen, von welcher Höhe in welche Tiefe stürzte ihr Uebermuth, als sie in Allemanniens rauhen Gebilden unvermuthet all ihren Glanz auslöschen, alle Fittige ihrer Seele sinken und graue Nacht des Kleinmuths und kalte Nebel ohnmächtiger Eifersucht weit um sie her sich lagern fühlte. Es war Miranda, deren Gegenwart sie das erstemal ihres Lebens überzeugte, daß auch Halbgöttinnen der Demüthigungen nicht überhoben sind.

Tödtlicher Haß löste das Erstaunen in ihrer Seele auf, Haß, der auf Mirandas Prinzen, auf ihr durch sie blühendes Land, auf ihre ganze Nation sich ausdehnte, so weit Weiberhaß sich dehnen kann. Sie schwur allem den Untergang, was Miranda je gesehen und bewundert hatte, ja sie ging in ihrer ersten Wuth so weit, daß sie dem Auge des Himmels, der Sonne selbst, die sich gleiches Verbrechens schuldig gemacht, eine ewige Finsterniß drohte. Doch als der erste Sturm der Affecten vorbei war, hüllte sie sich tief in ihre Wolke der Mißgunst, senkte sich in Zähringens Gebirgen in eine der menschenfeindlichsten Höhlen, und spann dort in Gestalt eines alten häßlichen Weibes an langsamen und unmerkbar feinen Ränken, die sie an Miranda rächen sollten. Aber eine andere wohlthätige Fee, Mirandas unsichtbare Begleiterin und Freundin, als sie noch in der Wiege durch keine andere Sprache die Hülfe der Menschen aufzufordern wußte, als durch ihre schon damals einnehmenden Mienen und irgend ein Thränchen, das Männeraugen selbst mit Kristall überzog, Urania sah in die geheimsten Entwürfe der feindlichen Urganda, und wirkte ihr allmächtig entgegen.

Brilliantino und Ricciardetto waren die Söhne der wunderschönen und geistreichen Prinzessin Miranda, in denen sie die Abdrücke ihrer Reize der Welt hinterlassen wollte. Urganda verfolgte sie, so weit der Kreis ihrer Gewalt reichte, mit Träumen und Phantomen, in denen sich übelgesinnte Gnomen verhüllten, bei Tag und bei Nacht. Bald scheuchte sie Brilliantinens muthiges Roß durch ihre unsichtbare Schatten, daß es überschlug, und den noch muthigern Prinzen tödtlich zu verwunden drohte; bald weckte sie in Ricciardettos feinbesaitetem Herzen in nächtlichen Träumen unnennbare Gefühle, die ihm bei Tage die Welt zu enge, und die unwirthbarsten Wildnisse zu den einzigen Zielen seiner Sehnsucht machten. Einen schönen Frühlingsabend klagte er Pandolfen sein Leid in folgenden Worten:

Eure Hoheit werden aber wie billig vorher zu wissen verlangen, welches Ursprungs, welches Charakters, welcher Geistesgaben dieser Pandolfo war, der als Hofmeister an einem schönen Frühlingsabende auf dem Bette des Prinzen Ricciardetto zu dessen Füßen saß, und mit theologischen, kosmologischen und psychologischen Gründen, die in der That den halsstarrigsten Disputirgeist besänftigt haben würden, die unaussprechlichen Gefühle des Prinzen zufrieden zu sprechen, vergeblich zu wiederholtenmalen versuchte.

Der uralte Zauberer Merlin hatte auf Pandolfens Kindheit, wegen der zu spröden Schönheit seiner Mutter, keinen geringern Haß geworfen, als die unendliche Urganda auf die Familie der wundervollen und Alles vermögenden Miranda. Schon in der Kindheit sah er mit unverjährbarem Groll die Keime des Alles zerstörenden, über alles sich hinausschwingenden Heldenmuths, dem Länder zu enge, Meere zu seicht, Helden und Halbgötter zu feige seyn würden, wenn der Kriegsgott ein geweihtes Gewand über seine Schultern, ein tödtliches Eisen an seine Seite gehängt haben würde. Wer kann dem Genius Grenzen setzen? Länder und Meere und Helden und Halbgötter können es nicht.

Der allmächtige Zauberer Merlin mußte also auf etwas anderes sinnen, diese auflodernde Funken, wo nicht zu ersticken, doch wenigstens zu dämpfen, ehe sie in verzehrende Flammen ausbrächen. Er flößte also, da er seinem Geiste nicht beikommen konnte, seinen Sinnen einen unauszurottenden Ekel ein, der sich zwar auf nichts als unharmonische dissonirende Gegenstände, aber außerdem noch auf zwo Farben erstreckte, die ihm bei seiner künftigen kriegerischen Bestimmung am öftersten vorkommen mußten. Dieses waren die rothe und die gelbe, die Farbe des Bluts und die Farbe der Waffen. Sehen Sie da, gnädigster Sultan, die schwärzeste aller Tücken, mit denen der bösartigste unter allen Geistern und Zauberern die Heldenanlagen dieses außerordentlichen Kindes im Keim zu ersticken drohte, wiewohl zu seinem und seiner verbündeten Fee Urganda sammt all ihren Werkzeugen und Maschinen eigenem Schaden und zu später Reue, wie Ihnen hoffentlich durch den Verfolg meiner Historie deutlicher werden wird.

Pandolfo wuchs heran in dem ewigen kriegerischen Muthe mit dem ewigen Ekel gegen das rothe und gelbe. Wenn er die Trommel rühren, oder die kriegerische Trompete erschallen hörte, wenn gar das Knallen des Pulvers aus den Rachen teufelisch-brüllender Kanonen sein Ohr mit musikalischer Zauberei entzückte, so hüpft' ihm das gefahren- und todverachtende Herz, wie es Alexandern und Cäsarn nicht bacchantischer gehüpft haben kann, aber ach! sobald er vor die Fronte trat und ihre Messingrüstung sah, oder gar im Treffen (dem höchsten Schauplatz seiner Freude) das ekelhafte rothe Blut seiner Feinde zu seinen Füßen strömen sah: so mußt' er die Augen schnell zudrücken, Uebelkeit und Bangigkeit überfielen ihn, und wenn er sich nicht aufs behendeste entfernte, lief er Gefahr, dem überwundenen Feinde Gesichter zu schneiden, die ihn mitten unter den Schmerzen des Todes würden haben lachen machen müssen.

Diese Beherzigungen nöthigten ihn endlich in den Jahren der Vernunft, das ihm sonst so geliebte eiserne Feld, wo der hundertarmige Tod nach nichts als Söhnen und Bräutigamen zu schöpfen pflegt, zu verlassen, und seine übrigen Tage der Erziehung des liebenswürdigen Ricciardettos zu widmen.

Doch auch hier hörten die feindlichen Entwürfe Merlins und der mit ihm einverstandenen Urganda nicht auf ihn zu verfolgen, wie Eure Hoheit weiter unten sehen werden. Für jetzt lasset uns das Gespräch zwischen ihm und dem Prinzen fortsetzen.

Pandolfo, sagte Ricciardetto zu ihm, ich muß aufs Land. Die Rosenstöcke im Garten unter meinem Fenster fangen an mir Krankheit zu düften.

Das hab' ich Eure Hoheit lange sagen wollen, versetzte Pandolfo mit zugedrückten Augen, die Rosen und den Goldlack unter Ihrem Fenster werden uns allen noch den Tod bringen. Hätten ihn mir schon gebracht, wenn's die menschenfreundlichen grünen Gardinen nicht thäten.

Nun laß nur so gut seyn, sagte Ricciardetto lachend, diesmal hast du mich unrecht verstanden, so eine große Dosis von Scharfsinn du auch sonst hast, verblümte Reden oder Winke zu errathen. Es scheint, deine Sinne haben dir einen Streich gespielt —

Ja, lassen Sie meine Sinne nur in Ruhe, gnädiger Herr! antwortete Pandolfo, sie fühlen sehr richtig und ich bin sehr wohl mit ihnen zufrieden.

Aufs Land wollen wir, verstehst du mich? versetzte Ricciardetto etwas feurig, die Stadtluft wird mir zu einengend, zu erstickend! mein Herz dürstet nach Freiheit und einem offnen weiten Himmel!

Ihm ihre geheimen Sehnsuchten entgegen zu seufzen, fragte Pandolfo etwas grämisch.

Ricciardetto wandte sich nach der Wand, und schwieg.

Zu besserem Verständniß der letzten Worte des Pandolfo müssen Eure Hoheit wissen, daß eben der Ekel für die rothe und gelbe Farbe ihm auch einen fast allgemeinen Ekel fürs weibliche Geschlecht beigebracht hatte, das diese beiden Farben in ihrem Putz am häufigsten zu brauchen pflegte. Dagegen fiel seine ganze Leidenschaft mit einem fast pygmalionartigen Enthusiasmus auf alles was Natur war, sey es männ-

männlichen oder weiblichen Geschlechts, an denen er die Schöne, Nacktheit und Entäußerung von allen Farben nie genug bewundern und lieben konnte, und sich seine Freunde und seine Geliebten daher lediglich aus dieser kalten und weißen Gesellschaft wählte, mit denen er sich oft ganze Tage lang unterhielt, mit den Männern über philosophische besonders aber ontologische Materien disputirte, mit den weiblichen Statuen aber lange gelehrte Romane spielte, Horazische Oden auf sie machte, dann auf einmal Abschied von ihnen nahm, dann ihnen seine Untreue ankündigte, dann eine Palinodie sang. Nun war es natürlich, daß da ihm selber das ganze lebende und sich putzende schöne Geschlecht so verhaßt war, er auch nicht den kleinsten aufwachenden Funken einer Leidenschaft in dem Herzen seines, allen Rührungen offenen, ganz für die Liebe gestimmten, Prinzen ertragen konnte.

Hier zuckte der alte Sultan Schah Nabal plötzlich, dem Faullenz dieses Mährchen erzählte, indem er ihm die Füße mit baumwollenen Tüchern über einer Bettpfanne rieb, die der Alte doch nimmer warm bekommen konnte, und nur so lange zu schauern und zu klagen aufhörte, als ihn Faullenz durch sein Mährchen aufmerksam zu erhalten wußte, (denn es war in der Mitte des Januars); ob nun die Haut durch das lange Reiben oder durch die überheiße Bettpfanne sich entzündet hatte, genug Schah Nabal fühlte einen heftigen Schmerz, dessen Ursache weitläuftig untersucht und aus dem Grunde gehoben werden mußte, und darüber verlor Faullenz den Faden seiner Geschichte, den er, so gut er konnte, doch mit Veränderung der Dekorationen der Zeit und des Orts auf dem Landhause wieder anknüpfte, das Ricciardetto mit Zuziehung aller moralischen und psychologischen Rathschläge des gelehrten und weisen Pandolfs bezogen hatte, und wo er den Bauern und Bäuerinnen des Orts (die gewöhnlich alle schwarz und weiß oder braun und weiß geputzt waren) zu seiner Gemüths-Ergötzung oder vielmehr nur zur Zerstreuung seiner liebenswürdigen Schwärmereien ein kleines Landfest gab. Das ganze Haus und der Garten waren aufs einfachste und geschmackvollste mit allen sanfteren Gaben des Frühlings, mit Kränzen von Veilchen und Kornblumen, mit Rechen, Schaufeln, Schallmeyen und allem Hausgeräth des unverdorbenen Landmanns geschmückt, die Landleute dünkten sich in der Gegenwart ihres Prinzen, der in ihrem Schooße von äußern und innern Bedrängungen Ruhe suchte, in Gegenwart des glücklichen, vom Himmel mit allen Vorzügen des Geistes und Herzens begünstigten Brilliantino und der vollkommenen Miranda, wie in der Gegenwart einer Art von Dreieinigkeit völlig selig zufrieden und harmlos, hüpften und stürmten diesen ihnen so theuern Personen auf allen ihren Fußtritten in Haus, Hof und Garten nach, ließen keine ihrer kleinsten Bewegungen unbeobachtet, und ein freudiges Zujauchzen und Vivatrufen schlug an die Gewölbe des Himmels, und von da in die menschenfeindliche Grotte Urgandas, die alle Kräfte ihres Witzes aufbot, dem ausgerissenen Strom von Glückseligkeit, wo nicht Dämme entgegen zu setzen, ihn doch wenigstens durch Hindernisse aus seinem Bette zu locken.

Sie sann zu dem Ende auf ein Mittel, den für die Liebe bisher unverwundbaren Pandolfo jetzo, da er sichs am wenigsten versah, in der Gestalt einer dieser Landnymphen zu fesseln, und durch ihn auf das Herz des jungen Ricciardetto Eindrücke zu machen, dessen weich geschaffene gefühlige Seele ihr zu einer neuen Leidenschaft, womit sie ihn nach den boshaft ausgesonnenen Planen bis auf den Tod quälen wollte, empfänglicher schien, sobald sie das Auge seines Wächters selber eingeschläfert haben würde. Aber auch die Macht und der Verstand der Feen haben ihre Grenzen, und das große eherne Schicksal, dessen Ketten durch niederhangende Gewichte unaufhörlich eigensinnig auf- und niedergezogen werden, regiert auch sie und ihre List und ihre Anschläge mit seinen unwiderstehlichen Triebrädern.

Die Fee Urganda wußte nicht, daß Pandolfen die rothe und gelbe Farbe so unerträglich war, sie wußte nicht, daß er eine so außerordentliche Neigung für Statuen und für ausländische Gewächse gefaßt, welches wir vorher zu erinnern vergessen. Er saß eben in einer Laube von amerikanischen Fichten, die er an dem Holzwerk beinah so weit emporgezogen, daß sich ihre Spitzen berührten, und sann auf ein antierotisches Gedicht, womit er das Herz seines liebenswürdigen Zöglings auf ewig für alle Gefahren aus schönen Augen verschanzen wollte, als in niedlicher Bauertracht plötzlich die Fee Urganda durch die Sträucher der Laube zu ihm hineinguckte. Nun hätte ihn diese Verwegenheit von jeder

Andern freilich wild gemacht, da er die Bäume und Sträucher anzurühren sich selber scheute, und die ganze Reihe seiner Ideen plötzlich unterbrochen und zerrüttet war: aber die Nymphe Urganda war zu schön, ihr Auge zu tief, ihre Wangen zu rosigt, als daß sie nicht wagen durfte, Pandolfen allenfalls auch mitten im Gebet zu stören. Auch war sie von oben braun und weiß gekleidet mit grünen Bändern, also in einem völlig unschuldigen und unstrafbaren Anzuge. Wollen Sie nicht mit uns tanzen? fragte sie mit einer Silberstimme, die alle Saiten des aufmerksamen Pandolfo entzückend durchklang; er hatte das von keiner seiner Statuen jemals gehört. Dieses Einladende, dieses Bewegliche, dieses Anschmiegende, Furchtsame und doch Liebeskühne im Ton und in der Cadenzirung der Silben, füllte seine ganze Seele mit einer gewissen Lieblichkeit, Begierlichkeit, Zudringlichkeit und Beweglichkeit, daß er sich das Aufstehen nicht verwehren konnte, und schon beide Füße unter seinem Sitz zusammenzog, und mit der linken Hand gegen denselben stützte, als plötzlich sie, um ihm zuvorzukommen und ihm zu dem Reihentanz, den die Andern unter einer hohen Linde, die auf dem Hofe stand, begonnen hatten, die Hand zu reichen — o Unglück! o Schrecken! — mit rothen Strümpfen, an denen sie gelbe Pantoffeln hatte, über eine Bank stieg, die vor der Laube stand, und, da sie merkte, daß er über diesen Anblick wie vom Blitz gerührt zusammenfuhr, in der Angst und Verwirrung wieder absetzte, und den Nachschößling einer amerikanischen Fichte zertrat.

Daß das Donner-Kreuz-Bataillon-Schock-Hagelwetter! — waren die zärtlichen Ausrufungen, womit er jetzt die feinsten aller weiblichen Versuchungen beantwortete. Gestehen Eure Hoheit, daß durch eine solche mehr als Ignazische Keuschheit eine Fee selbst außer Fassung gesetzt werden könne. Doch ließ sie sich durch den ersten mißlungenen Versuch nicht schrecken, sie, die sich fühlte, einen Ignatius selber nach dreitägigem Fasten zu erwärmen. Mit mehr Freundlichkeit als Armida, oder ihr Urbild, die ewig lächelnde Venus, ging sie, nachdem sie sich vom ersten Schrecken gesammelt, auf ihn zu, und ließ alle ihre Zauberkräfte auf seine aufgebrachten Sinnen spielen, auch fehlte es nicht viel, daß sie nicht ihre unendliche hebelartige Wirkung thaten, aber sein unüberwindlicher Abscheu vor allen rothen und gelben Farben, das angeborenste seiner Gefühle behielt für diesesmal dennoch die Oberhand: er setzte wie ein gescheuchtes Reh über Stock und Stein, Graben und Hecken, wohin ihn die rothfüßige Nymphe verfolgte, bis er glücklich und wohlbehalten, wie, wußte er selber nicht, in dem Schlafgemach seines Landhauses angekommen war.

Wenn es bei Schönen erst dahin kommt, daß sie verfolgen, so werden sie ihre Beute, so wenig als eine abgeschossene Bombe wieder umkehren kann, nicht mehr fahren lassen. Urganda also, anstatt mit jungfräulicher Schaamhaftigkeit zurückzubleiben, verdoppelte ihre Schritte, und kaum glaubte sich Pandolfo in seiner Stube vor ihr sicher, als sie schon mit ihren schönen weißen Händen in die Rahmen der offenen Fenster einhackte und mit der wahren Stimme der Syrenen, denen zu Gefallen Ulyß sich an den Mastbaum binden ließ, ihm zurief: Wollen Sie denn nicht mit tanzen? — Geh Sie zum Teufel! schrie er mit einem wahren Commandoton, der aber für diesmal nicht seine Wirkung that, sie ließ sich sobald nicht zum Weichen bringen. Sie blieb mit beweglichem sanftschmachtendem Auge, ohne zu sprechen, in seinem Fenster hängen, und schien ihre Blicke unverstohlen auf die verzogenen Mienen seines Gesichts hinirren zu lassen, die ihr, wie die Sonnenstrahlen ungelöschten Kalk, nur immer mehr aufbrausen machten. Was war zu thun, die Vestung war belagert, der Feind stand auf dem Parapet und schoß ungehindert herein, er mußte sie vertheidigen, oder er war verloren. Da sie nun mit Worten nicht fortzubringen war, und er seine Hand nicht an sie legen konnte, ohne über und über electrisirt zu werden — so war kein anderer Rath, als, das erste das beste, was er zu Händen bekommen konnte, ihr an den Kopf zu werfen. Jetzt sah er in der Angst nicht, was er ergriff; er machte es also wie die Aegyptier, die in der Dummheit der Verzweiflung ihre griechischen Statuen über die Mauer warfen, und ach! die mediceische Venus und der Apoll von Belvedere, nebst dem Herkules, wie er den Löwen zerreißt, und Lokens und Newtons Bildniß selbst flogen mit eins zum Fenster hinaus. Loke verwunderte sich höchlich über die unfreundschaftliche Behandlung, und blieb in tiefen Spekulationen darüber im Koth sitzen, Apoll hatte den zu langen Diebsfinger entzwei gebrochen, den ihm Ferrani aus großer mythologischer Weisheit angeschaffen, und die mediceische Venus war auf dem ungalanten Steinpflaster um das höchste Kleinod der Frauen, um ihre Nase, gekommen. Newton allein behielt noch immer die zufriedene selbstständige Miene, und schien im Fallen Experimente über die Centralkraft gemacht zu haben. Daher hatte er den Weg über die linke Schulter der Dame genommen, die über diese Galanterie, wie jene Engländerin, mit deren kleinem Finger er seine brennende Pfeife reinigen wollte, in ein helles venerisches Geschrei ausbrach. Wie Venus, als sie vom Mars verwundet war, fing sie an zu weinen, zu klagen und ein Aufhebens zu machen, als ob die Welt untergehen wollte, und lief voll Haß und Rache, wie jene, zum Jupiter, so diese mit ihren rothen Füßen zu Merlin. Pandolfo sah ihr nach und seufzte: Ach, daß eine so schöne Statue (sagte er bei sich selbst) nicht auf einem bessern Gestelle ruht.

Indessen hatte der liebenswürdige Ricciardetto — der viel zu sehr wußte, daß die Stunden, in denen man einem angenehmen Kummer nachhängt, die süßesten des Lebens sind, als daß Pandolfens Demonstrationen und selbst seine antierotischen Gedichte diesen Hang in ihm schwächen konnten — einen einsamen Gang in den Garten gemacht, auf dem ihm, aus gleichen sympathetischen Regungen, sein Bruder Brilliantino begegnete. Sie sahen einander an, und lasen wechselsweise in ihren Augen ein gleiches Bedürfniß und ähnliche Empfindungen. Voll von diesem Unwiderstehlichen, was allein Brüder macht, von dieser dunkeln Ahnung seiner selbst in dem andern, umarmten sie sich, ohne ein Wort zu sprechen, weil niemand den andern in seiner Behaglichkeit unterbrechen wollte, und setzten so in der besten Gesellschaft und doch zugleich allein ihren Weg fort, als ihnen die vor Wuth und Schmerz aus sich selbst gebrachte Nymphe entgegenflog, und ihre Füße umarmend sich ihnen in den Weg legte. — — —

I.

Was ist Satyre?

An

Herrn Kaufmann,

Gelehrten und Geistlichen zu Moskau.

(Fragment).

Auf einen Menschenrumpf den Kopf des Pferdes passen,
Ist, wie Horaz uns lehrt, dem Dichter nicht vergönnt;
Doch hat Homer, den man dafür erkennt,
Durch Circen seine Freund' in Bären wandeln lassen.
Hat er dabei gedacht? Hat er die edlen Rollen
Der Helden am Skamander durchziehn wollen?
Das ist undenkbar. — Peinigen
Der Sänger aus Mäonien
Personen, die er schätzt? — Nein! und was wollt
er denn?
Der Frösch' und Mäusekrieg ist ähnliche Satyre —
Auf wen? Auf seine Freund'? Auf seine Feinde? Nein!
Mich dünkt, es kann ein Fall, wo keines statt findt, seyn -
Sonst wär' er selbst das größeste der Thiere.

Man hat geschliffne Gläser, die
Uns selbst das Schönste so verzogen
Verzerret weisen — daß wir nie
Dran denken, dieses ist gelogen,
Um uns nach Kummer, Thränen, Wachen
Durch ein recht herzlich biedres Lachen
Die Gall' und Milz ein wenig leicht zu machen.
Ein Spiegel dieser Art ist auch die Poesie
Von dem satyrischen Genie.

Und hat man wohl auf dieser Erden
Was lustigers gesehn, als — böse drauf zu werden?
Ja auf den Hetzer, der uns reizt
Und sagt, der Spiegel sey nicht konisch
Er sey getreu, kurz der auf gut lacedemonisch
Mit Gassenbubenschnörkeln beizt.

Anwenden was ins große Blaue
Hineingeschrieben ward, sey's Lust-, sey's Trauerspiel,
Sey'n Laster vorgestellt, sey Thorheit, Schwachheit, Ziel
Der Uebertretungen, ist — daß ich dir's vertraue
Bescheidner Philosoph! — des Ungeheurs am Nil
Das schreiet wie ein Kind und Menschen frisset — Sache.
Ist's denn des Messers Schuld, wenn ich's zum Mordschwerdt mache?

Wozu die Messer überhaupt?
Ruft Orgon, kann man nicht mit bloßen Händen essen?
Das steht den Herren frei. Doch uns erlaubt
Wird's gleichfalls seyn, mit Tartarn nicht zu speisen
Die gar gerittnes Fleisch vom Sattel fressen
Mit Zähnen das Halbrohe wild zerreißen.

So geht's, daß ich die Klinge nicht verliere,
Fast buchstäblich mit der Satyre.
Es giebt Gelegenheiten gnug,
Wo sich der Menschenwitz verwirrte,
Und weil noch nie ein Mensch erkannt hat, daß er irrte,
Den Edlen oft in schwere Fesseln schlug.
Bei den gehäuften Widersprüchen
Von Stellungen und Reibungen
Gabs immer Uebertreibungen
Und tausend Stoff zum Lächerlichen.
Wär' da die Geißel nicht, mit der ein Götterarm
Der Hauptstadt Tempel selbst gereinigt,
Wohin die Wucherer gelaufen
Um zu verkaufen und zu kaufen:
Die edelste Natur, gepeinigt
Erläge dem verwünschten Schwarm
Von Leiden und dem ewgen Harm,
Womit uns Eigensinn und Wuth der Thorheit steinigt.

Dergleichen Stimmungen zum voraus zu verhüten
Bleibt allemal auch Pflicht: denn wer kann sich gebieten,
Daß, wenn man Hand und Fuß ihm in die Folter schränkt,
Er, wie gewöhnlich spricht und denkt.
Verbrechen selbst kann diese Pflicht, die kränkt,
Doch nur zu kränken scheint, um Kränkung vorzubeugen,
Abwenden, und dem Thor der Weisheit Pfade zeigen.

Was ist beglückender als wahre Gottesfurcht?
Was tröstender im Sterben und im Leben?
Was kann der Stirn, die Sorge kränkt und furcht,
Das Siegel Götterhauchs und Abkunft wiedergeben?
Doch giebt's erbärmlicher's wohl was in der Natur
Als einen Menschen zu dem Affen
Von unsrer Neigungen Gewohnheit umzuschaffen?
Und die Bekehrungssucht hat, um die Welt zu strafen
Doch Länder — Welten schon mit Menschenblut beschwemmt,
Weil sie der kalte Ernst der Weisheit nie gedämmt,
Und seit der ersten Sonnenuhr
Ein Mensch der Gott zu seyn vom andern stets begehrte
Und allen seinen Zorn stets auf den Bruder leerte,
Wenn ihm was Unrechts wo entfuhr.

Horaz nennt jedes Nachbild, Vieh.
Mit Unrecht, scheints. Die Noth, die Sympathie
Zwingt hundert Selbstgenies auf Erden
Nachbilder fremden Werths zu werden.
Wer einen gleichen Weg zu gleicher Tagszeit macht,
Ein ähnliches Geschäft zu treiben hat, und Freunde
So wie der andre findt, der hat auf keine Feinde
Die ihn den Affen nennen, Acht.
Doch seine Neigungen nach fremden Modeln wandeln,
Heißt, meiner Meinung nach, zu eignem Schaden handeln,
Denn man verliert dadurch das was uns unterscheidt
All' unsern Menschenwerth und unsre Freudigkeit.
Der Eifrer aber will uns in Copei verwandeln
Oft bei Verlust der Seligkeit.
Er nimmt uns dann das Bild, so Gott uns anerschaffen
Und stempelt's um zum Bilde eines Affen. —
Das heiß' ich Afterfrömmigkeit!

Die Mäurer und die Moralisten
Und viele selbstgenannte Christen
Schrein wider Leidenschaft. Ihr Schrein
Soll einer Jugend, die noch außer kleinen Ränken,
Verrätherei'n und Knabenschwänken
Nicht weiß, was für ein Ding die Leidenschaft doch ist,
Erziehung, Bildung, Schöpfung seyn.
Der Tisch, die Speise selbst wird nach Sophistercin
Der hochgelehrten Herrn zu einem Probestein
Verborgner Neigungen der Seele:
Als ob es uns an andern Proben fehle?
O stilles Lied der Philomele,
Schmilz doch die Augenblenderei'n
Einmal zur Wahrheit um. Allein die Herrn sind Stein!
Und wenn man ihnen sagt, ihr großen Raphaele
Habt die Natur noch nie belauscht, iht saht vorbei
Durch Nebel eurer Träumerei
Durch Bücher, die nur eine Seite
Des Herzens Höchstes aufgedeckt
Und hundert Seiten Dunst gekleckt —
Ihr nennet Eitelkeit, was Wohlthun, Göttertugend —
Gefühl hervorgebracht, ihr nennet toller Jugend
Vergehungen mit Namen, daß Verfolgung sich bereite,
Und Menschen, werth belohnt zu werden, Sünder,
So hat Thorheit gespielt, und Männer werden Kinder.

Theater — o behüte Gott!
Ein großer Rousseau — zwar gelesen hab' ichs nie
Allein er schrieb dagegen, mein' ich,
Kurz die Gelehrten all sind einig
Theater ist Pedanterie.

Ein Edler stirbt. Man tanzt und lacht.
Ein Glas zerbricht! Es wird ein Kriegsverhör gehalten
Und alle Stirnen stehn in Falten,
Als wäre dies des Erdballs letzte Nacht.
Der Knabe soll im Takt und nach der Trommel lernen
Und tanzen und verdaun. Die Mentore entfernen
Was mit dem Leben ihn bekannt zu machen schien.
Er sieht nur Kutschen, Komplimenten,
Hört das Geschrei schulmäßiger Studenten,

Die über Activ und Passiv
Oft räsonniren krumm und schief,
Und dieses Drehewerk, der Mischmasch von Genien
Und Gassenhauerwitz, der Unsinn heißt — erziehn!
So schlage doch Merkur darein, den Wust zu enden.

Ich bitte denn doch mir zu sagen,
Ob die Moral, so vorgetragen
Wie Shakespeare sie sinnlich macht:
Ob Väter, die durch ihre frommen
Herzlieben Söhnchen in der Nacht
Des Alters und der Noth, zuletzt um alles kommen,
Ob Ehrgeiz, der mit Menschenblut geschmiert
Von einer Klippe zu der andern
Und endlich zum Schaffot durch Zaubereien führt,
Durch welche wir erziehn — ob Regeln ohne Zahl
Auf Pult und Kanzeln hergeschrien
Ein junges Herz zu feinerer Moral
Und bessern Entschlüssen erziehen:
Als auf der hohen See von wirklichem Geschick
Nicht bloßen Träumerei'n — von Shakespeare ein Stück! —

Man lernt den Krieg, man lernet sich
Das Halsband und die Degenkuppel schnallen.
Man greift auch an's Gewehr und — ohne Noth, laß ich
Auf einen Burschen der's weit besser führt, um mich
Vor Kutschen sehn zu lassen, Hiebe fallen
Fünfhundert wen'ger eins mit einem mod'schen Stock —
Das alles macht — mein fein'rer Rock.

Allein ihr Herrn seyd nie gelegen
Nackt und blessirt wie Vater Kleist.
Ein feindlicher Soldat hat nie den großen Geist
Ins Zelt gebracht — und stürbet ihr, so reißt
Kein Hauptmann von den Feinden sich den Degen
Von seiner Seit' — und fleht um euren Geist.

Der Krieg ist keine Uhr, und dennoch ist er eine;
Bewegungen, so wir von Jugend auf gelernt,
Die werden uns Natur und fallen oft ins Kleine
Nur keiner sieht, daß man weit davon entfernt,
Und so sind blind die Führer ganzer Heerden.

II.

Divertissement zum Nachspiel:

Die Christen in Abyssinien
oder
die neue Schätzung.

Erste Scene.

Tintrong.

Du bist also in der festen Ueberzeugung, mein lieber Yarmund! die Liturgien, so bald dieser bald jener Patriarch erfand, die Sinnlichkeit der Parsen und Guebern zu reizen, bestimmen das Wesentliche des Christenthums. Du empfandest nie, daß sie diese Knechtsgestalt annahmen, je nachdem sie sich in Umständen befanden, die sie mehr oder weniger zum Umgange, Handel und Wandel mit solchen Völkern nöthigte, deren Liturgien anstößig und abscheulich waren. Die Reinigungen der Parsen mit Ochsenunflath und die dabei abgesungene Liturgie scheinen der Lehre der Christen alle Mittel abzuschneiden, zu ihnen durchzudringen, und so wenig einer, der von Jugend auf gewöhnt worden, Taback in Rollen an einem Ende anzuzünden und am andern zu rauchen, sich an thönerne Pfeifen gewöhnen oder zum Geständniß gebracht werden kann, daß dieser Genuß besser wäre, so wenig wird es auch unsern Liturgisten gelingen, diesen heilsamen Eindruck auf die Herzen der Menschen zu machen, der allein die Folge freier, edler und guter Handlungen ist. Die Christen vom heil. Thomas fasten, weil die Mahomedaner und Guebern auch fasten, aber sie haben noch Niemand dadurch bekehrt, sondern das Uebel nur ärger gemacht, denn da jede Parthei in dem Wahn schwebt, die andere zu ihrer Meinung gewandt zu haben, so wird sie selbst in dem, was sie als Irrthum in der ihrigen erkannt, und von selbst schon innerlich gerügt hat, dadurch nur noch zehnfach darin verhärteter.

Yarmund. Der liebe Gott hat ja die Thiere unendlich von einander verschieden, vom Affen bis zur Bisamratte, warum sollte es ihm nicht mit den Menschen auch so gefallen haben.

Tintrong. Schon wieder ein Gleichniß! Schon wieder ein Schluß! Von Thieren auf Menschen — warum nicht auch wieder von Menschen auf Thiere, z. B. so wie ein Mensch dem andern seine Gedanken und Meinungen durch Worte und Zeichen beibringt, so könne auch ein Thier die Neigungen des andern zahmer und sanfter machen. Alles dieses sind Trugschlüsse. Ich bitte dich: wir kennen bisher noch kein vollkommneres Geschöpf als den Menschen, warum willst du an der letzten Menschenmaske verzweifeln, in der du Spuren deines eigenen Gesichts, vielleicht auch deines eigenen Charakters wiederfindest — und warum nicht auch noch etwas unterscheidendes, das dich zu seinem Umgang reizen und dir etwa mehr versprechen kann.

Yarmund. Ich sehe, Bruder, ich rede mit einem Freigeist, mit einem Menschen, der keine Religion hat.

Tintrong. Wenn du Religion Vergötterung anderer Menschen oder mein selbst nennest, so — — aber du sprichst mit einem Menschen, der äußerst empfindlich für die Vorrechte anderer Menschen, selbst des letzten Menschen auf dem Erdboden ist.

Yarmund. Du wirst also die Probe „Aufgabe des Kaisers von Tetuan mit der Mulatte" nicht auflösen wie ich merke — weil dir ein Mensch so viel werth ist, als der andere.

Tintrong. Nicht allemal — Indessen doch noch eher als du, der den Preis dem zuerkennt, welcher ihm am meisten bietet, d. h. seiner Gewinnsucht das meiste verspricht.

Yarmund. Reize mich nicht zum Zorn, Tintrong, ich bin ein ehrlicher Mann.

Tintrong. Du hättest nicht nöthig, das mit so vielem Nachdruck von dir selbst zu sagen. Laß uns einmal die Partheien vernehmen. Babelmansor hat dem Kaiser von Tetuan beigebracht, das Geld sey dem Staat verderblich, das er von den Christen nehme, die die Negersklaven nach Amerika bei ihm kauften, er werde besser thun, wenn er die Mulatten, die sich von der Küste Guinea vor der Raubsucht der Christen in das Innere seines Reichs geflüchtet, bei sich behielte, und dem Staat nützlich zu machen suchte. Er hat alle eure weitläuftigen Plane mit diesem einzigen Streich, den ihm die Rechtschaffenheit an die Hand gab, durchkreuzt — was willst du nun sagen, wenn die Frage an dich kommt, ob die vornehme Mulatte, in welche er sich verliebt hat, eine Hindostanerin oder Abyssinerin sey, das heißt mit andern Worten, ob sie den Guineahändlern abgeliefert werden soll oder nicht — denn du weißt, daß die Hindostaner den Vorzug vor den Abyssinern behaupten, und nichts davon wissen wollen, daß sie vielleicht eine Kolonie von Arabern aus Abyssinien seyn könnten, welche sie durch unsere Gesandten an ihre Nabobs auf das grausamste mißhandeln zu lassen gewohnt sind. — Ich weiß, daß du Plantagen in Hispaniola hast, und mit den Europäern, die von dort hieher handeln, große Geschäfte machst. Ich will deine Religion keineswegs antasten, die dein Gewissen eine Zeitlang beruhigt, weil du diese Leute für Mahomedaner oder Heiden hältst, mit welchen dein Papst oder dein Patriarch dir erlaubt zu verfahren wie es dir beliebt. Setze dich aber nur auf Einen Augenblick in den Fall des Babelmansor — oder kannst du das nicht mehr —

Yarmund. Ich bitte dich, mache mir nicht Kopfschmerzen.

Tintrong. Du siehst den Babelmansor für eine Bisamratte an — wohl! wofür wirst du nun aber seinen Nebenbuhler Scheikh Daher halten? Ganz natürlich für einen Engel — denn er will den Kaiser von Tetuan dahinbringen, nur diejenigen Mulatten an die Sklavenhändler abzulassen, deren Sitten das meiste Hindostanische an sich haben, weil, wie du weißt, hier die Hindostaner weniger gelten, als die recht schwarzen Abyssinier. — Es ist kein Spaß, lieber Yarmund! so lächerlich diese Sache scheint, da die Hindostaner mehr ins Blonde fallen als die Abyssinier, und diese ihren eigenen Augen nicht trauen wollen, um nach ihrem Gesetz keine Ungerechtigkeit zu begehen, so wollen sie uns

Jakobitischen Christen die Entscheidung überlassen, welche Geschlechter zu den Hindostanischen und welche zu denen aus Guinea gehören, oder welche ächten abyssinischen Ursprungs sind.

Yarmund. Ich höre kein einziges Wort von deinem Geplauder — mir ist die Sache zum Ekel.

Tintrong. Sie ist aber von Folgen, Lieber! trotz aller deiner sogenannten Religion. Du fühlst nicht, wo du mit deiner zu raschen Entscheidung andern Leuten wehe thust. Du hast Gewissen, hoffe ich: eine Frau zu verlieren ist keine Kleinigkeit. Scheikh daher hat dem Kaiser begreiflich gemacht, es sey gar kein Unterschied zwischen hindostanischen Negern und abyssinischen Mulatten, kleine Abweichungen des Dialects ausgenommen, die sich leicht verlernen und entwöhnen. Was sie von fremden Sitten angenommen, sey ihnen immer noch heutiges Tages so wenig eigenthümlich, als einem Neger es bleibt, der den Europäern abgesehen, die Tabackspfeife mit zwei Fingern und dem Daumen zu halten.

Yarmund (verdrießlich). Die Hindostaner sind den Christen näher als die Abyssinier, das kann ja Jeder mit Händen greifen ohne vieles Grübeln und Spekuliren. Sie lernen sogar unsere Sprachen und lesen unsere Bücher, ob sie gleich mit unsern fünf Vokalen nicht zurecht kommen, da sie deren achtzehn haben.

Tintrong. Gut, also du hältst die Mulatte für eine Hindostanerin. Du bist für Babelmansor, und das aus Gründen! Ich habe jetzt kein Wort weiter zu sagen, ich habe dir Unrecht gethan — du bist das, wofür du dich ausgiebst, ein Christ. Babelmansor fühlt einen Hang zu unserer Liturgie, die, wie du weißt, sehr einfach ist — nämlich die Einsetzungsworte der Sakramente, wie sie in der Bibel stehen, — nun verfolgt man seine Mulatte vielleicht selbst dieser Uebereinstimmung ihrer Sitten wegen, folglich ist diese Verfolgung, im Grunde angesehen, eine Christenverfolgung. Nun bitte ich dich, komm heut Abend zum Spaß einmal in die Abendloge, wo die Commissionärs der verschiedenen Handlungslogen aus Asien und Amerika bei einander sind, und sage mir hernach — was du von unsern Christen hältst —

Yarmund. Ich weiß, der eine ärgert sich, daß er einen Rock mit der langen Taille trägt, der andere, daß er noch keine Perücke hat, der dritte, daß er Thee mit Rum und nicht mit Milch trinkt, der vierte, daß er die Hände nicht faltet sondern zusammenlegt wenn er in Gedanken ist, der fünfte, daß er den Taback mit zwei und nicht mit drei Fingern nimmt.

Tintrong. Solche elende Kleinigkeiten — (sie gehen ab)

Yarmund. Aber bei ihnen so bedeutend, daß sie sich daran halten würden, wenn das Weltgericht käme.

Zweite Scene.

Saal eines Kaffehauses auf einem Marktplatz in Tetuan.

(Einige Kaufleute spielen Karten, andere im Schach, andere rauchen Taback als Zuschauer, andere spielen Billard). Yarmund. Tintrong.

Ein preßhafter Mann (der eben einen Stoß auf dem Billard gethan). Nein, sag' ich — nein! der Kaiser hat nun einmal seinen Eigensinn, und da ist nicht von abzugehen, auch was ich oder meine Negociateurs ausrichten können — (mit dem Köh gegen ihn) der Besitz dieser Mulatte ist einmal mit der Einfuhr der leichten Baumwollzeuge verbunden.

Yarmund (stößt ihn an den Ellbogen). Wirklich verbunden —

Preßhafter Kaufmann (schlägt mit dem Köh auf's Billard). Und da gehe ich nicht ab davon.

Yarmund. Aber es ist Hoffnung da — bei der Neigung die er für unsere Parthei blicken läßt —

Alfaddin (ein Tabackraucher der zu ihm tritt). Favorit zu werden? — Ja, da läßt man auch Leute zu, die in ihrem Leben nicht in die Messe gehen.

Yarmund. Er hat doch unserm Handel noch niemals Eintrag gethan — und sie liebt ihn, wenn er auch nicht Favorit wäre —

Alfaddin. Zu sagen, sie sey eine Abyssinierin — Babelmansor will uns die Hindostaner aus den Factoreien entwenden, Scheikh Daher, welcher sagt, es gäbe keinen Unterschied zwischen Hindostaner und Abyssinier, macht uns Hoffnung noch von hiesigen Eingebornen welche nach Virginien und Maryland zu schicken.

Tintrong. Der Schluß ist grundfalsch —

Preßhafter Mann (seine Brille abnehmend). Falsch oder nicht, ich fühle Uebelkeiten sobald mir der Mensch unter die Augen tritt. Der Betrüger guckt ihm zu beiden Augen heraus — haben sie nicht gemerkt, wie er geht, als ob er sich alle Augenblicke bedächte einen Tritt zu thun — nur damit er sich seine Tritte und Schritte hoch kann anrechnen lassen.

Tintrong. Und Scheikh Daher — Ein Mensch ist wie der andere.

Alfaddin (rauchend). Er trägt heut eine Perücke, morgen sein eigenes Haar, übermorgen seinen Turban wieder — er zeigt, daß er alles seyn kann was er will. Er trinkt Punsch mit Engländern und tanzt mit Französinnen.

Preßhafter Mann (den Arm aufhebend). Spielt Schach — (ein Handlungsdiener bringt ihm einen Brief, den er schnell aufmacht).

Ein Schachspieler (im Hintergrunde). Schach — und Schach — und abermal Schach — Schach — und Schach — und Matt — (steht auf, und mit einer Miene Selbstzufriedenheit zur Gesellschaft) das war etwas aus der höhern Mathematik.

Yarmund (zupft den preßhaften Mann). Von Scheikh Daher wollten Sie sagen — er geht in die Messe —

(Preßhafter ganz zerstreut, den Brief noch einmal lesend, und den neben angeschlossenen erbrechend).

Alfaddin (rauchend). Wie, wenn sie nun aber keine Feinde wären, Scheikh Daher und Babelmansor —

Yarmund (stößt den Preßhaften). Werfen Sie das Lumpenzeug weg — Sie wollten von Scheikh Daher sprechen, und wenn Sie den Favoriten gewonnen haben, was fragen Sie nach dem Lumpenkram?

Preßhafter. Er ist kein Favorit — (seine Brille putzend).

Yarmund. So geben Sie mir den Brief her —

Preßhafter (ihn mit beiden Händen haltend, indem er die Brille fallen läßt). Wart doch, wart! es ist wegen Bekleidung der Matrosen — (will bald nach der Brille greifen, und doch den Brief nicht aus beiden Händen lassen, indem er sich bückt, ächzt er jämmerlich und macht einen Lazzi).

Yarmund. Den Brief her, sage ich, was gehn uns die Matrosen an! Von Scheikh Daher sprechen wir.

(Stößt

(stößt ihn, daß er sich auf den Boden setzt) Er raucht Taback durch Wasser oder in Thonpfeifen —

Alfaddin (lachend). Wir wollen ihm die Mulatte geben. (zum Preßhaften) Geben Sie mir den Brief her — (ihm über die Schultern in den Brief guckend) Ich glaube gar, der Kaiser will ein Christ werden. Er ist toll! Das ist der erste Brief von der Art —

Yarmund (gleichfalls in den Brief guckend). Das folgt noch nicht daraus, wenn er die Seeräuber gefangen nach Guinea schickt —

Preßhafter. Meine verwünschte Brille — ich kann nicht zu der Brille kommen (immer den Brief haltend und ihn gegen den Busen drückend).

Alfaddin. Es ist die Frage, wer bei dem Tausch gewinnt. Die Seeräuber in den Plantagen und die Guineamohren hier als Matrosen — die Schnurre ist nicht so übel ausgedacht.

Preßhafter (auf dem Boden). Wie die Leute von Staatsgeheimnissen plappern — Meine Brille — meine Brille!

Tintrong. Und unsere Faktorei soll ihnen wohl die Winterkleidung, die Leinwandhosen und die Stockfische geben —

Yarmund. Den Brief her!

Preßhafter (ihn in die Tasche steckend). Er ist zerrissen! (brüllt) Junge! Markör! eine Bowle Punsch her! —

Yarmund. Von Scheikh Daher, bitte ich, erzählen Sie mir. — Hat er auch ein Gebetbuch?

Preßhafter (sich aufraffend). Ei, Scheikh Daher, Scheikh Daher — ich habe vergessen, was ich alles von Scheikh Daher sagen wollte. Da könnten wir die ganze Nacht durch sitzen und Morgen früh wieder anfangen. (Bedienter mit Punsch).

Yarmund (bietet dem Preßhaften eine Pfeife). Nun von Scheikh Daher, was meinen Sie, wird er die Mulatte heirathen, oder macht er nur Maske auf sie, um Babelmansor zu schaden, wie er öffentlich erklärt hat?

Tintrong. Maske oder nicht — wenn sie Abyssinerin ist, desto besser — so muß sie auf die Plantage, und kann wohl noch Nachfolgerinnen bekommen.

Yarmund. Kurz man merkt dem Scheikh Daher an, daß er ein heimlicher Christ ist, und die Reihe könnte wohl auch an uns kommen, in den Zuckerinseln zu graben.

(trinkt ihm ein Glas Punsch zu) Also die Flibustiers — erzählen Sie mir mehr von Scheikh Daher.

Preßhafter. Er will kein Favorit seyn, denn der Großsultan hat einmal gesagt, es zeigte Schwäche des Geistes an, wenn ein regierender Herr sich einem Favoriten überließe —

Schachspieler. Schwachheit oder Stärke — in beiden Fällen hat's der Favorit gleich schlimm, denn im ersten wird er gemeiniglich aufgehängt, im andern muß er sich selbst hängen.

Yarmund. Und im dritten müssen wir auf die Zukkerinseln.

Preßhafter. Und im vierten will ich meine Brille haben, denn ein- für allemal, Scheikh Daher hat zwei Zoll mehr als Babelmansor — (zündet seine Pfeife an) das mit den Leinwandhosen gefällt mir indessen nicht übel; ich möchte nur wissen, welch ein Muster Leinwand er verlangt, blau- oder rothgestreift? —

Ein anderer Tabacksraucher (tritt näher). Ja, da steckt der Knoten eben! Ich weiß nicht, von welchem Sie sprechen — wenn es der gewesene Favorit ist — Baltimansor, Baltimansor, wie heißt er doch! so muß ich Ihnen als eine unumstößliche Wahrheit sagen, wenn Sie diese Neuigkeit vielleicht noch nicht wissen — er hat alle seine Güter verloren, bewegliche und unbewegliche, und ist entweder schon nach Capoverdo abgereist, oder wird nächstens dahin abreisen — Sie können sich darauf verlassen — ich hab's von einem meiner Onkel bei Hofe, der dem Kaiser die Wachslichte liefert.

Preßhafter (greift nach dem Briefe wie im Schlafe, besinnt sich, und indem er Taback raucht). Nun Gott Lob! —

Yarmund (lachend, schlägt ihm auf den Bauch). Gottlob! — Gottlob und Dank! — Aber er hat Ihnen doch die Baumwollzeuge vom Halse geschafft, er giebt Ihnen einen neuen Absatz für Matrosenhemden.

Preßhafter (rauchend). Das ist auch wahr.

Yarmund. Und doch freuen Sie sich, daß es ihm übel geht, daß er in Ungnaden ist —

Alfaddin. Weil er Thee mit Rum trinkt und keine Perrücke trägt.

Ein Betrunkner. Hier, Herr, ich hab' eine Perrücke — und wer mir etwas wider Scheikh Daher spricht, hat es mit mir zu thun — he —

Schachspieler. Sie haben vollkommen Recht, denn dabei können Sie niemals übel fahren, es müßte denn seyn, daß ein Dritter empor käme, der uns alle spießen und braten läßt.

Preßhafter (zieht den Hut ab). Gott behüt' uns in allen Gnaden!

Alfaddin. Sie haben Recht, Sie haben Recht! in meinem Gebetbuche steht: ehre deine Obern! — und meine Großmutter sagte mir: wenn du ihr Haus vorbeigehst und es steht ein Perrückenkloß vor dem Fenster, so ziehe deinen Hut ab. — Scheikh Daher ist familiär genug mit mir, aber darum weiß ich doch, wer ich bin und wer er ist.

(Zwei Kaufleute treten herein, sehr niedergeschlagen).

Wirth (tritt zu ihnen). Was wäre Ihnen lieb?

Markör (bietet ihnen den Köh an). Eine Partie?

Kaufleute. Wir spielen heut nicht.

Wirthin. Eine Tasse Kaffe?

Ein Kaufmann. Hernach! (er bezahlt das Geld voraus).

Wirth (neugierig). Ist was Neues vorgefallen?

Kaufmann. Der Sultan hat einen Ramasan für die Christen ausgeschrieben, nach Endigung desselben wird man sehen, ob der neunte Mann, auf den die Zahl fällt, ein Türke oder ein Christ ist.

Alfaddin (näher). Daß er in die Zuckerinseln kömmt —

Anderer Kaufmann (verdrießlich). Ja, ja, denn die Türken verstehen zu rechnen, sie verstehen die Algebra.

Preßhafter (sucht). Ich kann meine Brille nicht finden. — Was, einen Ramasan?

Alfaddin. Ja einen Ramasan, einen Ramasan! das ist kein Spaß, und darnach in die Zuckerinseln.

Tintrong. Das ist wahrscheinlich Scheikh Dahers Einfall, denn er schmeckt nach seinem System.

Schachspieler. Sehen Sie da die Früchte der von Ihnen geschaffenen Günstlinge.

Alfaddin. Und doch bleib' ich dabei, sein System ist das richtige, nur in der Anwendung —

Tintrong. Eben in der Anwendung steckt der Knoten. (zupft den Preßhaften) Meinen Sie nicht auch, Herr Zundervandermeulen. Die vortreffliche Wendung, die er dem Einfall des Sultans giebt.

Preßhafter. Lassen Sie mir den Scheikh Daher zufrieden. Sie wissen, der Despot hat kein besser Mittel zu unterjochen, als durch Hunger, und wie will er die Flibustiers anders zum Gehorsam bringen.

Kaufmann. Babelmansor ist in Ungnade, denn alle Mühe, die er verwandt, sich zu erhalten, ward durch eine Menge unzufriedener Hofleute vernichtet.

Preßhafter. Nun Gottlob und Dank! — (seine Brille suchend). Ich sage Ihnen ein- für allemal, ich kann den Babelmansor nicht leiden —

Yarmund. Aber er hat Ihnen ja nichts gethan, Mann!

Preßhafter. Schon der Name ist mir unausstehlich.

Yarmund. Da haben wir's denn heraus — am Ende wird es wohl der Name ganz allein seyn. Babel — Babelmansor — dagegen Scheikh Daher — hören Sie nur, welch ein Wohllaut, welch eine Harmonie! Scheikh Daher, Scheikh Daher — Fürs erste Scheikh — denn wir müssen analysiren — kommt nun wahrscheinlich von Schach, ist aber ins Hochteutsche verwandelt, und heißt nun Schich oder Scheikh, und Daher von denken, dacht er — Scheikh Daher — Schacht dacht er — und kurzum, ich bin ihm gut, wenn er auch weiter nichts als den Namen hätte.

Preßhafter (rauchend). Aber — aber — aber — kurz und mit einem Wort, wenn ich ein Fürst wäre, Scheikh Daher müßte mir nicht von der Seite kommen.

Yarmund. Scheikh, du tausend Element! er müßte mir allen Sultans und Nabobs Schach bieten, so viel ihrer sind.

Alfaddin. Und der andere — nun ja doch, den schickt' ich in die Türkei oder nach Babylon, eine neue Sprachen-Mengung einzuführen. Babel — Mansor — der Luzifer könnte keinen erbaulichern Namen tragen — Babel fürs erste — der Mensch ist verdammt gewesen ehe er geboren ward — Babelmansor — er sollte keinem Rechtgläubigen auf die Nähe, oder wir müßten vor ihm laufen, ärger als vor einer Schlange — Laß ihn nach Indien und Fakir werden.

Kaufmann. Daher hat auch Scheikh Daher seinen Namen nach den Silben beim Hofe so austheilen lassen; der eine Hofpage wenn er durch die Hintergebäude geht, soll rufen: Ba — der andere Bel — der dritte Man — der vierte Sor — der fünfte und sechste Bel — Man — der sechste und siebente Sor — Bel — der siebente und achte — Man — Ba — der neunte und zehnte Sornam — Bel — Ma — wenn er von dem Kartätschenfeuer nicht umfällt, so kann ich ihm nicht helfen — der Teufel soll den Namen holen: Belmansor.

Preßhafter (raucht). Meine Frau nennt ihn immer Bileam.

Wirth. Ihr Herren, Ihr Herren! daß es nur der Castellan vom Patriarch nicht hört — er hat uns erlaubt, im Ramasan Eyer und gesalzene Fische zu essen, aber wenn ihr mir mit solchen Auslegungen von der Bibel kommt — Wie heißt der Herr, den Ihr zum Patron von unserer Kirche macht? Seh ich dahin —

(Babelmansor tritt herein mit Scheikh Daher, der sich in einen Dolmetscher verkleidet hat, und den Namen Alvarez angenommen).

Wirth. Da haben wir's? —

Babelmansor (zum verkleideten Alvarez). Was doch diese Leute wider mich haben mögen — sieh, wie trotzig und verdrießlich jeder in seiner Ecke sitzt.

Alvarez (lächelnd und etwas heimlich). Es ist um das Gewissen. Ganz gewiß ist hier etwas gesprochen worden.

Babelmansor. Das ist freilich sichtbar genug — so trägt jeder Mensch seinen eigenen Angeber auf dem Gesicht, und weil er diesen nicht sehen kann, so räth er auf hunderttausend Meilen umher. Aber ich bitte dich, lieber Mandarin, in welcher Sprache du willst oder kannst, dollmetsche ihnen, daß ich in keiner bösen Absicht gekommen sey, daß der Ramasan ein blinder Lärmen ist, und daß wider die Regierung sprechen, in meiner Sprache nichts anders ist, als durch vieles Geplauder beweisen, daß die Regierung recht sehr gut seyn müsse, weil sie Niemanden die Zunge bindt.

Alvarez (zu Darmund). Der Seraskier hat mich versichert, daß er den Christen und besonders den Teutschen in Abyssinien recht sehr gewogen sey, nur da aus einem Schneeballen leicht ein Berg entstehen kann, so bittet er bei aller

Freiheit, die er ihrer Zunge gestattet, nur bisweilen ein wenig inne zu halten und zu bedenken, was sie sprechen und was aus ihren Reden für üble Folgen für sie selbst entstehn. Er weiß z. B. die Christen werden unzufrieden seyn, daß er für seine Person darum angehalten, die Flibustiers gegen keine andere Art christlicher Schiffe auszurüsten, als gegen die, so gekaufte oder geraubte Tetuan-Neger am Bord haben; — sobald aber ein Flibustier überführt werden kann, gegen ein unschuldiges Kauffarthei-, Last- oder Kriegsschiff eine Flinte aufgehoben zu haben, das keine gekauften oder geraubten Sklaven am Bord führt: so soll er selber gefangen und den Christen für die Plantagen abgeliefert werden auf so lange Zeit, als die Regierung mit ihnen Accord gemacht.

Babelmansor. Sage ihnen doch auch, ich bitte dich, meinen Streit mit Scheikh Daher.

Alvarez. Was den Scheikh Daher betrifft, dessen Parthei Sie so eifrig bei Hofe nehmen, so versichert Babelmansor allen hiesigen Christen, daß er wider denselben nicht die mindeste Feindseligkeit habe, vielmehr selbst dazu behülflich war, daß dieser sein abgesagter Feind eine höhere Ehrenstufe erhielt, als er selber. Er soll sie auch behalten, nur muß Babelmansor auf seiner Hut seyn, daß derselbe bei seiner größeren Macht zu schaden, nicht wirklich schade, weil er sich öffentlich erklärt hat, daß wenn er dem Babelmansor worin schaden könne, er diese Gelegenheit nicht aus der Acht lassen werde. Von der Art ist seine Maske auf die vornehme Mulatte, von welcher Babelmansor nicht leugnen kann, daß sie ihm nicht gleichgültig sey, und daß sie in gewisser Art an dieser Veränderung der Maaßregeln des Hofes in Ansehung des Sklavenhandels den meisten Antheil hat. Scheikh Daher, der die Mulatte nicht liebt, giebt also nur darum vor, sie zu lieben und dem Babelmansor zu schaden, und könnte die abyssinischen Christen leicht einen falschen Weg leiten, wenn sie ihm in dieser feindseligen Handlung beiständen. Babelmansor warnet die Christen dafür, und läßt ihnen durch mich versprechen, daß, wenn es ihnen nur gefällt, neutral zu bleiben, ihnen kein einziges Haar gekrümmt werden soll, sie mögen unternehmen was sie wollen. Nur Menschen auf die Schlachtbank oder an die Kette zu liefern, sollen sie nicht, sonst können sie

Handel und Wandel treiben, womit und mit wem sie wollen, ohne die allermindeste Einschränkung Fabriken anlegen, Lehrbursche annehmen, Ländereien kaufen, kurz, ihre Rechte sind wie der Landeskinder, ja, da sie mehr Geschick haben, sollen sie in vielen Unternehmungen den Vorzug erhalten.

Babelmansor. Von den Abgaben der Geistlichen hast du noch nichts gesagt.

Alvarez. Diese sind gänzlich aufgehoben, und es darf kein einziger ihrer Geistlichen für seine Stelle etwas an den Divan erlegen, widrigenfalls, sobald er die Klage aufnimmt, der schuldige Mullah ins Gefängniß wandern muß, oder gar die Stelle verliert. Mit einem Wort, der Sultan bezahlt seine Geistlichen selbst aus den öffentlichen Einkünften, und die Christen können ihren Gottesdienst halten unter welcher Gestalt und Form sie wollen, als ob sie in ihrem Vaterlande wären.

Babelmansor. Laß uns nun an den Hafen, damit wir die Schiffe besehen, so die Flibustiers ausgerüstet, und ihnen den Willen des Kaisers bekannt machen, damit sie sich mit keiner Unwissenheit zu entschuldigen haben.

Alvarez (zu Darmund). Um Ihnen alle Furcht vor den Flibustiers zu benehmen, so muß ich Ihnen noch bekannt machen, daß der Kaiser solche Anstalten getroffen, daß jeder Flibustier durch seine eigene Untergebene, die alle hier in Eid genommen sind und Geiseln zurückgelassen, auf der Stelle, sobald er seine Vorschrift übertritt, angepackt, und in den Boden des Schiffs in Eisen geworfen werden wird. Also hoffe ich, Sie werden jetzt mit Babelmansor zufrieden seyn, und dienen dem Scheikh Daher übrigens in allem, was nicht offenbar feindselig gegen Mansor ist.

(Babelmansor und Scheikh Daher ab).

Preßhafter (nach seiner Brille suchend). Das ist ein Schmerz — der ist ärger als die Christen selber. (suchend) Meine Brille, meine Brille! — ich habe meine Brille verloren — o wehe, meine arme Brille!

Tintrong (giebt ihm einen Schlag auf den Rücken). Brülle, brülle jetzt ein Divertissement!

(wird gebrüllt von Allen)

Es ist aus einem Schneeball oft
Schon oft ein Berg geworden.

Und wer den seidnen Strick gehofft,
Bekam zuletzt den Orden.

Der Türke wie der Katholik,
Der Mohr wie die Manzuren —
Es findet jeder seinen Strick
Auch auf der Weisheit Spuren.

Doch kennt er ihn und geht vorbei
Und hofft auf Gottes Gnade,
So find't er oft ein großes Ey!
Geduld — — und Ackolade.

Der Menschen Zungen sind so spitz,
Der Menschen Witz so feindlich;
Doch durch Geduld wird Zung' und Witz
Und Schadenkitzel freundlich *).

Der Perse der sein Baraphnom
Und Ochsenunflath leiert,
Und wenn er sich besudelt **), fromm
Der Sonne Strahlen feiert.

Der Grieche, der ihn bessern will,
Und Liturgien brüllet,
Der Schwärmer welcher hetzt, und still
Die Wurst mit Pulver füllet —

Der Hindu wie der Muselmann
In luftiger Verdrehung
Des Körpers, der kaum keichen kann
Für Lachen und für Blähung.

Brüllt alle, brüllt: aus einem Kloß
Ist diese Welt geworden!
Wer redlich denkt und handelt groß,
Ist Ritter ohne Orden.

Es greifet nach dem güldnen Schild
Die Zange mit den Spitzen,

*) Hierunter ist nicht der Schade des freundlichen Onkel Toby zu verstehen. S. den berühmten Tristram Shandy des Hn. Sterne.

**) Sie reinigen sich mit Unflath.

Und trunken bebt der Kaufmann wild
Vor eingebild'ten Blitzen.

Vielleicht ist der bekannte Gott
Ihm hier noch nicht verkündigt,
Vielleicht hat er durch Hohn und Spott
Sich oft an ihm versündigt.

Nun trägt er seinen blanken Gott
Auf einer Tabacksdose
Mit Sternen à la Kennicott,
Und drunter eine Rose.

Er nennt ihn nicht, doch fühlt er ihn,
Und liebet seinen Richter,
Und die Gedanken, die ihm glühn,
Sind hell wie tausend Lichter.

Er findet auf des Hügels Höh
Am Abend seinen Tempel,
Und Stern' im Grunde blauer See
Sind ihm anjetzt Exempel.

Wenn dann, wie große Herren, sich
Die Schatten um ihn ordnen,
Fühlt er zum erstenmal sein Ich,
Das Ich des Freigeword'nen.

Ja, Schöpfer, Vater, Retter! ja,
Ein Tropfen Thau im Grase
Bin doch auch ich hier durch dich da
Dein Bild — im kleinsten Maaße.

III.

Ueber

Delikatesse der Empfindung,

oder

Reise des berühmten Franz Gulliver,

ehemals unter dem Namen Paoli bekannt,

als er bei der Affaire von Schweidnitz in eine Bombe geladen ward, welche in der Luft zersprang, ehe sie das alliirte Lager erreichte, deren halbe Schaale aber von etlichen Luftgeistern, die in diesem Monodrama redend eingeführt werden, wie eine Nußschale mit einem Lämpchen in dem Wurmloche *) in den Wolken aufgenommen und beim hercynischen Walde und den ehemaligen ryphäischen oder rothen Gebirgen, jetzt Appeninische, oder zusammengezogen, Alpen genannt, vorbei, in der Gegend um Livorno glücklich ans Land gesetzt ward.

Eine Schutzschrift für die Liebhaber der Tropen und verblümten Ausdrücke der Bücher, welche von dem ehemaligen Hauptsitz der Kultur aller Länder mit einem einzigen Namen benennet wurden.

Wenn ich Berge versetzte und wüßte alle G—

*) Bonnet behauptet eine Palingenesie der ganzen Natur, folglich könnten wohl Würmer so wenig als Läuse vom Uebergang der Blumenstaubfäden zum Animalischen und vielleicht noch einmal zum Rationellen oder mehr als blos Instinctartigen wie von der Verwandlung mit Flügeln nicht ausgenommen seyn.

Erste dramatische Darstellung.

Franz Gulliver. Ein Luftgeist (der sich zu ihm gesellt).

Luftgeist.

Haben Sie die Lampe auch recht bestellt, mein lieber Gulliver? (bei sich) Er wird doch nicht böse, wenn ich schon thue, als ob ich nicht wüßte, daß er Obrister in kaiserlichen Diensten ist.

Gulliver. Ich bin wahrlich schläfrig. — Aber sagt mir, mein lieber Coromundel, ich weiß nicht, ob ich Euch Euren rechten Namen gegeben. Was sind das für Thurmspitzen, so ich unter mir sehe?

Luftgeist. Wir werden bald in Rom seyn. Ei erkennen Sie sich noch nicht? Das ist der Sitz des Oberhaupts der Christenheit.

Gulliver. Ich bitte, Coromundel, treibe deine Neckerei nicht zu weit.

Luftgeist. Freilich weiß ich wohl, daß wenn ich gesagt hätte, des Erzbischofs von Lüttich, oder Cardinal-Bischofs oder des Superintendenten, so würde die Delikatesse Ihrer Empfindung nie beleidigt worden seyn. Wir sprechen aber ohne Leib, mein Herr! als ob wir im Leibe wären und nach unserm Maaß, das ist, nach dem Horizont der uns gegeben ist. Sie sehen wohl, wir würden auf unserm Luftball sinken, wenn die Linie des Hochtreibens nicht wenigstens im Gleichgewicht mit der Linie des Fallens bliebe; und so werden Sie mir nicht übel nehmen, wenn ich, da ich mich ohne Leib zu Ihnen geselle, um das Schifflein nicht schwer zu machen, bisweilen in der Schiffersprache da so sprechen muß, weil die Noth es erfordert, also nicht mit unnützen oder schädlichen Complimenten spreche, der Delikatesse Ihrer Empfindungen unbeschadet.

Gulliver. Was ist das, Delikatesse der Empfindung? — Gulliver ist ja noch gar nicht eingeweiht zu Eurer Luftgeistersprache.

Luftgeist. Ei, ei! als ob ich nicht wüßte, daß ein catholischer Christ nicht anders kann, als den Papst für das

Oberhaupt der Kirche halten, woran er sehr recht thut, weil er in dieser Kirche erzogen ist.

Gulliver. Du willst mich also wohl erziehen, hofmeistern, bessern? — — ich kenne diesen Ton schon lange.

Luftgeist. Nicht erziehen, nicht unterrichten, sondern nur Ihnen Nachrichten geben von Klippen, Strudeln, Sandbänken, auf denen Ihnen jämmerlich würde zu Muthe werden. Delikatesse ist ein seltsames Wort, unterdessen ist es doch diese Delikatesse allein, die das Glück dieses Lebens, daß Sie im Leibe leben und vielleicht, wenn ich mich der zärtlichen Harmonie mit meinem abgelegten Körper, die noch nicht aufgehoben ist, recht erinnere, auch des Lebens nach dem sogenannten Tode macht.

Gulliver. Laß uns reden, und sprich was du willst lieber, damit uns die Zeit nicht lang wird.

Luftgeist. Nicht wahr, es kommt alles darauf an, woran man sich freiwillig gern hält, oder nothgedrungen halten muß, und alsdann auch wohl wieder wegwirft. Nun aber giebt es eine Reizbarkeit in dem, was wir thierische Natur nennen, und doch eigentlich das Band zwischen Geister- und Körperwelt ist, also nur dem Mißbrauch oder Uebergewicht nach des Thierischen über die geistige oder edlere Natur so heißen sollte, die durchaus angenehme Empfindungen gern wiederholen möchte, und durch einen Fehlschluß für unfehlbares Gesetz der Natur oder eine zweite Natur hält. Vergebens kann der Moralist Folianten anfüllen, uns zu einem Wechsel gleichgeltender Empfindungen mit eben dem Angenehmen, eben dem Reizbaren vergesellschaftet, zu überreden.

Gulliver. Ich verstehe dich nicht.

Luftgeist. Ich will mich erklären, obgleich wir hier oben eine ganz andere und schnellere Sprache haben, so will ich in deiner, in der successiven Sprache reden, die das wahre Oberhaupt der Christenheit in seiner Durchreise dieses Planeten auch sprach, um in jeder Berührung der Delikatessen unserer Empfindungsarten Menschen ähnlich zu werden. Es beleidigt nichts die Delikatesse der Empfindung so sehr, als wenn man die ersten Elemente unserer kindischen Erziehung aufregt und daran zum Meister werden will — und doch ist auch dieses bisweilen, wenn ein gefälliger

Irrthum zum Grunde lag, und ein Gebäude von großem Gewicht darauf gesetzt ward, das den Umsturz droht, nothwendig. Ich bin so wenig für als wider Autoren und andere Reisende, die ewig hofmeistern und daran Vergnügen finden — wenn sie die Noth nicht zwingt, einen Bruder freundschaftlich zu erinnern, wenn seine mechanische Gewohnheiten ihn unvermerkt zu etwas hinreißen, das ihn selbst darnach gereut. Gestehen Sie's, wir sind alle Kinder in den Augenblicken des höchsten moralischen Genusses oder der Delikatesse der Empfindungen, die geringste Unterbrechung, sie mag nun so unvorsetzlich gewesen seyn, als sie wolle, dünkt uns ein unverzeihliches Verbrechen, und in der ersten Anwandlung des Unwillens sind wir sogleich mit dem Titel eines Widerchristen fertig, der auf der andern Seite auch so hoch nicht sollte aufgenommen werden, weil ich eine seltsame Figur als Richter spielen würde, wenn ich einen Mann von feiner Erziehung, der das Kneipen nicht gewohnt ist, so hart in die Backe kneipen wollte, daß er eine krause Nase machen und schreien müßte, und darnach hingehen wollte, und überall ausbreiten: der Mann hat mich ganz ohne Ursache zum Schelm gemacht. Er sprach vielleicht im Scherz und mit einigem Unwillen: du Schelm! — aber wie hat der Herr Richter, der doch selbst der Beleidiger war, dies aufgenommen? Ich weiß die Begriffe, die man in Ihrer Kirche von Haupt- und Todsünden macht, die keinen Erlaß finden, weil man doch in Rom immer so gern die altjerusalemitische Sprache redet und nicht nachgeben will, daß der Gott, der eine kleine Familie, die ein Volk ward, bis in die kleinsten Details erzog, und sogar für ihre: mit Respekt zu sagen, sorgte, daß dieser Gott allgegenwärtig ist, wenn er gleich zur vorher bestimmten Zeit unter den Menschen in einer sehr armen und verachteten Gestalt erschien. Nun aber muß ich einen andern Segel aufziehen, mein lieber Herr Gulliver, denn Sie sehen, wir sind hier in der Höhe (nach dem Quadranten sehend) von 48 Grad mit jenen Thurmspitzen, also der Linie des Sinkens mit den Abscissen der Parabel unsers Wurfs nahe, diese Thurmspitzen sind jenseits des hercynischen Waldes, wenn wir hier ankerten, kämen wir unter Leute, deren größester Haufen wider Ihr Oberhaupt der Kirche ist.

Gulliver. Also lauter Antichristen.

Luftgeist. Nicht so ganz, aber sie nehmen sich wohl in Acht, sich katholisch zu nennen, obgleich bei ihnen oder in ihrem Lande alles, was sich von der Summe des gröbern und zahlreichern Haufens, den man Pöbel nennt, sondert, auch wie in andern Ländern, katholisch heißt. Man mag dies nennen wie man will, Abyssinisch, Persisch, Türkisch gar — es betrifft hier nur die Delikatesse der Empfindung, oder den höheren Werth der Menschheit, die ihr wahres Oberhaupt nie verkannt, und allen die nothgedrungen oder berufen an dasselbe erinnern sollen, die gebührende Achtung nie versagt. So wollt' ich hier nur etwas von dem öffentlichen Bekenntnisse zu solchen Partheien erinnern, die vor langen Jahren im Kriege miteinander lebten, und zu Mitteln greifen mußten, die man heut zu Tage nicht mehr erlaubt oder erlauben sollte. Die damaligen Oberhäupter der Kirche verfolgten einander, jeder hatte Versammlungen der Geistlichen und ihre Schlüsse auf seiner Seite, und so entstand oft in der Kirche mehr Verwirrung als Aufklärung. Man suchte die Wahrheit nicht, sondern man suchte Streit und einen Vorwand zum Streit, damit man doch ganz ungestraft einander beleidigen könnte. Diese Parthei gründete sich auf göttliche Aussprüche, so gedreht, daß Andere, die ihnen die Waage hielten, in den Schatten kamen und übersehen wurden, jene machten es nicht besser. Das damalige, nicht dermalige Oberhaupt der Kirche brauchte Geld, um einen Krieg zu führen, da Europa bereits durch Kriegsläufe entvölkert war, Die geistlichen Brüderschaften entzweiten sich und trieben ihre politischen Verirrungen so weit, daß das Oberhaupt der abendländischen Kirche des sogenannten teutschen Reichs sie oft aufhob. Indessen waren dieses die Pflanzgüter der Geistlichkeit, und die weltlichen Reichsstände traten in Bündnisse gegen die Entvölkerung ihrer Länder, ohne deswegen gern für Antichristen gehalten werden zu wollen. Sie sehen wohl, ich spreche als Luftgeist, folglich ohne Theilnehmung und Leidenschaft, und möchte diese ganze Schule lieber aufheben, und auf ewig vernichtet wissen, weil jeder in seinem vermeinten Widerpart sich selbst verfolgte, und dieses so weit trieb, daß, als Leidenschaften sich hineinmischten, er genöthigt ward, sich an Dinge zu halten, die er sonst des Aufnehmens nicht werth geachtet haben würde.

Gulliver. Du redest als einer der sieben Weisen aus Thales —

Luftgeist. Nicht ganz, mein Herr! ich war wie Sie den ersten Eindrücken meiner Kindheit getreu, die oft die allermenschlichsten und menschenfreundlichsten sind. Ich bin oft in eine Kammer lachend hineingesprengt, wo zwei bis drei Personen sich mit den allerwichtigsten Gegenständen der Betrachtung und mit einem Wesen unterhielten, das über alle vermeinte Oberhäupter der Kirche selbst so weit erhaben ist, als diese oft über uns. Ich wußte nicht, womit sie sich beschäftigten, ich war ja nicht allwissend, und der Gegenstand, worüber ich lachte, war völlig unschuldig, ja ich war so fest überzeugt, daß sie mitlachen würden, daß ich ihnen ganz ungescheut die Ursache meines Lachens entdeckte, die sie gar nicht betraf. Allein die zartesten Spitzen der Delikatesse ihrer Empfindung waren beleidigt, sie faßten einen widrigen Eindruck von meinem Charakter, und ihr Widerwille ward eine Strafe für mich, von der mein Gewissen vor dem nämlichen Wesen mir doch Zeugniß gab, daß ich sie nicht verdient hatte, weil ich völlig ihrer Meinung war. Nun frage ich sie, ob dergleichen Voraussetzungen, er ist ein Kind, oder ein Spötter oder ein Widerchrist, wir wollen ihn erziehen oder schulen, das heißt, in solche Lagen sezzen, wo er alle Augenblicke anstoßen und stolpern muß, nicht für einen Menschen, der im Augenblick eines wirklich moralischen Genusses ein Kind war, höchst gefährlich werden müssen, und was er, wenn er nicht von der kirchlichen Verbindung dieser Männer ist, sich von derselben für ein Bild (oder sie sich von ihm) machen werden.

Gulliver. Was willst du mit allem diesen Unsinn sagen?

Luftgeist. Nichts weiter, als daß die allzuraschen Urtheile fein gestimmter Seelen die allergefährlichsten sind, weil sie am schnellsten um sich greifen, und am allerwirksamsten schaden. Wer gewahrt sich nicht gegen einen Menschen, der in einer fein gestimmten Gesellschaft für einen Antichrist gehalten worden, und auf was für Voraussetzungen? Gestehen Sie's nur als eine Beilage der Schwächen unserer irdischen Natur — doch ich muß nach meinem Quadranten sehen — o weh, wir sind grade über dem Rhein (macht eine plötzliche Bewegung, Gulliver weiß in der Angst sich nicht zu halten und greift an die Nachtmütze).

Gulliver. Höre, du bist ein übler Spaßvogel — beim Haare wäre ich in den Rhein geplumpt.

Luftgeist. Sehen Sie wohl *) — hier erinnerte ich mich in meinem irdischen Leibe mit einem Bootsmann gereist zu seyn, wo mir dasselbe beim Plaudern wiederfuhr und ich in der Angst einen Strauch packte, der mir das Leben rettete und an eine Insel zog, weil er mit stärkern Wurzeln in der Erde hing, als meine Kraft des Anhaltens war. Das ist nicht um nachgeahmt zu werden, ein Wörtchen für die Herren, die alles nachahmen, und in Allem Nachahmung finden, was auch noch so vorsetzlich entweder erdichtet — oder der Wahrheit getreu, aber in dem und dem Zusammenhange erzählt ward, das nicht vergessen werden muß. Plaudern ist unangenehm, wenn man etwas Besseres zu thun weiß, und ich weiß Länder, wo wirklich eine Menge Zeichen, die ein Fremder nie erklären kann, die Stelle der Sprache eingenommen, und die Zunge oder gewöhnlich artikulirte Sprache, die auch durch Federn und bewegliche Buchstaben erhalten wird, ganz und gar überflüssig machen zu wollen scheint. Unterdessen da diese feinere emblematische Sprache sich in allen Ländern findet, und ein wenig schwer zu entziffern ist, kann die andere wohl noch einmal, der Veränderung wegen, wieder hervorgesucht, und durch ungesalzenes Plappern gemißbraucht werden, nur um sie nicht ganz zu vergessen. Woran wollen Sie sich denn halten, wenn diese Zeichensprache (die höchst edel ist aber nur auf die artikulirte gepfropft werden sollte, wie die Buchstabenrechnung auf die Zahlenrechnung) wenn diese, sage ich, sie verläßt, und sie sie in einer verabredeten Marionettenschule durch sehr unsanfte Erfahrungen, deren ich Sie durch mein Geplapper von den Hauptgegenständen derselben, die den Eintrag und Zettel dieser Schule machen, überhebe, wenn Sie, der schon erzogenen und in allen Ständen und Diensten ihre Schulen glaubten gemacht zu haben, dieselbe als ein Kind in einem unbekannten Lande erst lernen müßten? — Und doch konnte dies Geplapper beim Rudern auf einem Flusse schädlich werden, wenn man um sich her zu sehen versäumte, denn

*) Ich wollte sagen, in den moralischsten Augenblicken sind wir am meisten in Gefahr, Andere für Unchristen zu halten, aus lauter Philantropia.

denn ich und mein Fährmann wären bei einem Haare darüber ertrunken, und der letzte litt keinen geringen Verlust an verdorbenen Waaren.

Gulliver. Halt ein Coromandel, ich sehe wir sinken, und müssen ans Land treten. Soll ich mich auch frisiren?

Zweite dramatisch-epische Vorstellung.

Gulliver war ans Land getreten, zum Unglück aber war ihm nicht beigefallen, den Luftgeist zu bitten, ihn zu begleiten, weil das Schiff in der Polhöhe von dem *** Grad des Sinus der Trionen und dem *** des Cosinus der Emersion der Satelliten Jupiters geankert hatte, und er es sehr wohl hätte verlassen können. Er verließ sich zu sehr auf sich selbst, seine Erfahrungen und sein günstiges Gestirn; und da ihm das Gespräch mit seinem Fährmann noch in Gedanken war, vergaß er sogar sein Gebet zu sprechen — kurz, er hatte eine Perücke aufgesetzt, weil er in dem Wahn stand, daß in dieser Stadt Engländer wohnten, und er den unsaubern Gesellen von Luftgeist kaum der Mühe werth hielt, ihn vorher zu befragen.

Die erste Frage an ihn in der ersten sehr artigen Gesellschaft, zu der ihm ein mitgenommenes Schreiben den Weg bahnte, war, welches Landes er sey — und ich gestehe, das ganze Gespräch mit dem Luftgeist ward durch diese Frage überflüssig, denn er hatte sich auf die Antwort nicht gefaßt gemacht, so wenig als ein berühmter Denker, der allezeit dem alten Testament beigezählt wird, weil er einen Bart trug, wußte was er antworten sollte, als man ihn zu einem Bekenntniß zwingen wollte, das er durch seine Handlungen und Denkart längst glaubte abgelegt zu haben. Denn was sollte er sagen: ich bin ein — ik — aner — iner — laner — orc, — iste u. s. f., er hielt sich an der Hochachtung für ein Wesen, das immer auf sich selbst wies und weisen mußte, als die rechte wahre einzige Thür, und dennoch von einem Stall sprach, der nicht wie dieser gebaut war, und von dem er nicht minder Hirte sey. Er philosophirte so: ein Mensch, der seine Hochachtung öffentlich bezeugt, wird zu keinem weitern Detail derselben nach angenommenen Streitpunkten, über die die Streiter selbst nicht einig werden mögen, gezwungen werden, denn in der Hochachtung liegt ja schon Bekenntniß von Ueberzeugung des Werths, der sogleich zu Boden sinkt, sobald der, der auf sich allein zeigt — und zeigen mußte — keine Achtung verdient. Allein er philosophirte — ob er verstanden ward, mag die Delikatesse der Empfindungen entscheiden, die so höchst selten recht verstanden wird, und bei den meisten Bekenntnissen ohne Herz und Geist zum Nachtheil des Bekennenden und Bekannten scheitert.

Er sollte also bekennen, wes Landes er sey, und hatte eine Perücke aufgesetzt, um für einen Engländer gehalten zu werden, der er in der That in einem gewissen Sinn seyn würde, und nach seinem Vaterlande seyn sollte, wenn man überall wüßte, was denn ein Engländer oder was ein Franzose oder was ein Deutscher — ist? Er sprach nicht englisch, glaubte aber mit dem französischen durchzukommen — und — verstummte bei der Antwort, denn er sah überall Franzosen — wie es ihm schien.

Und vielleicht, wie es in der That war, hätte ihm der Luftgeist gesagt und herzlich gelacht, denn wie er das Wort „Franzose" brauchte, war es allen angenehm. Nun aber kam er aus der Belagerung von Schweidnitz, und in einer halben Kugel oder Kern eines Geschützes, und durfte kein Wort von den Abentheuern seiner Reise, noch von dem drolligten Luftgeist sagen, der sich ihm um — — willen selbst zum Steuermann anbot, weil er wohl wußte, wie ihm in ähnlichen Umständen zu Muthe gewesen war.

Was soll ich nun antworten, dachte Gulliver bei sich selbst, und wie soll ich's einleiten, daß man mich nicht ausschließe, wenn die Delikatesse der Empfindung in die Zeichensprache übergeht, in der ich hier noch ein Kind bin. Soll ich auf die Franzosen schimpfen, so schlage ich mir selbst ins Gesicht, soll ich die Engländer erheben, so hält man mich für einen falschen Franzosen.

Ich will Ihnen dienen, sagte der Luftgeist, denn er war ihm unsichtbar gefolgt, die Holländer in Japan nannten sich nicht Christen, sondern Holländer; so haben die Teutschen das Wort „Wälsche" erfunden, das ungefähr das Aequivalent des Worts Warenger bei den Griechen ist, die jetzt dort Franken heißen. Ich bin aber nicht in Constantinopel, sagte Gulliver. Was thut das zur Sache, antwortete der Luftgeist. Du bist sehr höflich und der einzige Fremdling in Israel, der alles das, was er nicht begreifen kann, zum Türken macht. Sie wollen für Türken gehalten seyn, denn es ist ihre Delikatesse —

Was willst du mit deiner Delikatesse, sagte Gulliver, sind die Leute denn alle hier wahnwitzig, oder sollen wir von ihnen oder sie von uns Verstand kaufen? Der Schwärmer Nostradam hat wohl vorhergesagt, daß die ganze Welt türkisch werden würde, aber das war in einem andern Verstande, und als die Kreuzzüge gepredigt wurden, nothwendig, um dem Fanatism den Kamm aufzuschwellen. Ich hoffe rechtschaffene Leute zu finden, und das ist's alle —

Nun das ist eben die Absicht, warum ich mit Gefahr meines Luftschiffs zu dir herab komme, denn es kommt auf ein Härchen Umschwung in deinem Betragen an, so machst du sie zu Türken wider deinen Willen. Nicht wahr, du bist oft in Gesellschaft gewesen, wo du einen moralischen Genuß empfandest, der alles übertraf, was du sonst gesehen? Du wardst unterbrochen, und hieltest den Menschen, der dich so plump unterbrach, für einen verwahrlosten, ohne alle Delikatesse der moralischen Empfindung, der ausgeschlossen zu werden verdiente. Nimm dich in Acht, eben in dieser schlechten Schaale lag das Gold oder Gut, oder der Gott für dein wahres Glück und moralischen Werth. Hättest du abgebrochen, und nicht gleich von oben herab weg geurtheilt, ehe du das Detail kanntest, so würdest du gefunden haben, daß er für sich vielleicht nicht sowohl das agens, sondern das patiens war — doch du verstehst von der Chemie nichts im irdischen, wie willst du von der himmlischen oder den höhern Agenten wissen —

Was denn, was denn, schrie Gulliver, und nahm unvermerkt die Perücke ab, unter der er eine gute Frisur hatte, und sie füglich in die Tasche stecken konnte — ich sehe, daß ich unter Franzosen bin, komme hernach und unterbrich nicht mein Kartenspiel.

Da liegt der Fehler eben, sagte der Luftgeist. Alle diese Lotterien zu einem Gewinn von 12 Gr., in welchen die wichtigsten Staatshändel eingefädelt werden, haben die Sprache des Premierministers, den du auch kennst; allein haben Sie auch seinen Geist und einen Sinn für seine Geheimnisse? Du spielst um 12 Gr. und verlierst eine Million, die durch deine Hände gehen, und tausend Dürftige glücklich machen würde.

Was willst du mit dem Premierminister? Prüfe mich, sagte der Luftgeist, so wenig ich ein Freund vom Briefschreiben und Vorlesen bin. Man will die Delikatesse der Empfindungen der Väter, Männer, Frauen, Brüder, Kinder u. s. f. durch Romane schonen, die durch einen Umschlag übler Erklärung alles häusliche Glück an der Wurzel wegfressen. Ein Fremder tritt in eine Gesellschaft und begeht eine Unschicklichkeit, gleich ist der Romanenheld fertig, und geht in die Geberdensprache über, von der er nichts versteht. Er mag nun Karten spielen, oder vorlesen, oder Wein trinken, oder theatralisch nachsprechen: ich trinke keinen, er kann sich auf keine Weise retten, denn er hat seine Floßfedern verloren. Und wo willst du die Unschicklichkeiten suchen? Im kalten oder warmen Blut — fragte Gulliver.

In allen beiden, sagte der Luftgeist, denn das Frauenzimmer spielt überall, ohne Rücksicht auf höhern Gewinn als 12 Gr. zu nehmen, und einige kalte Schauer von Eifersucht, die es irgend einer Mannsperson abjagen kann, er mag nun der wirkliche Liebhaber oder nur der Statthalter desselben seyn, d. h. der Repräsentant in dem allerbesten Sinne, darüber gehen denn die 12 Millionen, auf die er rechnete als er in die Gesellschaft trat, in die hohe See, und werden ein Opfer der Wellen.

Siehst du jenen Mann im Winkel, der Tarockkarten mischt, und wirklich eine Perücke trägt, wie die teutschen Priester einst falsche Bärte von Mousselin trugen, die ihnen die List ihrer Weiber abnahm, um sich das Ansehn der Ehrlichkeit zu geben, und unvermerkt die Hand über den Kopf des Mannes zum Scheeren als Delilaliten frei zu behalten, damit sie nicht Närrinnen des Mannes würden. Dieser Mann hält es für eine Beleidigung, daß du die Perücke wieder abnahmst als du französisch sprechen hörtest, und sie dir überflüssig oder beschwerlich schien. Du wolltest also für keinen englischen Consul gehalten werden, denn das Spiel ging um 12 Gr., und diese Personen, die französisch mit dir sprachen, haben sich in so viel Stunden alle in Engländer verwandelt, und sprechen morgen englisch mit dir. — Siehst du, wie schwer es ist, Delikatessen zu treffen in einem Lande, wo man der Landesart und Sitte nicht völlig kundig ist. Ich weiß, daß du englisch sprichst wie französisch, laß das so gut seyn und brich ab davon. Enthalte dich aber der raschen Urtheile, bis du Prämissen genug zum Syllogism hast.

In diesem Augenblick trat ein Mensch mit einem Bart herein, und Gulliver schien ganz aus seiner Fassung zu kommen, als er denselben mit einer Dreistigkeit sich den Spieltischen nähern sah —

Dritte dramatische Darstellung.

Gulliver (und eine Fliege).

Gulliver. Das ist eine seltsame Fliege die, sie schwärmt mit Liebe um mich, als ob sie meine Gedanken verstände, und antwortet mit bloßen Bewegungen des Körpers auf Gedanken, die ich im Kopf hatte und Probleme, die mir der tiefsinnigste Meßkünstler nicht auflöste. Ist das ein bloßes Automat? Großer allmächtiger Schöpfer! — sie putzt sich, setzt sich in eine tiefsinnige Stellung — ei und denkt nichts? gar nichts? Stolzer Mensch! dein Stolz hindert dich zu sehr. Woher denn der Verweis, den sie der Schwester giebt, die sie im Denken stört? Woher dieses Umblicken nach Hülfe, sobald Gefahr ist? Dieser fertige Flug, der mit einer Gewißheit trifft, die alle menschliche Kunst beschämt. Sie steht und setzt sich ihrem Verfolger auf den Kopf, oder fliegt ihm aus dem Gesicht. Nun weiß ich zwar nicht, ob sie einen Papst oder Bischof oder Superintendenten, oder Abt oder Archiaten hat, aber sie ist fromm, denn wenn ich schlagen will, fliegt sie nach meinem Crucifixe — Wer bin ich — Diese Fliege denkt freier und größer als ich, der sie so leichtsinnig umbringen wollte, weil sie mich etwas unsanft anrührte, als ich einschlafen wollte, da ich über Pulver saß und damit arbeitete. Sie geht herum auf mir, und nimmt mir ja doch nichts, wenn sie mir nichts giebt — sie lebt — ja das weiß Gott, wovon sie lebt, ich sehe es nicht. Ich höre in ihrem Summen bisweilen einen zärtlichen Accent, sollte ich sie hassen, weil sie so leicht ist, und ein bloßer Sprachmißverstand aus ihr einen Soldaten des bösen Geistes macht, eine abscheuliche Wortdrehung gelehrter Tollhäuser. Es gab einen heidnischen Götzen, der Fliegenfürst hieß — aber sind wir denn Heiden? — und waren wir's nicht auch? Konnte die Fliege, das arme Geschöpf eines Gottes, dafür, daß man sie so mißbrauchte und verdammen wollte, ehe sie denken gelernt hatte? Und doch hat sie eine Seele, ja sie denkt, fürwahr sie denkt — ich bin außer mir vor Schaam. Ich fragte sie: wo kam'st du her? bist du vielleicht auch ein Wurm gewesen? — Ich weiß von deiner Entstehung nichts. Sie hob hinten ihre Flügel auf, und antwortete nun durch eine Bewegung, die alle tartarischen Erfindungen der größten Generale der Welt übertraf. Ihre Flügel entblößten einen Leib, auf dem ich was ähnliches der Spinne fand, und nun hatte sie mir ihr ganzes Geheimniß und ihren Feind entdeckt. Wie dankbar sie mich das letztemal umflatterte, als ich sie aus einem solchen Gewebe befreit hatte. Sie war in mein Wasserglas gefallen, das war ein Zerarbeiten mit ihren naß gewordenen zwei Segeln — der Himmel kennt sie, dacht ich, mag sie fliegen; im Augenblick hatte sie die Spinne fest, und es ertönte, o welch eine Musik! eine lange schmerzvolle Cantate mit allen zärtlichen Accenten der schmerzvollsten Empfindung, wie sie kein Gluck und kein Hasse trifft, Trillerläufe, alles aus dieser kleinen Maschine ohne Seele, ohne Gedanken, ohne Organ! —

Großer Gott, wie groß bist du! und wie klein — wie klein der stolze Mensch, der sich allein auf der Welt glaubt — Wer kommt?

Luftgeist. Also, meinst du, hätte Rousseau wirklich alle häusliche Glückseligkeit an der Wurzel vergiften wollen?

Gulliver. Wenigstens hat den Ausländern, die sich etwa in Rußland festsetzen wollten, gewiß Niemand so übel mitspielen wollen, denn er nahm ihnen ja die Luft sogar.

Luftgeist (sich besinnend). Du hast nicht ganz Unrecht. Aber sollte er's wirklich so arg gemeint haben?

Gulliver. Das will ich nun eben nicht sagen. Er glaubte vielleicht, in Rußland hätte man weder Begriffe von Ehe, noch von Familienfreuden, noch von häuslicher Glückseligkeit.

Luftgeist. Warum denn immer Rußland, vielleicht weil er Rousseau hieß — du scheinst mir heut außerordentlich schwermüthig. Hast du Geld im Spiel verloren? Warum gehst du nicht in Gesellschaften?

Gulliver. Also hätte er sonst ein Land gemeint?

Luftgeist. Du hörst ja, er schrieb am Fuß der Alpen wo wir jetzt wohnen, bis unser Luftschiff reparirt ist. Er schrieb an oder von einer Heloise, einer Eingezogenen, wie man sie in der Unterwelt nennt, und schrieb doch, wie er in der Vorrede sagt, daß er von niemand anderm gelesen seyn wollte, als in wirklichen Weiberklöstern.

Gulliver. Was ist das?

Luftgeist. Er wollte ihnen wieder Lust zur Welt machen, daß sie sein Buch zu allen Geiern würfen und vernünftige Ehegattinnen würden, ohne sich nach dem albernen Zeuge zu richten, das er ihnen vorgefabelt hatte, um den Versucher in der Einsamkeit zu machen.

Gulliver. Das ist der Teufel — Nun denn so konnte man ihm wohl auch unrecht thun. Ich wenigstens von nun an, lesen mag ich ihn wieder nicht.

Luftgeist. Aber den Werther, der deutsch sprach —

Gulliver. Was denn? was denn?

Luftgeist. Und es um kein Haar besser machte, denn er nahm sieben Geister zu sich, die ärger waren als die vorigen.

Gulliver. Was ist das?

Luftgeist. Nun freilich, er sprach wie Molieres Heiliger immer aus der Bibel, wie ein Engel in Lichtsgestalt, that Wunder und dergleichen, bis er an eine Eingezogene kam, die ihr Gelübde schon abgelegt hatte, und Braut war —

Gulliver. Und —

Luftgeist. Und — wollte ihr vorlesen —

Gulliver. In dem Vorlesen steckt also der Knoten?

Luftgeist. Nicht in dem Vorlesen. Du würdest mich lachen machen, wenn wir in der Luft Lungen hätten.

Gulliver. Aber worin denn —

Luftgeist. Ei zum Tausend — er wollte eine fremde Braut noth— und ihren Liebhaber umbringen.

Gulliver. Das war mir ein sauberer Heiliger.

Luftgeist. Ja noch heiliger als der im Rousseau. So sind die Gelehrten. Sie schreiben was sie wollen.

Gulliver. Was soll ich denn nun dabei machen?

Luftgeist. Du hörst ja, du kommst hier nicht fort, du mußt entweder Werther oder Santotabaga seyn.

Gulliver. Ei zum Geier, das ist zu arg! (steht hastig auf) Wo ist meine Fliege?

Luftgeist. Ja so sind die Menschen. Ich weiß alles, was du mit deiner Fliege gesprochen, und du hast mich in der That gerührt, denn ich war wie du jetzt bist. Ich ging in alle Gesellschaften, spielte Karten, machte mit, und wußte nicht, was im Nähbeutel der Dame verborgen lag, bis eine ein Pistol herauszog, und mich vor dem Kopf knallte.

Gulliver. Weil du den Werther machtest.

Luftgeist. Nein, weil ich zu viel Gewissen hatte ihn zu machen.

Gulliver. Also wie des Potiphars Frau —

Luftgeist. Nun freilich, denn das steht ja in der Bibel — und muß nachgeahmt werden.

Gulliver. Laß mich zufrieden. Ich will zu meiner Fliege, sie spricht menschlicher als ihr — Pfui, so wenig Achtung für das Leben eines Menschen, eines so weit höher organisirten — da ich mich wahrhaftig scheue, einer Fliege oder Laus das Leben zu nehmen, weil ich keine wiederschaffen kann.

Gulliver. Geh mir vom Halse sage ich —

Luftgeist. Du kennst mich nicht. Nur eine Frage noch, denn ich muß dir dienen wider deinen Willen: meinst du, daß die Hirngespinste von Santeprado und Werther wirklich verliebt waren, weil sie in so zierlich angesetzten Tropen und Figuren sprachen?

Gulliver. Ach laß mich zufrieden.

Luftgeist. Man hört' und sah es beiden freilich an, daß sie Begierden hatten, die sie nicht mehr mäßigen konnten — aber wer oder was denn eigentlich der Gegenstand ihrer Begierden war, und ob es ihnen nicht gleich viel galt, welche Lotte sich dahin setzte, das bleibt meines Erachtens eine Frage.

Gulliver. Du bist rasend! (steht auf) Mensch, wenn ich verliebt bin, so ist mirs nicht gleichviel, wer sich in die Stelle setzt —

Luftgeist. Ich rede ja nicht von dir, aber so ein hitziger Freund und Verfechter dieser Hirngeburten du bist, so wirst du mit kaltem Blut doch auch wohl vielleicht einmal so fragen. Es kam hier beiden Herrn Liebhabern nicht sowohl auf den Stoff als auf die Stickerei und Einfassung an, denn sieh einmal, die Probe hätte das ausgewiesen.

Gulliver. Nun welche?

Luftgeist. Es hätte sich eine Eingezogene für eine Braut ausgegeben, und wenn sie gemerkt, daß das Mäuschen Feuer fing, gesagt, ich bin frei —

Gulliver. Nun gut! Ich ließ es auf die Probe ankommen. Vorausgesetzt, ich wäre wirklich verliebt in sie —

Luftgeist. Du sprichst immer von dir. Ich rede von Romanhelden oder Schauspielern fremder sonderbarer Einfälle. Indessen wenn du Lust hast, wir wollen einmal diese Probe machen, und wenn ich dich auf einen Fehler ertappe —

Gulliver. Wir sind alle Menschen. Ich bitte, du bliebst mir lieber vom Halse. Denn Pulver brennt, und da löscht weder Papst noch Cardinal.

Luftgeist. Auf die Rechnung würdest du aber tausend Weiber in einem Tage nehmen müssen. Denn welches Mädchen machte nicht gern eine solche Probe, und ließ es auch darauf ankommen, weil ihre Unschuld nichts dabei verliert. — Wenn sie nun aber Geschmack an dieser Probe bekämen —

Gulliver. Und so fortführe, meinst du? — Ich sehe, du bist Lucifer —

Luftgeist. Nicht Lucifer, Lieber, sondern dein Freund. Mich deucht, wir wollen diese Bücher und das Vorlesen derselben auf die Seite setzen, denn es war doch wahrscheinlich nur von seinem Buch, daß der Verfasser das Vorlesen so gefährlich machen wollte. So konnte König Jakob keinen bloßen Degen sehen, weil man ihn damit hatte umbringen wollen. Das Licht ist eine sehr nöthige Sache, aber man kann mit Licht einen Pulverkeller anzünden.

Gulliver. Du sprichst ja wie die sieben Weisen aus Spanien. Ich merke, du bist von diesen Verfassern abgeschickt, die beide das verdrießliche Geschäft auf sich nehmen wollten, Hofmeister für das ganze menschliche Geschlecht zu seyn, und sich in Details einzulassen von entfernten Dingen, die ihnen kaum dem Namen nach bekannt waren.

Luftgeist. Nicht so ganz, sie kannten das menschliche Herz und die Art, ihm beizukommen. Sie wußten, daß beide (nur mit wenig veränderten Umständen der Sprache und Sitten) in allen Ländern beinah dieselben sind, sie wußten, daß auch ohne ihr Buch Proben dieser Art häufig genug angestellt wurden, die für die wahre Unschuld der Sitten und das häusliche Glück gefährlich werden konnten, und wollten ungefähr den Gang zeigen, den ein solcher Anbruch gewinnt, wenn er zu Tage hinausgeht, darum waren sie keine Hofmeister. Sie waren weiter nichts als Maler und Darsteller der verdorbenen Natur. Nun weiß ich nicht, warum sie nicht gelesen werden können, wenn sie nur recht gelesen werden, und nicht am unrechten Ort oder gemißbraucht angewandt. Man kann in Apotheken alle die Species sehr gut brauchen, die in einer gewissen Dosis unter andern Umständen Gift, schnelltödtendes Gift werden. Ein wohlerzogenes Frauenzimmer muß im Grunde des Herzens alle die Lotten und Julien abscheulich finden, wenn ihr der Wohlstand und die Mode, der Aehnlichkeit dieser Hirngeburten mit der Natur selbst wegen, die Zunge bindet.

Gulliver. Also wolltest du eine Julie heirathen? oder eine Lotte, die ihr Brautbette mit Blut befleckt, und so für besser geziert hält?

Luftgeist. Du hast nicht Unrecht, und die davon herumfliegenden Kupfer und Gemälde dünken mich freilich nicht sehr erbaulich. Aber wer kann dem Künstler vorschreiben, wie er sein Gewissen laden oder überladen soll? Es giebt verdorbene Gewissen wie verdorbene Mägen. Und doch gilt wohl vom Bilde, was vom Buch auch gilt: alles kommt darauf an, welcher Gebrauch davon gemacht wird. Laß uns aber abbrechen, denn dir die Wahrheit zu sagen, von solchen Gegenständen abbrechen, ist oft die einzige Moral dazu.

Gulliver. Was sollen wir aber in einer Welt machen, wo alle Frauenzimmer Lotten oder Julien wären? Davon laufen oder uns vor den Kopf schießen — ich weiß kein ander Mittel.

Luftgeist. Freilich kommt ihre Eitelkeit dabei ins Spiel. Wenn sie's nun aber gewesen wären, ehe die Bücher geschrieben wurden? — Und da alles seine Periode hat, wenn diese Eitelkeit auf dem höchsten Grade des Fieberhaften sich ihnen selbst abgeschmackt und unerträglich wiese — eben so abgeschmackt als der Abscheu und die Geringschätzung, die die Eingezogenen überhaupt vor dem Geschlecht haben, und gegen den sich dasselbe durch solche Handlungen rächen möchte, die den Reiz des Körpers und der Seele entstellen und widerlich machen. Denn Medusa soll einen schönen Kopf gehabt haben, wenn er gleich durch fressende Schlangen auf demselben die besondere Eigenschaft hatte, alles um sie her in kalten Stein zu verwandeln. Die Befriedigung des Geschlechtsreizes ist ein flüchtiger Augenblick, nahen gesetztere Jahre, wo man das Geschlecht vergißt, so kann weder Komödie noch Roman noch Trauerspiel den verlorenen Frieden einer Seele wieder herstellen, die sich mit den Schlangen, die sie in ihren Reizen des Gesichts trug, jetzt in ihrem Gewissen martert, und keiner einzigen edeln Handlung, keiner abgewischten verborgenen Thräne bewußt werden kann. O mit den vergötterten, besungenen, und in Stein verewigten Grausamkeiten! O mit den ekelhaften Baalspriestern und Mysten ihrer Geheimnisse! Grausam ist nicht schön, und kann es ewig nicht werden, die Larve mag auch dem Engel des Lichts nachahmen wie sie immer wolle! Auf der andern Seite sind die Urtheile der Männer eben so lieblos und abgeschmackt, die einem Frauenzimmer für jede Schalkheit ohne weiteren Belang ein Fegfeuer anzünden möchten. Die Begierde zu gefallen — und der Wunsch, verliebt zu machen und Begierden zu erwecken, sind zwei Dinge, die unterschieden werden müssen, sonst wäre es besser mit sprachlosen Thieren als mit Menschen umzugehen.

Viertes Drama.

Gulliver (in der Schlafweste).

Welch ein entsetzlicher Traum! sagte Gulliver, als er sich frühmorgens die Augen rieb. Ich sah die besten, die weisesten, die edelsten Menschen alle in schweren Fesseln ein großes Bleigewicht nach sich ziehen, und sich alle Augenblicke darnach umsehen. Hier war einer, welcher allen Glauben an die Menschheit verloren und in jeder Sekunde vom Hause sprach, aus Furcht, wenn er nicht oft daran erinnerte, ausgeschlossen die Nacht unterm freien Himmel zuzubringen, wie in Sodom. Er wußte vielleicht nicht, daß eine der wichtigsten Dichterinnen in der glänzendsten der Residenzien spät nach Hause kam und die Thüre verschlossen fand, sich aber schnell entschloß, den ersten Offizier, der bei ihr vorbeiging, ansprach, und bei ihm die Nacht zubrachte, (unbeschadet ihrer Unschuld und guten Rufs, denn sie war damals 80 Jahr alt). Ein artiges Gedicht war die Dankbarkeit, die sie ihm abtrug. Dort sah ich einen mit blauen Lippen und hagern kalkweißen Wangen von nichts als G*the sprechen, den er in seinem Leben nicht gelesen, nur um des Thees willen, den er verzweifelt sonst wo zu bekommen. Ein Anderer hatte beständig den Marquis Beccaria im Munde, um die Erlaubniß zu haben, einmal eine Schaale Kaffe zu trinken, weil die Monatsschrift, die der Ritter unter diesem Titel herausgab, bekannt ist. Allein die edelsten Menschen krochen in Koth, und beschäftigten sich mit den pöbelhaftesten und kindischen Witzspielen, Verdrehungen der Namen und Tage im Kalender um des Essens willen, das, wie sie sich nicht wollten ausreden lassen, und wenn der Himmel darüber einbräche, die Kirche ihnen verböte, die niemals daran gedacht hat, so unsinnige Verbote zu geben. Diese Leute sind krank, sagte mein Luftgeist, siehst du nicht, daß sie sich die Ketten ihres Geistes selbst schmieden und sich wohl dabei zu befinden glauben, wenn sie sie auch Andern auflegen können.

Aber was sollen wir denn machen, sollen wir nicht essen? fragte der Luftgeist. Ei so eßt und trinkt was euch gefällt, sagte Gulliver, wer wird denn so was beantworten. Unterdessen da die ganze Welt nun so albern ist und von ihren Einbildungen nicht geheilt werden kann, sagte mein Luftgeist, wollen wir nicht auch auf etwas denken, eine Speise, ein Getränk, um diesen armen Galeerensklaven ihren Lieblingsgrillen nur auf zwei Minuten ein anderes sinnliches Gefühl beizubringen, und dadurch vielleicht auf ihren Geist zu wirken. Du siehst ja, der eine redet immer vom Bett, der andere immer vom Hause, wenn du ihm aus einer andern Welt erzählst; der dritte spricht vom Kaffe, und ob die Engländer wohl endlich erlauben werden ihn zu trinken, der vierte von Bier und Ale, wobei er ein Gesicht macht, als ob er die fünfte Gährung schon überstanden, denn in diesem Lande wird alles personificirt. Der Thee geht herum, das Bier schneidet Reverenzen, der Kohl geht von Haus zu Haus, und heißt Allmosen für Spitäler, die nicht mehr da sind, und aus welchen die jetzige Regierung lauter Bierbrauereien machen will, weil Peter der Große sich über die Spitäler eben so lustig machte als über die Gefängnisse, so man Klöster nannte, und die jetzt nur in Utopien oder der kranken Einbildung dieser Herren existiren, die alle das haut mal oder den Hypochonder bis unter dem Adamswirbel haben, und die Reichsgrundgesetze alle Augenblicke anführen, wenn sie ein Brechmittel oder Laxier nehmen, ohne ein einziges davon zu kennen oder gelesen zu haben. Wollen wir nicht auch eine Waare vorstellen, es ist hier nicht anders zu leben oder durchzukommen; ich habe längst an die Chokolade gedacht. Ich will mich Vanilla nennen, und du nennst dich Chokolade, so machen wir wenigstens immer Vergnügen, wenn wir in ein Haus treten.

Es wird bald eine Kette daraus, antwortete Gulliver, und dann sind wir da nichts besser dran als die armen unglückseelgen Galeerensklaven, die ihre moralischen Bomben schleppen.

Was soll aus dem allen werden, sage mir? Ich weiß nicht sind die lieben Freunde alle mit Seuchen und bösen Geistern behaftet, oder wollen sie mit Luftgeistern nicht umgehen, weil sie Gespenster fürchten? Ich heiße nun Kohl, was werde ich damit für Nutzen stiften, sage mir? oder du nenntest dich Petersilie, sind wir gebessert damit?

Ja wohl, sagte der Luftgeist, denn siehst du, man pflanzt hier nichts als Kohl, und Voltaire hat gesagt: plantons nos choux; weil ein witziger Einfall dabei war, und ein Name eines großen Mannes bei Hofe in die Karte kam, der ihm aber im Grabe übel dankt, daß er ihn Tschzibal — nennt. Nun aber was Voltaire einmal gesagt hat, — wär's auch im Rausch — dabei bleibt's, und davon darf kein vernünftiger Mensch abgehen. Lieber verbrennt er die vier Evangelisten und die Apostel obendrauf —

Ja wenn du so willst, sagte Gulliver —

Das sind ja die Ketten und die Bomben, sagte der Luftgeist, an denen die armen Galeerensklaven ziehen, und weder in dieser noch in jener Welt davon frei werden können. Die Ideen haben sich einmal so fest aneinander gekettet, daß wer groß oder edel, oder fein denken oder handeln will, Kohl fressen muß, es mag schmecken oder nicht, weil Voltaire das gesagt hat.

Aber was sollen wir denn nun machen? sagte Gulliver.

Toll werden, sagte der Luftgeist. Sobald du Erbsen issest, wirst du Narr! des höllischen Feuers schuldig, denn Erbsen sind die Speisen der Senatoren, nach dem griechischen Ursprung, und was ein Senator speist, darf ein anderer ehrlicher Mann nicht essen, aus Furcht, für einen Senator gehalten zu werden.

Was ist das für ein Land? fragte Gulliver, so werd' ich müssen — — fressen —

Iß was du willst, sagte der Luftgeist, der Senator weiß nichts davon; aber mein Compagnon, der Geist Kullidalsasabarabba macht den Gelehrten und Weisen Blendwerke vor den Augen, und der ganze Haufe von 30 Millionen die im Lande sind, faselt und albert ihnen hinterdrein.

Das ist in der That albern, sagte Gulliver.

Es ist nicht albern, es ist nur unmündig, sagte der Luftgeist, denn die Vormünder haben eine Kirche in Rom, und wenn die Leute mündig werden, geht die Kirche ein.

Was du sagst! sagte Gulliver, und nahm eine Prise, die Augen ein wenig höher gezogen. Ich denke doch ich bin auch in Rom gewesen.

Das ist aber für die, die nicht da gewesen sind, sagte der Luftgeist, denn die Römer wissen nichts davon; Kirche und alle diese Possen sind lauter Blendwerke meines Cameraden Kullisaldahabarabba der ein Musikant war, und gern ein Concert gemacht hätte und nicht wußte, an welcher Seite er die Leute kneipen sollte, daß sie unterschrieben. Da ließ er sich eine Menge Zeugnisse von der Kirche der Vormünder in Rom schreiben, die niemals existirt hatte. Item es half, es war ein Mittel, ihm Geld in den Beutel zu bringen, und als er das Geld hatte, reiste er davon, aber die Kirche und alle die Albernheiten, so er davon vorgefabelt, blieben da, und erhielten sich im allerstrengsten Incognito.

Was willst du denn mit deiner Kirche und all dem dummen Zeug?

Ei es ist nicht um die Kirche, es war ein Wortspiel; verstehst du dummer Hagel nichts? eine jede Kirche hat Vormünder, und der Musikant, der ein Schelm war, drehte das: die Kirche der Vormünder der — da zerbrach sich nun der Hans Hagel die Köpfe und meinte, sie müßten alle unsinnig werden, es sey eine Kirche.

Ei Tausend! er meinte Kirchenvormünder. Nun ja freilich, sagte der Luftgeist. Und die Kirchenvormünder hält der römische Papst freilich in Ehren, so wie jedes vernünftige Oberhaupt der Christenheit. Aber die Kirche der Vormünder ist eine Tollheit, besonders mit dem Nachsatz, daß man unsinnig werden muß, um herein zu kommen. So gehts, wenn die Reichen durch ein Nadelöhr sollen, sie rennen immer auf den Kopf an.

Und ich hätte mein Hab und Gut daran gesetzt, mich in die Kirche einzukaufen, sagte Gulliver.

Das hat keine Noth, sagte der Luftgeist. Aber du thätest besser, du reis'test selber hin. So gehts, wenn man alles glaubt, was einem Abentheurer in die Ohren raunen. Einer Frau machte man weiß, die Cisterzienser wären eine Art großer Gänse mit Kröpfen in der Insel Selowek, wo das Marienglas bricht. Das ließ sie sich nicht ausreden. Man hatte ihr gesagt, die Lappländer stammten von Laban, welches nicht so ganz falsch ist, und sprächen noch Alt-Canaänisch; Jegaharsaduthan wäre ein Feldgeschrei auf der Jagd gewesen, denn diese Leute hätten viel mit Straußen und Pygmäer zu kämpfen gehabt, die größer als sie waren, und ihre Rennthiere in den Ställen anfielen, mit deren gegerbten Häuten sie Handel treiben. Diese Rennthiere heißen in Liefland Elend, und sind dort etwas seltner. Nun aber ziehn die Liefländer überhaupt seltner auf die Jagd als die Labländer, daher werden sie für unächte Kinder des Lebens gehalten, die Lebenländer aber für die ächten, die sich von den Nimiroffs oder Nimrods, den Jägern am Boz, absonderten, und weiterhin auf nach der Joupa und Suchana verliefen. Nun aber läßt sie sich nicht ausreden, die Cisterzienser seyen Gänse, die übers Meer dahin geflogen, und in Wardhaus, welches im Altkananäischen oder Celtischen eine Vestung hieß, wie deren viele in Schlesien an der Warta liegen, wohin die Gänse alle flogen, eine Capelle errichtet. Daher kommt das Sprichwort: Meine Mutter hat Gänse, drei blaue, drei blaue u. s. f.

Was willst du mit alle dem Zeug? —

Nichts weiter, als daß die Cisterzienser Menschen sind wie alle andere, nur daß sie einen General oder Deputirten in Rom haben, dem sie ihre Legate vermachen, die gemeinhin in einigen hundert Gänsen bestehen, weil sie in fremden Landen Niemanden zum Erben einsetzen dürfen. Sie sind aber so arm, daß bei ihnen nicht viel zu holen ist.

(Fragment).

Sechste dramatische Darstellung.

Geduld, mein vornehmes Publikum, daß ich noch nicht nach den mathematischen Regeln der Theater vortrete, daß der Schwerpunkt zu der Basis, die meine dünnen Füße ohne Waden machen, noch nicht nach dem Kessel der Paraboloide des Komus berechnet ist, um bei dem ersten Gelächter und Händeklatschen der Zuschauer in die Luft zu fliegen, daß die wellenförmige Linie des Halbzirkels, den meine Hand beschreibt, um die Heuchelei des Tartuffe recht sinnlich zu machen, und allen Umgang mit Geistlichen, von welcher Parthei oder Absonderung sie auch seyen, so recht verabscheuungswerth, noch bei weitem das Maaß der Gänse in Arsamaaß nicht hat um sich wie 3:2 oder umgekehrt wie 11:21 zu verhalten, und der Wurfkraft nach den Minuten der Distanz zu der Schwere diesesmal eine Ausnahme von der Regel macht — ein Verbrechen, von dem in keiner Kirche absolviret wird, und doch in allen absolviret werden sollte, wie mein Luftgeist, dem ich nur zum Prolog diene, Ihnen bald deutlicher in seiner Predigt nach seiner Weise machen wird, für deren gute Aufnahme ich Bürgschaft leisten will, um gleichfalls eine Regel von der Ausnahme zu machen.

Predigt des Luftgeistes Coromandel,

nachdem Gulliver vorher gesungen:

peut on chercher une peine
lorsqu'on peut s'affranchir?
l'amour c'est une chaine *),
l'hymen, c'est un plaisir.

Wer

*) Die Damen verzeihen, daß mein Küster eine Variation gemacht. Im Original heißts anders, aber ihm ists zu verzeihen.

Wer gedrückt wird, drückt wieder, meine wertheste Versammlung, dieses ist eine uralte Sentenz oder Regelausnahme, die auch in der alten Volkssprache hieß: wie man in den Wald schreit, so antwortet der Wald; nur ein Unglück, daß gemeinhin, wenn der arme Kieff seine Maultasche von hoher Hand bekam, er sie nicht mit vieler Gerechtigkeit dem, der daran schuld war, sondern auf gut Jephtaisch dem ersten besten zurückgiebt, der ihm in den Wurf kam. Die Bibel — aber ach die Bibel! das pedantische Buch lesen sie nicht gern und hören sie nicht gern citiren, ich will mich also an den Moliere halten, der eine weit kräftigere Erlösung oder Befreiung für sie erfunden hat, daß sie — aber da lachen denn nun freilich nur Geister und sehr insgeheim — nicht drei Schritt aus ihrer Stube machen dürfen, und jeder den nächsten Blutsfreund und sonst ihm so angenehmen Gemüthsfreund für den Scharfrichter hält, der ihm den Kopf abnehmen, und alle Zähne aus dem Rachen oder Kiefer schlagen will, und laufen, als ob der Prinz von Braunschweig mit ein paar hundert wohlgerichteten Feuerröhren hinter ihm her wäre, (ein Schauspiel, das artig genug für Geister ist, denn die, so da liefen, waren lauter Scharfrichter in langen weiten Mänteln, die man so nennt) und siehe, es war nur der Moliere.

Nun der Moliere! Mein Herr, bedenken Sie auch, was Sie da sagen. Wer sind Sie — und wer war Moliere? Allen Respekt! Wie dürfen Sie sich unterstehen, Sie, der den Augenblick Voltairen gelästert, nur ein Wort von Molieren zu sprechen?

Meine gnädigen Herren! — oder hören Sie lieber: Brüder und Schwestern, denn die Monarchin und Gesetzgeberin aller Reußen erlaubte uns bisweilen diesen Titel, es ist eine eigene Sache um die Gerechtigkeit — aber um die rechte — nicht die von der rechten oder linken Hand, auch nicht von der Rechtschreibung, obgleich die Gerechtschreibung nicht weniger dahin gehört. Es ist kurzum so eine eigene Sache, drei, vier Stunden lang einem verstimmten Instrument zuzuhören, das mit allen Fechterstreichen der Kunst einen verstimmten Nerven in unserm Hirn- oder Rückenmark zurückläßt, der sich wieder zurecht stimmt — und — uns entsetzlich viel zu fasten, zu kräutern, zu pulvern, zu doktern, und zu weinen einbrockt. — Das ist, meine gnädige Herren, nicht angenehm, wenn wirs hätten vermeiden können, weil wir den Halbzirkel, der das Diagonal der Steig- und Falllinie macht, in dem Umschwung oder Gestikulation der Hand eines Schauspielers, die allen Geistlichen und Aerzten das Garaus machen wollte, weil es Originale unter ihnen so gut als unter andern Classen von Menschen giebt — oder lieber im Jahrhundert des Moliere, das nicht das unsere ist, aber beim ersten Schluß der Hofmeister-Franzosen vom Jahrhundert des 14ten, die auch nicht die Franzosen vom Jahrhundert des 16ten sind — gegeben haben mag oder nicht gegeben hat, was geht uns das an? wenigstens waren die armen Jansenisten damals noch nicht vom Stuhl zu Rom losgesprochen worden, der eine Bulle wider sie gegeben hatte, weil der Erzbischof und die Sorbonne auf ihrer Seite waren.

Nun habe alle Hochachtung für den Moliere und seinen Witz, der ein Muster alles Witzes der feinsten Gesellschaften ist und bleiben wird, denn er mußte fein scherzen, wenn er dem Hofe gefallen wollte, der mit lauter Kanonen gegen die ziemlich groben Niederländer, die er belagert hatte und belagern wollte, beschäftigt war, er war freilich mit einer ziemlich leichtfertigen Bande durch alle Provinzen Frankreichs gezogen (wir wissen noch nicht, ob Plautus, der sehr unglücklich war, und sein Leben im Vaterlande im Gefängniß beschloß, und Terenz, der aus einem befreiten Gefangenen ein Dramenschreiber ward, ein gleiches gethan) — kurz, Moliere hat's gesagt, und damit holla!

Er hatte Mühe in Paris geduldet zu werden, wenn ihm nicht der Geist der sinnreichen Lenklo's dazu ein unfehlbares Mittel eingeflößt. Der Hof braucht den Beistand des Papstes, denn die Holländer haben viel Alliirte, der Papst ist aufgebracht wider die Jansenisten. Sie brauchen den Hof, sonst können sie nicht mit ihrer wohlconditionirten Truppe, die Skarron sehr gut abgemahlt hat, in Paris spielen; machen Sie eine Komödie davon, mein Herr, wir wollen souffliren.

Unglücklicher oder glücklicher Weise hielt ein Luftgeist, der mir es in dieser Oberwelt berichtet hat, den vor Vergnügen taumelnden Moliere, der im Begriff stand, eben so tief zu fallen, als er gestiegen war, d. h. nach dem Parameter seines Schwer- und Zündpunktes. Denn siehe hier wars wüste und leer in seiner Seele, er wußte weder von dem Geistlichen überhaupt, noch von den Jansenisten insbesondere sehr viel zu sagen, weil er weder mit einem noch dem andern Umgang gehabt, und nicht mehr von ihnen wußte, als daß der römische Hof ihnen die Heirath untersagt, und das Conkubinat erlaubt hatte, also daß es gute Soldaten und Schauspieler waren, wie er selbst, also nach dem cylindrischen Maaßstabe der Fläche und ⅓ Höhe maaß er sich selbst in dieser und jener delikaten Aufgabe des bürgerlichen Umgangs, und schrieb eine Farce, die eine Satyre auf alle Jansenisten im Reich werden sollte, aber in der kein Einziger sich oder sein Herz erkannte, sondern die es erst heut zu Tage durch den Beifall des Hofs und die unveränderte Härte der Cardinäle, die diese Bulle abändern konnten, welche aus allen Geistlichen der Christenheit Mönche mit Conkubinen machen wollten, also durch eine verzweifelt mißliche Lage der Umstände, die Herr Moliere durch sein Stück eingefädelt hat, anstatt sie übern Haufen zu werfen, geworden ist.

Ich muß ihm das Wort reden, denn er hat es nicht so arg gemeint. Er wollte ein Wesen der Einbildung darstellen, und vergaß, daß eine Armee die aus 500000 solcher Mönche oder Jansenisten bestand, und nach Eroberung der Niederlande nicht gleich untergebracht werden konnte, daß sage ich eine solche Armee mit Ober- und Unteroffiziers bald die Rolle der Tartuffe ergreifen und zum Amaldulenserstande ihre Zuflucht nehmen mußte, also diese Rolle bald eine der brillantesten und gefährlichsten bei Hofe ward. Waren die Leute vorher gedrückt, so wurden sie's jetzt zehndoppelt, denn nun ward es eine Regel der Moral und Rechtschaffenheit, nach einer Infamie, die aus den gröbsten Zeiten des Mönchrülpses dem Apostel Paulus aufgebürdet worden, als habe er eine Conkubine gehabt (weil seine Frau mit zu den Verfolgungen der Christen gerathen, er sich also von ihr zu scheiden gezwungen gewesen) ich sage es ward für Heiligkeit gehalten, so zu leben, d. h. ein Mädchen auf gut Plautisch mit Kleidern und dem Nothwendigen zu versehen, übrigens aber mit eisernen Gittern zu verbergen oder bezahlten Wächtern anzuvertrauen, und die Herren Amaldulenser und andere Ordens-Verbindungen, die das Gesetz, das die Natur in ihre Glieder gelegt, und durch Verbote nur unbezwinglicher gemacht wird, wie das Seherange der Schwächen menschlichen Herzens uns den ächt goldenen oder lieber unmetallisch viel höher am Werthe geistigen Schlüssel des Schöpfers dazu giebt, daß Feuer durch Widerstand nur heftiger brennt — die, sage ich, dieses Gesetz nicht aufheben oder verläugnen konnten, wurden mit sammt ihren vergitterten oder nicht vergitterten Conkubinen und mit allem Schein von Heiligkeit ihrer Ordensregeln oder Weisen oder Melodien, deren Noten, Pausen und Tacte oft drollig genug ausgetheilt und berechnet waren, ein Gegenstand der Satyre und schmutziger gereimter und ungereimter Chroniken —

O — verzeiht mir, gnädige Brüder und Schwestern und Herren, daß ich nicht Ach — seufze, das war eine lange Periode! —

Es betraf nur die Ehre eines Apostels, der von diesen Dingen als ein Apostel sprach — und zu Neubekehrten die mit Götzendienern und Verfolgern die großen weitläuftigen Schulen ihrer Geheimnisse und über die ganze Welt verbreitete Mysten und Baalspriester gern hatten, die mit diesen in Heirathsverbindungen traten, zu denen in unserer jetzigen Welt Maaßstab und Verhältniß erlogen ist, die Ehre eines Apostels, der in einem Alter war, wo dies Gesetz der Natur nicht mehr die Wirkung a u f i h n — hervorbringen konnte, aber in der Person seiner Schafe als Hirte redete, wenn er sagte: Ich fühle ein Gesetz in meinen Gliedern, das die lieben Hirten in unserer Welt alle übersehen und überschielt haben, und gleich die Donnerkeile in die Hand nehmen, wenn von Delikatessen dieser Art die Rede ist.

Paulus war schonend — und durfte doch nicht den so hoch gespannten Federn dieses Triebes ihre völlige Elasticität gestatten, als das Evangelium noch ein Keim, und mit Unkraut, Dornen und Disteln überwachsen war. Er reiste umher und mußte reisen, und wir wissen nicht genau, ob ihn eine Freundin weiblichen Geschlechts begleitete, wenigstens war es apostolische Klugheit, daß er den Bekehreifer neuer Christen, die durch das genaueste Band mit Heidinnen in die Gefahr Salomons liefen, durch Verbot hemmte, oder lieber nur zu hemmen schien, weil er die Regel der Natur kannte, daß dieser Trieb durch Verbot heftiger wird.

Er war also nicht wider das Heirathen? — Es scheint nicht, gnädige Fräulein! — aber auch sehr wider das Tartüffenwesen, als Apostel herum zu gehen, und Welbchen, junge Mädchen in den Häusern zu bekehren, er warnte: ihr wollt alle ich oder Apostel seyn, nun so wäre es besser, ihr bliebt wie ich — oder Jeder hätte sein eigen Weib u. s. f. Das letzte schien doch wohl sein wahrer Sinn, er wollte nur nicht gern mit der Sprache herausgehen, weil er ihnen ein sehr garstiges Bild von den alten Ehegeheimnissen der Heiden und ihren Priestern oder Mysten machen mußte, damit sie das Sprechen oder Schweigen eines Apostels — über solche Sachen begreifen lernten.

Eines Apostels — eines Apostels — also ein Apostel scheint Ihnen so eine Kleinigkeit. Sehen Sie, hier ist eine schlechte Skizze von drei, vier rohen Zügen der Miene eines Apostels — und hier die Fratzen und Karrikaturen Voltaires und Molieres —

Wer hat's besser angegriffen?

O! lassen Sie uns inne halten und Odem holen zum zweiten Theil.

Wenn der Apostel nicht ironisch, sondern ernsthaft gegen das Heirathen gewesen wäre, wie konnte er wohl Verhaltungsregeln den Eltern, den Kindern, dem Gesinde geben, und sich so umständlich darüber ausbreiten, zu einer Zeit, da die Heiden gar keine Ehen hatten, sondern lauter Conkubinate auf zwei, drei und mehr Jahre ungefähr, wie die alten Juden auch, die schon in ihren weitverbreiteten Schulen mehr als zu römisch waren, wie sie vorher samaritanisch-babylonisch gewesen, die, sage ich, Scheidebriefe in aller Rechtsform nach Art des damaligen corpus juris schrieben, das Justinian durch Heiden zusammenstoppeln ließ, und mit dem man damals eine ganze Armee von Eseln beladen konnte. Man hatte also sogenannte Ehegesetze, die es nicht waren, in großen Stößen, wie ein ägyptischer gekrönter Freigeist zu 400,000 verbrennen und seine Oefen damit heizen ließ — denn alles das kam aus den jüdisch-heidnischen Schulen, die sich über den ganzen Erdball verbreitet hatten, und von denen aus die heutigen Mönchs-Verbindungen noch die Schatten weisen, mit denen der heilige Vater auf seinem Großvaterstuhl schon mehrere Jahrhunderte hindurch zu kämpfen hatte, und sie lieber in einiger Dependenz von sich erhalten, oder ganz aufheben, als ihnen allen Willen der Vorschriften der Satansschule gestatten wollte.

Wie sollte da ein Apostel sprechen, sagen Sie mir einmal! Den Confubinaten oder Ehen auf damaligen Fuß — das Wort reden? Man opferte heut den Hausgötzen mit dem und dem Mädchen, das ziemlich leichtfertig war, und nach einem Beischlaf von zwei Monaten höchstens zu ihren Eltern zurückging und einen andern Liebhaber freite, dem sie den Passeport vorzeigte, den ihr ihr erster Mann gegeben, welcher sie nun von aller Verbindlichkeit an ihn frei sprach.

Das war eine Tartuffe-Wirthschaft — war es Wunder, daß der Apostel sprach: Eh ihr so freiet, wollte ich lieber, ihr bliebt wie ich; — denn er hatte die Evangelisten wenigstens gelesen und wahrscheinlich über diesen Punkt gehört, und was der Meister aller Meister von solchen Ehen dachte, der sogar selbst sich Ironie erlaubte, als er von Verschnittenen sprach, weil sein Auge in die Cynischen wie in die Stoischen Schulen mit dem Blick eines Gottes durchdrang, und weil er den Stolz dieser vorgegebenen supermoralischen Weisen der Catakomben kannte, die sich dem Wahn eines Himmelreichs, wo freilich die Fortpflanzung nicht nach den Gesetzen dieses Erdballs geschieht, verstümmelt hatten, mit göttlichem Mitleid auf sie herabsah und sprach: nun von diesen rede ich nicht. Indessen schrieb er in den Sand, als Fehltritte so verschrobener Grundsätze ihm vor die Augen gebracht wurden. „Erdensöhne — singt ihm Dank!" Warum schrieb er in den Sand? Warum redete er nicht deutlicher? Ei nicht so hastig, ihr Herren Ausleger. Warum sagte er: sie haben Mosen und die Propheten! (die doch auch Kinder hatten, und denen bei aller ihrer Strenge solche Verstümmelungen nie in den Sinn gekommen waren) —

Hier trat Gulliver vor und unterbrach die Predigt. Mein Luftgeist wird zu ernsthaft, sagte er. Er behauptet, es gäbe keine Ehen als bei den Christen, und der wahre Begriff davon fehle noch in den meisten polirten Ländern, die sehr alte hohe Schulen hätten, wo man sehr gern auf die ehemaligen rabbinischen Begriffe zurückkähme, dem Apostel eine Confubine an den Hals würfe, alle Ehen in Confubinate verwandelt, und das was man Ehe dort nennet, zu einem Vertrag machte, sein Vermögen auf die oder die Art mit der oder der Familie zu theilen, wo ein Er und ein Sie nur den Namen dazu hergeben, im Grunde aber die Seitenverwandten das meiste Interesse davon hätten. Diese Verträge in Justinianischer Form seyen keine Ehen, sondern Erbstreite oder Erbverbrüderungen, wo die Liebe, besonders aber die Geschlechterliebe, beinahe gar nicht in Rechnung kommt, als nur um den Vorhang zu bemalen, oder die Coulisse anzustreichen, hinter der nichts als kahle Breter stehen — es seyen Schulfüchse, die sagten, eine Ehe sey keine, wenn nicht ein Bett und Kinderkammer nebst Amme mit dazu kämen — nun wäre freilich der Hauptpunkt bei gegenwärtigem Luxus nicht eben immer, daß der Mann in der Schlafkammer der Frau die Wohnung aufschlüge, es müßte denn im ersten halben Jahr seyn — sondern nur, daß er den freien Zugang zum Schlafzimmer seiner Frau und zwar er ganz allein hätte, und was der Fratzen mehr sind. An eine Vereinigung der Herzen, des Interesse, der Grundsätze, der Erziehung eigner, nicht fremder Kinder, wäre in unsern hercynischen, philantropischen und übergelehrten hofmeisterischen Zeiten gar nicht zu denken.

Siehst du was du da alles von mir sagst und schreibst, sagte der Luftgeist, der Odem geholt hatte. Du erklärst recht gut, aber ich habe mit Justinian zu thun, der ein christlicher Kaiser war, oder doch seyn wollte, (von seinen Concilen und Kirchengeschichte ein andermal) und alle Gesetze heidnischer Kaiser, die noch nicht verbrannt waren, von heidnischen Räthen sammeln ließ — um was einzuführen? Ein heidnisch Christenthum oder ein christliches Heidenthum? Die Geschichtschreiber sagen: es gab unter keinem Kaiser so viel Verbrecher auf den Straßen der Residenz, als unter diesem, der seine Narsesse und Belisare verschneiden und in die Schwarzkammer der sophistisch-jüdisch-samaritanisch-heidnisch-römisch-amaldulensischen Schulen senken ließ. Er und seine liebe Theodora wollten gern als Werther und Lotte in allen Welttheilen herumgeführt, in effigie als Gesetzgeber und Kaiser aller Kaiser beräuchert werden, darum nahm er die Satzungen der Nerone, Domitiane u. s. w. sehr de- und wehmüthig als kostbare Reliquien der Heiligen auf, und ließ Bücher damit anfüllen, die er das Corpus — delicti nannte.

Was sollen wir nun mit allen diesen Gesetzen machen, lieber Gulliver, die alle die so sie drei vier Jahr mühsam gelernt haben, um nicht für Matzen und Tröpfe zu passiren, am allerwenigsten verstehen, und darum am allerschnellsten bei der Hand sind, sie zu erklären, ohne daß sie oft kaum mehr als den Namen der Kaiser wissen, die sie gegeben, geschweige die Umstände und den Nationalcharakter, Religiosität und Sitte des Volks, dem sie gegeben wurden?

Da habt ihr die Scheidebriefe und Aufsätze der alten Aeltesten und Rabbis der Synagogen, die unsern Herrn kreuzigten, in ihrer ächt ursprünglichen Gestalt —

Und wie soll nun eine gesetzmäßige Ehe auf den Fuß solcher Gesetze — aussehen?

Du hast sehr recht, sagte Gulliver, aber das Publikum ist ungeduldig — es frägt sich, ob ein — ane, eine — einer, ein — oxe — eine — iste u. s. f. heirathen darf, und ob nicht dasselbe zu befürchten, was der Apostel befürchtet hat.

Du rasest, sagte der Luftgeist, aber ich möchte dich gern vollends aushören, und nicht auf einen andern Tag bescheiden mit allen deinen Ment— Brüdern und Amaldulensern.

Also auf deinen Moliere zurückzukommen, der nicht geheirathet hat, und weil er wahrscheinlich gemeiner Soldat war, und einen starken robusten Körper hatte, wenig Medizin zu nehmen brauchte, so war dieser Mann nichts weiter als ein Witzling, der gern in Paris und bei Hofe geblieben wäre, weil sein Theater in der Provinz nichts galt, also dem Hofe schmeichelte, und alles herunter machte, was nicht eben in dem Cirkel der Frau von l'Enclos war, die ein wenig über die Schnur hieb, wenn es auf den Punkt der Ehen ankam, welches aus ihrem Lebenslauf zu ersehen ist. Eine Frau, die ihren eigenen Sohn verliebt machen konnte, war wohl nicht eben ein Orakel über den Punkt der Ehe, den auch ein David und Salomo, die beide oft gestrauchelt hatten, wie die Geschichte aller Länder ähnliche Beispiele weiset, darum dennoch nach andern Grundsätzen würden behandelt haben, als Justinian, der sich wenig um die Ehen bekümmerte, und Frau Lenklos, die mit Liebhabern zufrieden war, unter denen vielleicht Moliere seine Rolle mit hatte. Sind denn dieses die Orakel eures Ehegerichts? — Es ist kein Mensch heilig, lieber Bruder, und es ist lächerlich, bei diesen prätendirten Heiligen oder Verschnittenen für den Himmel ihres Wahns und ihrer Catakomben Regeln oder

Gesetze zu suchen, die den ächten Ehen (die eine Verbindung der Seele und des Körpers ist) aufhelfen sollten, bei Menschen, die fehlbar waren und mit den Schwächen menschlicher Natur sympathisiren können (da doch ein Apostel mit ihnen sympathisirte), sollt ihr diese Eheräthe suchen — und finden, wenn mich mein Talisman nicht trügt und ihr die Luftgeister zu unterscheiden wißt, die Gesandte sind, die Befehle des vollkommensten Meisters auszurichten. Nun aber frage ich dich, der du die Geschichte des menschlichen Körpers, des Baues und Verhältnisses seiner Theile u. s. f. ein wenig kennst und in Ehren hältst, weil es das Werk deines Schöpfers und Höchsten aller Baumeister aller Kirchen ist, sie mögen sich Nasen drehen wie sie wollen, was du von den apostolischen Eintheilungen hältst in anatomisch-architectonischem Styl, wenn der Mund spräche, ich brauche der Nase nicht, der Fuß, ich brauche des Auges nicht u. s. w., lieber laß uns einmal in dem Tone fortfahren. Ein Meister aller Meister rief: kommt zu mir ihr Mühseligen und (oft am Verstand, oft am Gewissen) Ueberladenen und Verstümmelten, ich — will euch erquicken! — Verdiente das ich — einige Achtung und einige Achtung mehr als das wiederholte Ich — aller die ihm da nachsprachen. Es giebt überall Absonderungen, und jede sogenannte Kirche ist eine Absonderung, wie im Körper die Drüsen den Saft absondern, jene den, aber diese Regeln sind nicht ohne Ausnahme im geistlichen Körper, der an diesem göttlichen Ich — hängt, wenn er ihn anders in gewissen Augenblicken des Uebels der Leidenschaften in der That dafür hält. Jede dieser Absonderungen hält ihre Weise, aber diese Weise ist weder ein Natur- noch Staatsgesetz, es ist eine Gewohnheit, durch Bequemlichkeit und Umstände angenommen, und kann in geistlichen Körpern nach der Leitung eben dieses Geistes modificirt werden, unbeschadet der Absonderung. Alles Gleichniß hinkt, du Narr, dieser Wurm wird ein Käfer, diese Spinne, die ihre Flügel webt, und die Fliegen tödtet, vielleicht zuletzt selbst eine Fliege, wie Saulus ein Apostel ward. Man hat in jeder dieser Absonderungen besondere Methoden angenommen, ehemaligen heidnischen Mißbräuchen bisweilen auszuweichen, bisweilen zu begegnen, um sie vielleicht zu ändern oder zu bessern, da mußte nun der Apostel freilich als ein kluger Mann sprechen (der aber nicht immer leicht zu verstehen war) der sich in allen diesen Schulen siebenmal umgekehrt hatte, und vierzig Streiche empfangen weniger eins. Ihr wollt die Mädchen bekehren, sagte er, und doch hatten die andern Apostel vor solchen falschen Aposteln gewarnt, hütet euch, wollte er sagen, man wird euch Heirathsvorschläge thun, ich habe nichts dagegen, wenn Vater oder Mutter wollen, aber unter den, den, den Bedingungen, die wir oben angeführt, sieht es mit eurer Reform des Heidenthums zweideutig aus, und ihr werdet wieder zu den alten Gewohnheiten zurückkehren. Ist denn nun aber das Castratenleben der Cynischen Schulen kein Heidenthum? Und wie versteht, wie erklärt der Mönch den Apostel — wie verstand Herr Moliere ihn? oder wie muß der Hofwitzling ihn verstehen, wenn der Papst unerbittlich war, den Priestern Ehen zu erlauben? — Zu erlauben? — und Paulus hätte sie verboten — oder daran denken können, sie zu verbieten — oder daß man ihn so auslegen würde — da man Mosen und die Propheten und das Wort des Schöpfers hat, und sich alle Augenblicke gegen ihn — darauf bezog —

Ja die Ehen der Satyren und Faunen, die in Zigeunerhaufen umherzogen, und heut diese, morgen eine andere Buhlschwester hatten — ihr Herren Amaldulenser! —

Was für Fratzengesichter bietet ihr mir für das Gesicht eines Apostels, der in Ketten und Banden die Wahrheit des Evangeliums gestand, und damit alle Ehen nach Justinianischem Fuß gekrönter Henker umwarf — sie mochten consarinatio oder contubernium heißen, und die erste Ehe wieder einsetzte, wo der Mensch voll Entzücken rief: das ist für mich geschaffen, ein zweites Ich von feinerm Stoffe, das man Männin nennen wird — Lebe wohl Vater und Mutter, ich hänge an meinem Fleisch — und auf ewig —

Achte Darstellung.

Aber, fragte Gulliver, wenn nun der Mann stirbt, oder die Frau stirbt, und es kommt ein anderer —

Du Narr, in der Auferstehung wird diese Art Verbindung nicht mehr seyn; darum wenn der Mann stirbt, ist sie frei, und die Frau stirbt, ist er frei; denn sie können ja nicht mehr auf dem Fuß dieser Unterwelt bei einander seyn.

Ihr gekrönten und nicht gekrönten Henker, die ihr Kronen verdientet, rief Gulliver ganz erhitzt, wer hat mir oder euch die Augen geblendet — wo sind nun alle die entsetzlichen Berge von Schwierigkeiten, die ihr Ehen aus Liebe entgegensetzt — und wie rasende Titanen bergauf bergab wälzt, sie zu zernichten, und Ehen aus eurem Kopf an ihre Stelle zu setzen, wo der Mann nicht für die Frau und diese Frau oder das zartere Diminutiv davon nicht für den Mann geschaffen war. Ist denn Asmodi der Gott dem ihr opfert, dem ihr fastet, dem ihr euch casteit, so kommt, laßt sehen ob er mich hören wird, und hinkt um seinen Altar, Mysten der Baalsreize, die ihr auf gut römisch aus dem Jahrhundert des Plautus nach Pfund und Ellenmaaß verhöckern wollt, um den Tempel der Astarte und des Dyonisius voll zu haben? Ich bin kein Apostel, aber ich sehe jetzt Licht, mein Luftgeist hat mir Licht geschafft. Es ist Unglaube und Schwachheit, das Antheil des zartern Geschlechtes in beständiger Gährung mit den Rasereien der Molieres, Tartuffen und Amaldulenser, die durch entehrende und allen Reiz des Gesichts und der Seele entstellende Abgunst eines solchen Genusses auf einer und die niedrigste Kuppelei und Handel mit Menschenfleisch nach dem Geschmack der Jahrhunderte der Ingegedis, Rogwold, und wie die nordischen Samsunnien und gehörnten Siegfrieds heißen, die die Häute von 400 Rittern zur Morgengabe brachten, auf der andern Seite, die den Frieden der Ehen, der heiligsten und christlichsten aller Verbindungen auf dieser Unterwelt stören, und durch Pedantereien und Verkünstelungen des guten Geschmacks, der im Ganzen in allen Absonderungen derselbe bleibt, zu einem Fegfeuer machen wollten.

Eine Ehe soll sich nach dem Geschmack des großen Haufens richten, das ist eine Regel und ein Canon Lucifers, denn wo ist dieser Haufe, und aus was für Personen besteht er? — Ist dieser Haufe in seinem Geschmack veränderlich? und was hat er darüber für Gesetze oder Vorstellungsarten?

Die, so ihr ihm geben werdet, sagte der Luftgeist, denn er bekümmert sich um eure Form gar nicht, deren pedantischer Zwang nur in der Zirbeldrüse eurer ersten kindischen Erziehung liegt, und der Begriffe, die euch eure Ammen, und der Bediente, so euch die Hosen aufzog, gegeben haben, den ihr wie ein Orakel verehrt, troz Voltairen und Molieren.

So sprechen Luftgeister, sagte Gulliver, und mich deucht —

in dem Augenblick war Raphael verschwunden, und er lag auf den Knieen und ließ das Gebet seines Herzens allein räuchern!

Zwölfte Vorstellung.

Es währte nicht lange, so hatte Gulliver mit einer der reizendsten Schönheiten des Landes Hochzeit, und da auf diesem Hausfest von verschiedenen Absonderungen oder Pharsis und geist- und weltlichen Verbrüderungen oder Orden Gäste zugegen waren, die sich gern, da die Baukunst in diesem Lande noch in keiner Schule oder Seminariis gelehrt worden, nach den möglichen Bequemlichkeiten des Hauses bequemten, so hub Gulliver, kühn durch seinen Genius, und noch kühner gemacht durch einen Genius in weiblicher Bildung, die die Stelle desselben auf einige Zeit eingenommen, die Gäste zu prüfen an, welches wohl eigentlich das Geheimniß ihrer Verbindung, oder mit andern Worten, die Regel ihres Ordens sey?

Die unsere, sagte ein Amaldulenser, ist, jeden, der bei uns aufgenommen wird, für den schlimmsten und verdammlichsten aller Verbrecher zu halten, er mag dazu Anlaß gegeben haben oder nicht, und ihn auch auf den Fuß zu begegnen, es mag ihm gefallen oder nicht.

Aber warum das? fragte Gulliver.

Die Ursache ist diese, sagte der Aelteste dieses Ordens. In jedem Menschen ist ein böser Saame, und den setzen wir bei unsern Neuaufgenommenen als ein Reichsgrundgesetz voraus.

Und aus welchem Grunde? fragte der naive Gulliver.

Darum, sagte der Aelteste, weil er durch sein Verhalten diese schlimme Meinung schon widerlegen wird, wenn sie falsch ist, ist sie aber wahr, so wachen wir wenigstens als Bürger für den Ausbruch solcher Handlungen.

Vortreffliche Methode! riefen alle Gäste mit einer lauten Stimme.

Ein einziger unansehnlicher Mensch im schlechtwolligen grauen Ueberrock, aber mit einer Perücke, schüttelte den Kopf, und da er Karten mischte, und kein Mensch ihn um seine Stimme befragte, sagte er nur soviel: diese Methode ist ganz gut für Amaldulenser und Straßenräuber —

Ein allgemeiner Aufstand und Zorn versammelte die Gesellschaft um ihn, und der älteste der Brüderschaft sah ihn mit einem Gesicht an, daß, wäre ein Gewehr bei der Hand gewesen, ich keinen Groschen für sein Leben gegeben hätte.

Verzeihen Sie mir, sagte der Kartenmischer lächelnd und mit kaltem Blut, ich glaube, es geht ihrer Regel wie den mißverstandenen uralten Gesetzen, deren Ursprung man nie untersucht hat. Diese Voraussetzung, daß ein Mensch von Natur zu allen Lastern fähig sey, ist so alt als die Sündfluth und älter, aber die Art der Anwendung ist neu und seltsam genug für eine Ordensverbindung. Diese Art, den Charakter eines Menschen zu erforschen, ist, meines Erachtens, eine schlechte Pulverprobe, denn sie führt auf nichts als Ausleerungen, bis der Mensch auf das Schweben zwischen Seyn und Nichtseyn zurückgesetzt ist. Da sind nun Maaßregeln des Drucks von oben nach unten, und von unten nach oben, die in einer bestimmten Spirallinie fortgehen, weil jeder sich berechtigt glaubt, seine Maaßregeln verhütend zum Voraus zu nehmen, und im Herzen von beiden wenig Liebe zurückläßt, weil der Untere den Obern allezeit für den Verbrecher im Herzen hält, und nur auf die Gelegenheit eines Ausbruchs wartet, sich gegenseitig über den Haufen zu werfen. Ich weiß nicht, ob ich recht oder unrecht habe, und bitte mich dessen zu belehren.

Man schüttelte noch immer die Köpfe, der Kartenmischer fuhr fort: Wenn die Furcht, für einen Verbrecher gehalten zu werden, uns von Verbrechen zurückhält, so wissen wir schon lang, was für eine Tugend herauskommt. Wenn die Ueberraschung von beiden Theilen einen andern Charakter zu finden, als man sich vorgestellt hatte, eine Liebe herausbringt, so ist diese Liebe freilich standhaft, weil sie sich auf Erfahrungen gründet, allein sie kann eben sowohl betrogen werden. Uebrigens bitte ich, mir zu sagen, was für eine Gegenwirkung von verkehrten Wirkungen nach schen und Moralgesetzen, die höhere Physik sind, erfolgen kann, und ob die Entdeckungen von besserer Natur als man sich im ersten Spleen vorgestellt, oft die Mühe der Entzükkung werth sind. Man freut sich, an dem andern keinen Teufel zu finden — dieser Begriff der Menschheit ist ein wenig zusammenziehend und einschränkend.

Aber was willst denn du, daß wir für Maaßregeln brauchen sollen? fragte der Aelteste. Keine, antwortete der schlechte Mann, als die die gesunde Vernunft mit wahrer Menschlichkeit verbunden, und die Lage der Umstände und der Ausdehnbarkeit unsers Wirkkreises darbieten. Du bist kein Hurer, kein Todschläger, lieber Bruder! Da bist du noch nicht viel. Wir sagen nicht: verkaufe was du hast, giebs den Armen, und folge uns nach. Merke wohl, daß es damals Umstände und eine ganz und gar verdorbene Verrenkung aller Glieder des Staatskörpers nothwendig machen mußten, sich dem Machtwort eines mit augenscheinlich göttlichen Wundern erscheinenden Propheten anzuvertrauen und ihm zu folgen, nicht wie einem Tanzmeister, sondern als einem Lehrer, der neue Wahrheiten vorzutragen hatte, an denen dem menschlichen Geschlecht gelegen war. Dieser Lehrer ist gewesen, seine Zeugen oder Apostel mit eben den Wundern unterstützt, sind gewesen — die Geistlichen sind an ihre Stelle getreten, aber diese Geistlichen sind uneins und haben verschiedene Absonderungen, die sie Gemeinen nennen. Ein jeder hält seine für die beste, das ist sehr natürlich — aber es frägt sich, kann das Daseyn eines Wesens, das Wunder that, und diese Gabe mittheilte, seinen Zeugen mittheilte, so gut als die ihrige durch alle diese Absonderungen aufgehoben werden. Nun haben wir geschriebene Zeugnisse von beiden, die ächt sind, die wir beinah in allen Sprachen lesen, und, wenn wir gelehrt sind, mit der Ursprache vergleichen können. Haben diese Lehren aufgehört, und sollen sie etwa den Lehren und Vorschriften dieser Absonderungen Platz machen, und ihnen die Oberstelle einräumen? Sehen wir nicht deutlich, daß diese folgenden Lehrer, Lehren und Absonderungen nur darauf gepfropft sind, oder vielmehr jenen Geschichten und Handlungen nur nachforschen, sie erklären, verbinden, deutlich durcheinander machen und anwenden sollen.

Was willst du mit alle dem vormal gesagten Alltagzeug?

Nichts weiter, antwortete die alte Perücke, als daß die angenommenen Grundlehren der Absonderungen alle zweideutig und trüglich sind, sobald sie an diesem Probierstein nicht abgeschliffen werden und die Probe weisen. Frägt sich doch, warum nahm diese oder jene Absonderung, Gesellschaft oder Verbrüderung diese jene Maxime an? Was für Umstände veranlaßten sie? Sind diese Umstände noch da, oder in der Verbindung da, daß sie wichtig genug sind, für die Unfehlbarkeit dieser Maxime zu bürgen?

Der Meister rief: folge mir nach; zu Reichen und Armen. Er wußte, daß die Austheilung der zum Daseyn nöthigen Bedürfnisse auf seine Lehren so erfolgen würde, daß Niemand Noth litte, oder sich über Unrecht beschwerte. Er überzeugte sie durch Wunder der Speisen und Weinverwandlung handgreiflich davon, allein er konnte die geheimen Kräfte der Natur binden, ich möchte sagen, Löwen, Wölfe und Bären zahm machen — nur des Unglaubens freiwillige Geschöpfe, deren freier Wille als Gott — er nicht binden wollte, wie ihn unsere werthen Verbrüderungen mit Regeln binden und unterbinden als Menschen, die sehr fehlschießen und fehlschließen — ich sage, des Unglaubens Meister werden, konnte er bisweilen nicht —

Was nennen Sie denn Unglauben? mein lieber Mann, sagte der Aelteste, und setzte sich vertraulich zu ihm. Unglaube, sagte der verachtete schlechte Perückenkloß, ist, meines Erachtens, was das Wort sagt, Mangel des Zutrauens zum Schöpfer menschlicher Natur und Geisteskräfte, und auch oft zu dem Geschöpf selber, das den Gebrauch derselben unterbindet und hindert.

Ich bin nur ein schlechter Gärtner, antwortete er, aber ich sehe wohl, daß wenn ich dem Pflänzchen eines Baumes den Boden nehme, in dem er Kraft gewinnen, wachsen, sich ausdehnen kann, ich mirs selbst zu verantworten habe, wenn die Pflanze verdorrt und nicht gedeiht. So geht es der menschlichen Natur, der man Gott dem Schöpfer und Richter gleich, der unbetrüglich ist — mit Maulwurfsaugen alle Fähigkeit des Guten in Vermischung mit allen Fehlern und bösartigen Neigungen abspricht, Handlungen, die edle

Triebfedern hatten, garstige unterschiebt, um, wenn der Druck der edleren Kräfte dazu kommt, sie vielleicht — ach nur allzuwahrscheinlich — zu bösen zu machen, nur um in unserer ersten Voraussetzung nicht unrecht zu haben, die den Stolz unserer Eigenliebe und Eigendünkels beleidigen würde.

So geht es den Absonderungen durch die Bank, einer mit der andern, jede traut der andern das Schlimmste zu, weil es nicht die ihre ist, und wird durch die geringste Aeußerung dieses Mißtrauens eben die bewegende Triebfeder böser Handlungen, die sich die Schminke einer strafenden Gerechtigkeit geben, weil sie bei der andern Absonderung eben so bösartige Triebfedern voraussetzen. Tausendmal habe ich meine Bemerkungen darüber in der Stille gemacht, und die Einschränkung unserer Natur beseufzt, deren Erweiterung man so unerträglich findet, weil die Trägheitskraft sich vorstellt alsdann genöthigt zu seyn, zu einem ganz andern Principium und Maaßregeln die Zuflucht zu nehmen, als die wir im Buch der Bücher zerstreut finden, und die immer dieselben bleiben, in welcher Verwandlung der Umstände und Anwendung sie auch unter andern Gestalten und Aeußerungen die nämlichen Gesinnungen erscheinen mögen.

Eben dieses Messen und Wägen, nicht von Personen, sondern Handlungen, so nöthig es in allen Ständen und Absonderungen ist, wird eine Bombe an der Kette, für neue noch unbekannte Geisteskräfte und körperliche Aeußerungen derselben, in nämlichen oder verwandelten Formenverbindungen, wenn wir dabei beruhen oder daraus körperlich mathematische Schlüsse machen wollen, wie etwa zur Ausmessung der Cylinder und Quadratenfläche, jene mit Visirstäben, diese mit Triangeln und verjüngtem Maaße — dieses ist trügender Unsinn, dessen Irrlichter in Sümpfe führen, und das ist ungefähr die Meinung eines Apostels, wenn er verbot — sich nicht nach gutheidnischem Fuß der damals bekannten gelehrten Schulen — einander zu messen oder zu wägen, noch messen oder wägen zu lassen, und den Geist — von welchem er doch wohl damals reden mochte — den Geist nicht zu dämpfen, der vom Anfang der Tage — bis zum letzten der pneumatischen, moralischen und physischen Wundererscheinungen in einer Welt, wo der Arm des Schöpfers nicht verkürzt ist, noch wegräsonnirt und systematisirt w[illegible]en kann — immer derselbe ist.

Sie

Sie sprachen von den Wirkungen der verschlossenen Luft, oder des Pulvers, wie mich deuchte, und vergaßen, daß gehemmte Sprachen in gewisser Art denselben zu vergleichen sind; dieses einzige Mittel, das untrügliche Bild eines Gedankens dieses Individuum in die Seele des andern überzutragen, ist durch symbolische, emblematische, bildliche und theatralische Vorstellungsart, oft auch durch Handlungen mit allen ihren Erfolgen, selbst die immer auf diese Sehnsucht der Geister — sich einander mitzutheilen hinwirkten — sie, sage ich, ist gedämmt worden, und droht ihre Schleusen zu zersprengen, wenn nicht in der Kürze andere Anstalten getroffen werden. Wir bleiben ohne Sprache dem Thier allzunah, das auch durch Zeichen und Handlungen spricht — und die Grenzen vermischen sich bisweilen zu sehr, als daß unsere erniedrigte Natur nicht den Schrei des Himmels aus unorganisirten Geschöpfen und dessen menschliches Organ in übernommener Sympathie aller unserer möglichen und geheimsten Leiden — mit welchem rührenden Organ — die Himmel aller Himmel erfüllte, und die Sonne zum Verhüllen, die Felsen zum Bersten brachte — daß sie, sage ich, durch stilles und desto hörbareres Gebet dem Geschrei des menschlichsten und göttlichsten Retters, alles dessen was noch edel und menschenwürdig in uns seyn könnte — nicht nachahmen sollte. Wer soll aber hier zuerst sprechen — wer soll dieses geheimnißvolle demantne Stillschweigen brechen, das uns die Erniedrigung der gesammten Menschheit droht? Wer soll durch Worte Handlungen wecken, die höhere Harmonie herstellen, Menschen durch Circe's in Thiere verwandeln durch Aufhebung von Mißverständnissen und gegenseitigen mehr Jahrhunderte verjährten Mißdeutungen ihrer besten Handlungen, wieder zu Menschen machen, und denen, welchen bescheidenes Gefühl noch nicht gereifter Kräfte oder Fähigkeiten und Entschlüsse die Sprache raubt, den Muth herstellen, den ein getauftes Werkzeug der unerschöpflichen, göttlichen Weisheit und Güte zu Wohlthätern seiner Brüder weiht.

Es ist doch ein Bierbrauer, sagte ein in der Nähe sich befindender alter schwedischer Offizier aus den Zeiten der Zwölfe und der durch dick und dünn mit ihm bekehrenden

Dragoner, die in dem Plan eines Gottes mit eingerechnet, allezeit vergaßen, daß in den Schweizergebirgen ein von ihnen verfolgter Patriot der ächten Rechte seines Vaterlandes unter den Hieben des Rades zum christlichen Glauben gebracht ward, denn er ist ein Bierbrauer, hieß bei ihnen soviel, als in andern polirten Ländern, er ist ein Kupferhammer oder auch ein — — d.

Nun blieb die Frage, ob der Eifer des Nachfolgers Sergius allemal recht sah, wenn er diesen für den gefährlichsten aller Irrlehrer erklärte, weil er schlechtweg bei den Erzählungen der Evangelisten stehen blieb, und von zwei Willen in einer Person sich auch nicht träumen lassen konnte, da er nach dem Systeme dieser Herren Ketzermacher selbst (weil Heraklius Oekonomie halten, und nach einem gewonnenen Kriege mit Schimpfreden bezahlen wollte), in dieser Person keinen verderbten Willen oder Erbsünde statuiren durfte.

Allein dieser Eiferer hatte einen Kaiser und ein Concil auf seiner Seite, das den Augenblick zu den Leidenschaften beider unterschrieb, und so ward aus einem vielleicht verunglückten Nachahmer Constantins, der willens war, die Taufe sich geben zu lassen, wie er, wenn er seinen flüchtigen herumziehenden Arabern, die überall Bluträcher und Blutrache sahen, nach und nach von seinen ziemlich à la hâte und verworren aufgesetzten Ideen von Gesetzgebung und Cultur so verschieden gesinnte und gesittete Völkerzüge und Gesellschaften, die auch ihre Regel oder Weise hatten —

von allen diesen Corpus juris Grillen auf das Leben und die Handlungen eines Propheten, würde aufmerksam gemacht haben, von dem er noch nicht anders, als in der ersten Person sprechen durfte, weil diese zwischen ihm und Sergius ein Staatsgeheimniß blieb — —

so ward, sage ich, aus diesem orientalisch-südlichen Reformator der Züge und Dienstes der Dea Syria und anderer aus den Catakomben der Aegypter schon zu Cambyses Zeiten hervorgesuchten Oelgötzen — das Thier der Offenbarung und alle Weissagungen von demselben nicht auf die Totalität falsche Religionsbegriffe bei weitem nicht — wie doch die Absicht des Apostels schien — auf die falschen Systeme aller dieser abgeschmackten Mysterien, sondern auf die einzelne Person eines einigen Menschen, der gegen diese Absurditäten war, und auf die seines Lehrers angewendet, den der falsche Prophet, so wie er das Thier seyn mußte, er mochte wollen oder nicht, gleich als ob die Propheten in ihren Gesichten jemals auf einzelne Menschen Rücksicht genommen, und nicht vielmehr im alten und neuen Bunde auf die Totalität falscher Systeme gezielt.

Er sollte entweder sich selbst für einen Wunderthäter, der größer als Messias sey, haben erklären, oder die Wunder des letztern lächerlich machen wollen.

Weder eins noch das andere, sagte die Fliege, denn sie war es, die durch ein besonderes Prinzipium der Analogie durch ein Sprachenklavier aus den Klauen Luzifers gerettet, hier einen andern Knoten auflösete, welcher ein wenig schwerer zu lösen war.

Nein, dieser Unglückliche, gegen den alle geistliche und metallische Waffen der so sich nennenden Christen gerichtet waren, war ein heimlicher Anhänger, und konnte oder durfte beinahe keine andern Mittel einschlagen, nach und nach auf höhere Wunder zu lenken, als er hatte leisten können. Er mußte die Augen der ihm getreuen Chagabi oder herumschweifenden Reiter so lange zubinden, bis sie durch die Taufe, vor welcher er wegstarb, überzeugt wurden, er könne sich einen Gott denken, der in menschlicher Natur die Welt versühnte, also dem der Monotheismus weder an einer noch der andern Natur schaden könnte, weil er zu begreifen anfing, daß diese Erscheinung diese Handlung in dem Rathschluß einer Gottheit trotz allen Sophistereien mit ihren Fingerhut-Abstracten das Meer einer göttlichen Vollkommenheit zu schöpfen, mit allen diesen Vollkommenheiten sich im höchsten Grade verbinden ließ, und die freiwillige Einschränkung eines Geschöpfs, die er sich zurechnen ließ, das Band des innigsten Zutrauens zwischen Schöpfer und Geschöpf besser herstellen mußten, als alle Wunder seiner andern Zeugen, die auf dieses letzte und größeste unter allen und das der gedrückten Menschheit in allen Verhältnissen durch höhere und augenblicklich wirksame Tröstungen zu den Graden der Unsterblichen mit aller ihrer jetzigen Einschränkung erhob — die, sage ich, auf dieses Gott allein ganz durchschauliche Geheimniß einer zweiten Geburt und Wiederherstellung seiner Schöpfung — nur vorbereitend waren.

Nach mathematischen Linien und Punkten — wie weit war — — also wohl noch von diesem System göttlicher Haushaltung entfernt, oder konnte er, der sich gleichfalls für einen Propheten ausgab — oder lieber, den seine verblendeten Anhänger erst in der Folge dafür hielten — sich ein solches System wohl gedacht und nach höherem Licht in demselben Verlangen getragen haben —

Seine Geschichte sagt — er begehrte getauft zu werden — die Umstände allein ließen dieses nicht zu — und er starb also ohne Taufe und ward ewig verdammt mit Sergius, der der falsche Prophet war, weil er nur metaphysisch gespitzfindelt, ob zwei oder ein Wille in dem vollkommensten aller Menschen gewesen, nie den Apostel von seiner eigenen Erbsünde im Namen anderer sprechend — auf den Meister desselben anzuwenden oder höher als ihn zu setzen — das Herz gehabt —

Und welchen Weg hätten denn unsere Metaphysiker in Cabinetten, denen es so unmöglich fällt zu begreifen, daß das Thier und der falsche Prophet wohl ein thierisch-mechanischer Dienst gewisser Geheimnisse und ihre Mysten oder Lehrer seyn konnten, aber denen die Anwendung auf den oder den Monarchen, Feldherrn, Chagebus und seinen Hofprediger gar kein Kopfzerbrechen kostet, denn der von seinen —

Mein Herr, Sie sind ein M — dann trat der — — Offizier zu dem Mann in der Perücke, ich sehe und wittere dieses — durch alle ihre Reden ja die Gedanken selbst, die noch in keine Sprache übergegangen.

Sie irren ganz abscheulich, sprach die Perücke, und sah ihn mit einem blauen Auge an, das Ruhe der Seele wies. Allein ich kenne den Eifer ihrer Landsleute, der löblich ist — aber in dem Punkt des Richtens oder Verdammens, wo es uns, die wir Herzen nicht prüfen und erforschen können verboten ist — bin ich, dem Hauptgegenstand des Glaubens nach nicht — sondern nur der Anwendungen die Sie machen, oder dessen was und der Ast wie sie darauf bauen — wie ich merke, von Ihnen sehr unterschieden. Es kann Reiche geben, die einen Fürsten, Regenten, Gesetzgeber noch lange Jahre nach seinem Tode hochschätzen, d. h. ihm nach den Umständen, in denen er sich befand, Gerechtigkeit wiederfahren lassen, ohne ihn für ein untrügliches Orakel, oder ganz frei von allen menschlichen Fehlern zu halten, und diese Unterthanen können heimlich oder öffentlich gute moralische Menschen — und —

aber das ist was anders, sagte der — —

es ist dasselbe in einem weit höhern Grade — also, wer — — für einen feinen Kopf hält, der stufenweise seine Bluträcher und Blutrache: Marmhaußreiter auf was edleres und höheres lenken wollte, und dazu freilich alle die Mittel brauchte, die uns sehr seltsam dünken mußten, weil man uns solche Berichte davon abgestattet —

.ein solcher Mensch kann nicht selig werden, denn — ist nie getauft worden —

also was für Beweise haben wir für oder wider seine persönliche Neigung zum —stenthum, da unauslöschliche Kriege mit —sten seine aufgehobene Taufe hinderten und zuletzt unmöglich machten. Waren vielleicht die Kriege — der rechte Weg — ihn zum Christen zu machen — denn er glaubte ja nicht — und wenn ein Engel vom Himmel käme —

Ei, mein Herr, sind denn wir es, die ihn verdammen oder lossprechen werden — eben als unsere Geistlichen rufen: Kommt zu mir, ich will euch erquicken — das ihnen als Personen doch nicht zusteht, sobald sie's nicht an der Stelle oder im Namen dessen thun, der allein so sprechen durfte — und der allein Wunder that — auch durch seine bestellten und davon vorausbelohnten oder unterrichteten Zeugen bis auf diesen Tag. Und wenn nun der, gegen den wir uns beim bloßen Schall seines Namens schon erbittern, als ob Thier und Prophet vor uns ständen, ungefähr dieselben dunkeln (oder vielleicht schon ziemlich hellen) Begriffe von diesen Wundern gehabt, und weit entfernt, sich für den wirklichen Wunderthäter ausgeben zu wollen (denen die des Dienstes der Syria Dea und die Catakomben auch hatten wie Appolonius von Chiana u. s. f.) weit entfernt, ein Taschenspieler zu seyn, er ein Mittel wählte, das nur Hebammen zu Erregung der Aufmerksamkeit und für Erzählungen war, die ihm sein Hofprediger Sergius doch wohl auch konnte vorgelesen haben, da er sich ja darauf wollte — taufen lassen, aber wegen des Krieges seiner Unterthanen mit Christen — nicht durfte.

Können wir die uns sogleich auf den Richtstuhl setzen, jetzt wohl bestimmen, welchen moralischen Grad zum Steigen oder Fallen der unsichtbare Keim des Glaubens wohl in diesem sonst mit viel Talenten versehenen Araber, mochte gewesen seyn? —

Ist denn nun der bleierne Sarg, der über der Erde blieb, sind alle die gesammelten und wie ein Talmud verehrten Aufsätze der flüchtigen Feder dieses Menschen wirklich sein Glaubenssystem, oder hatte er sie wirklich der Bibel an die Seite setzen wollen? Ihr Herren Schriftsteller unter den Gelehrten, wo ist euer Alkoran oder Lekture — für Männer, Jünglinge, Jungfrauen — laßt uns alles auf einen Haufen werfen und verbrennen, damit die Bibel gelesen werde.

Dieser Eifer geht zu weit, sagte der —

Er geht nicht zu weit, sondern es ist mir Ernst damit, sagte die Perücke. Alles hat sein Maaß, und die Lektüre und die Hochachtung für Talente gleichfalls. Wenn es auf die Achtung ankommt, die wir den aufgezeichneten Reden eines Gottes — von denen alles übrige nur entlehntes Licht ist und ewig bleiben wird — anerkennen. Und nun schelten Sie noch auf das Gefühl, das alle diese Gesetzgebergrillen, trotz der Sammlung Justinians, die weit gröber und heidnischer war — für ein Mondlicht ausgab — das einem höhern entlehnt worden — und deswegen die Embleme in seine Heraldik aufnahm.

Ich glaube, mein Herr, Sie sind ein Türke? Doch wohl kein beschnittener, sagte die Perücke. Ich glaube wie Sie (und hier nahm er die Perücke ab und sagte das Athanasische Bekenntniß) an Etwas, das über meinem Verstand so weit erhaben ist, aber ich sehe nicht ab, wie ein Christ den andern mit einem Namen beleidigen kann, der in dem Munde eines Aufgeklärten Unsinn wird. Denn freilich, wenn Sie von Namen sprechen, so bin ich nicht weit von den Rhätischen Alpen zu Hause, und weiß, wie Sie alle, daß Grácia und Rhácia und Thracia schon in den feuchten Zeiten und an der Wiege des Mittlers der Welt in den edomitischen oder rothen Gebirgen in Kariath Arben oder der Vierstadt und Geburtsort Johannes des Vorläufers sehr nahe verwandt waren. Ihre Sprache selbst verräth Sie m. H., denn das Wort r e d e n kommt von den Rhätiern, die von — sonst nur die Renner hießen, aber durch die Nothoder Weisheit der Ariffs oder weisen Männer auf diesen

Gebirgen unterrichtet, auch zusammenhängend oder artikulirt reden lernten, und so von diesen Bergrücken herab sich in alle Thäler und an alle Hauptflüsse Europens ausbreiteten und Städte erbauten und Gesetze erfanden. Es gab der Korans mehr als einen — ist darum die Folge daß alle, die in dem Code eines Landes studiren, nicht Christen, sondern M— —aner sind?

Sie sind also ein bloßer politischer Christ, weil der größeste Haufe der Menschen, mit denen wir leben, es ist?

Mein Herr, ich glaube, daß der bloße politische Christ der unglücklichste unter allen ist, denn er ist ein Heuchler gegen ein Wesen, das um der Heuchler willen erschien, und gegen sie zu Felde zog, und mit seinem Blut bezahlte, gegen ein Wesen, dessen Allwissenheit ich glaube, zu heucheln — ist abgeschmackt.

Ich muß sie aber auf der Stelle wieder was fragen: welches halten Sie für das größte Laster an einem Menschen?

Ich? sagte der —de, Unglauben und Undankbarkeit.

Gar zwei auf einmal, sagte die Perücke. Ganz gut. Unglaube ist ein Laster gegen Gott, Unglaube ist Undankbarkeit, und Undankbarkeit ist in einem gewissen Sinn wirklicher Unglaube, wenn man aus Früchten auf die Wurzel schließt.

Aber ich rede von Sünden gegen Menschen. Nicht wahr, Sie werden die Verläumdung dafür halten — und auch da haben Sie nicht Unrecht, aber es giebt Fälle, wo es scharf gewogen besser ist, böse von einem Menschen zu reden, als gar nichts, als ob sein Daseyn so unwichtig oder unnütz wäre, daß man gar nichts von ihm sagen kann —

Das ist eine seltsame Moral, sagte der —de —

Was ich Ihnen zu sagen habe, ist noch seltsamer: ich halte das größte Laster gegen den Nächsten das allzustarke Gedächtniß, und zwar für Fehler die er gemacht hat, da wir doch wissen, daß alle Menschen fehlen und gebrechlich sind, aber auch wieder aufstehen und sich bessern können, ohne daß wir eben wissen, wie's zugeht. Dies ist aber das Laster der Frauenzimmer, deren zarte Nerven von einem widrigen Eindruck betroffen, denselben nicht los werden können, und zu fragen immer vergessen: wie würde mir das gefallen? Ich weiß Personen, die alle gute Handlungen eines Menschen vergessen und auf ewig vergessen gegen einen

Fehltritt oder Unvorsichtigkeit, die er beging, und sobald sie ihn sehen oder seinen Namen hören, diesen Streich gleich auf der Zunge haben. Es ist dieses nicht allein unmoralisch — und wirklich ungläubig an Gott und Menschheit, auch undankbar — sondern es ist teufelisch, man zündet ein Fegfeuer an, das nie verlöschen soll, und macht allen Vernünftigen Ekel durch Wiederholungen dessen, was zugedeckt werden sollte. Ich kenne eine Frau, die alle Augenblicke, bloß die Zunge zu üben, eine Kleinigkeit aufrührt, die ihr eine Jungfrau in den Weg gelegt; einen andern sonst sehr geehrten und angesehenen Mann, der mit jedem Karrenschieber und Bader von einem Hofmeister sprach, der ihm einen Wagen zerbrochen. So konnte Tiber und Justinian der zweite die Nase nicht schneuzen, ohne an die Chersoneser zu denken, die Schuld waren, daß der Gegenkaiser sie ihm habe abschneiden lassen, und so oft ihm die Nase floß, befahl er, einem gefangenen Chersoneser das Haupt abzuschlagen. Ich habe einen Hofmeister gekannt, der sich über Rousseau geärgert hatte, und bei jeder Prise die er nahm, an den St. Preux dachte, und auf Rousseau loszog wie ein Karrenschieber. Das geschah in Kriegszeiten, mein Herr! sagte ein alter Onkel zu ihm, den er mit seinen Quarts über den Arm auf Rousseau fast zu Tode ängstigte. Der Mann konnte nicht anders, oder er schrieb so, ganz ohne Willen und Absicht zu beleidigen — wenn Sie's doch nur vergessen könnten — für das übrige würde Rath. Aber wie der Barbier in Hadersleben, der alle Augenblick anfing: als ich von Hadersleben abreiste, so war ihm Rousseau nicht aus dem Kopf zu bringen. Sehen Sie, ungefähr mit solchen Leuten hatte der Mann zu thun, den sie immer andern nach, schon vielleicht seit Sie zu denken und zu sprechen anfingen, immer das Thier und den falschen Propheten nannten. Was sollte er mit allen diesen Bluträchern, die doch selbst durch die Wüsten hin und her in großen Haufen ritten, raubten, plünderten, Blut vergossen — was sollte er mit ihnen machen, oder welche Wege einschlagen, ihnen auch nur die ersten Keime von Begriffen eines politisch-bürgerlichen Lebens zu geben?

Nun haben ihn seine Anhänger nach dem Tode freilich zum Haupt einer Sekte oder Absonderung machen wollen, der er doch nicht war: denn er wußte von keiner Sekte, so wenig als von den einstweiligen Ursachen derselben, auch mochte es ihm wenig geschmeichelt haben, wenn man sich mit seinem Namen nannte, es müßte denn zur Zeit des Krieges gewesen seyn, als er Soldaten brauchte. Uebrigens weiß ich gar nicht, was bei diesen Benennungen nach Personen für Gutes herauskommen soll, es wäre besser, wenn man über gewisse Dinge einig ist, man wählte ein Emblem, wie die Ritterorden, oder irgend eine Tugend und Gemüthseigenschaft. Denn was heißt das, den Namen eines einzigen Menschen führen, in welcher Absonderung dieses auch seyn mag? Glaubt man etwa, seine Lehren und Systeme dadurch schneller unter die Leute zu bringen? Die Erfahrung beweist gerade das Gegentheil — er wird verhaßt — weil er öffentliche Anhänger hat.

Haben Sie das Trauerspiel gelesen, fragte der — — e Offizier, das den Titel — — d führt?

Ich habe weder dieses, noch jemals etwas Vernünftiges von seinem Leben, Meinungen oder Handlungen gelesen noch gesehen, außer Wortspiele, die gelehrte Kränkler mit seinem Namen getrieben, und eine schlechte französische Uebersetzung des Koran in Taschenformat, aus der er eben nicht von der vortheilhaftesten Seite, in Ansehung der Gaben seines Geistes, erscheint. Man sieht immer, daß es ihm an mitgeborenen Fähigkeiten nicht mangelte, und daß die Umstände zu bedauern waren, die ihn hinderten, zum Besten so vieler Millionen, die er anzuführen in einer geringen Zahl den ersten Schritt that, Gebrauch davon zu machen.

Er war wohl ein rechter guter Junge, nicht wahr? Ich sehe nichts als einen fliegenden Fürsten oder Ebugabus an ihm, der seine Untergebenen gern polizirt hätte, wie Bonneval aber alle Mühe hatte, es am rechten Orte mit ihnen anzugreifen, und am Ende in die allen seinen Nachfolgern gemeine Krankheit der Reformirsucht verfiel, die epidemisch ist, und ursprünglich wenigstens unter einem Haufen wirklicher Götzendiener, oder ganz wilden Edomiten, einen guten Zweck — den Dienst eines einzigen Gottes hatte.

Was ich von Dichtungen fürs Theater halten soll, auf dem historische Begebenheiten dargestellt werden, so sind sie eigentlich darum erfunden, die Wahrheit wahrscheinlicher zu machen, oder die Möglichkeit davon zu zeigen und **einzuleiten**, wie man Geschichte lesen soll. Diese Kunst, durch

Anwendungen aus der Geschichte zu rühren, sympathetische Empfindungen zu erwecken, die den Begriff des rohen Haufens und oft den Hypochondristen und am Spleen kranken Schulmeister des menschlichen Geschlechts selber übersteigen, diese Kunst, künstliche Thränen auszulocken, um die wirklichen zu verhüten —

Hat ihr Geheimniß, ihre Regeln (die aber weder in Vorschriften noch Einschränkungen bestehen) sondern dem guten Ton der besten Menschen in der Gesellschaft abgestohlen sind, damit die Dichtung poetische Wahrheit bekomme, die wie Muratori und andere große Geschichtschreiber gestatten, die Schwester der historischen und oft sehr nahe mit ihr verwandt ist. Dem Gedichte ist erlaubt zuzusetzen, wegzunehmen, und dies und jenes Interesse, diesen und jenen Charakter so und so abstechen zu lassen, aber er ist nicht außer aller Critik, besonders wenn seine Absicht gerade der historischen Wahrheit entgegen ist. Alsdann muß er Gründe haben und anführen können, sein Verfahren zu rechtfertigen — oder er wird verurtheilt als ein mittelmäßiger und langweiliger Scribent, der schlimmste Vorwurf, den man ihm machen kann. Eben so geht es dem Lustspiel, das die bösen Launen wegnehmen, und die gelehrten Brillen heiterer schleifen soll, durch welche eine Menge gelehrter Kranken alles von der garstigsten Seite ansieht, und dadurch nicht wenig Schaden anrichtet. Ein schnelles allgemeines Viehsterben ist oft so verwüstend für Handel, Gewerbe, blühende Städte und Haushaltungen nicht, als solche raisonnirte und unüberwindliche Paroxismen kranken Eigensinns, der den größesten Talenten wie die Gifte den edelsten Metallen am nächsten verwandt ist.

Also ohne in die Geheimnisse des Ländchens Lus zu dringen —

Was ist das für ein Land? fragte der S—e. Ei, das kleine Ländchen, wo Jakob gewohnt haben soll, und die Landkartenmaler nirgend hin zu setzen wissen, weil die Anatomiker es in die Astrologie genommen und ein Bein im Skorpion darnach benannt, aus dem der Mensch nach dem leiblichen Tode den andern Leib erhalten, oder aufgewecket werden soll.

Was sind das für seltsame Geheimnisse? fragte der —e, sollten etwa darum die alten Slaven so eifersüchtig auf diese Endigung ihrer Namen gewesen seyn, die bald Laus bald umgekehrt —

Freilich, sagte die Perücke, das Geheimniß ist älter als die Eleusinischen und vielleicht gleiches Ursprungs, wenn wir den goldenen Bock fragen wollen, der Europen auf die andere Seite des Hellesponts zu den Goldflüssen der Colchischen Argonauten führte. Es geht aber so mit unentdeckten Ländern, die darum nicht weniger existiren, wie das Ländchen Ger und der Pilatusberg in der Schweiz, dessen Einwohner ihre Freiheit lieber als alle unsere Waaren des Luxus haben, und deswegen nicht minder kultivirt, ja gelehrter als wir sind.

In dem Augenblick fiel dem Mann mit der Perücke eine Laus auf die Hände und erinnerte ihn, daß nicht allemal der Mangel des Kammes die Läuse herbeizöge, sondern auch bisweilen ein unmittelbarer Wink des Wesens, das auch Läuse und Läuse der Läuse erschuf, und in den kleinsten und unsichtbaren so herrlich als in dem sich nur mit aller Heuchelei vergötternden Menschen ist.

Siehst du, sprach die Laus, ich bin was du mit deinen vier Auswüchsen, die du Hände und Füße nennst, bist, ja ich habe deren wohl mehr, denn die zween vordersten sind meine Augen, die ich in die Hand nehme. Ich esse, verdaue, höle Luft, wie du, wenn gleich von der Seite; solltest du mir wohl eine Seele absprechen, da meine Bewegungen alle deine Fragen beantworten, und die hochmüthige Fliege, die sich den Schein des Philosophen giebt, weil sie Flügel hat und im Seedienst ist, mich meiner Langsamkeit wegen verachtet, und oft halbe Stunden lang über sonst weiter nichts als den zwischen mir und ihr herrschenden specifischen Unterschied nachdenkt. Gleich als ob die Wanze, die auch eine Laus war, nicht mit der Zeit Flügel bekommt und zum Käfer wird wie die Fliege, gleich als ob die Spinne, die auch eine Laus war, nicht denselben Körper mit mir und der Fliege gemein hätte, nur daß sie, wie der Seidenwurm, an ihren Flügeln erst arbeitet, daher der übersichtige Mensch nicht begreifen kann, wo die ungeheuere Menge der Soldaten mit kurzen Flügeln wohl herkommen mag, da ihn seine Sinne doch überführen könnten, daß die Fliegen vormals Spinnen waren, und zu einer Art Schmetterlinge durch eine Umwandlung wurden, die in eurer Sprache Auferstehung heißt —

O, was bist du für ein Prediger! sagte der Mann, und nahm seine Perücke ab —

Also seyd ihr alle ehemals Türken oder Ismaeliten gewesen, sagte die Laus. Glückliche Unwissenheit! — ihr wußtet es nicht — die ich euch nicht beneide. Seht euch wohl vor, wenn ihr verfolgt, wen ihr verfolgt und tödtet werdende — oder vielleicht viel heimliche bessere Christen, nicht aus Eigenliebe, Verblendung und Menschenhaß. Das Christenthum sollte die höchste Menschenliebe lehren, wie konnte M— sich taufen lassen, der alle Christen aufgebracht durch einen neuen Patriarchen, der seinen Gegner noch in den Wüsten des steinigten Arabiens verfolgte, die Schwerter gegen ihn aufgehoben hatten —